新型半刚性节点网壳结构

马会环　马越洋　姜宇琪　范　峰　著

科学出版社
北京

内 容 简 介

装配式半刚性节点网壳外形美观、施工速度快、定位精度高，应用前景非常可观。目前能够适用于空间结构的半刚性节点种类单一，开发实用的新型半刚性节点是半刚性网壳结构能够在工程中广泛应用的关键。

本书中研发了一系列适用于单层网壳的新型装配式半刚性节点，并对新型节点的构造及尺寸进行了优化。采用试验分析、数值模拟和理论推导等研究方法，对新型半刚性节点的受力性能和设计理论展开了详细研究。在此基础上，建立了静（动）力荷载作用下半刚性节点单层网壳结构数值分析模型，针对其稳定性能开展了大规模的参数化分析，为此类结构在工程实际中的应用提供可靠的理论基础与技术保障，推动半刚性单层网壳结构在实际工程中的广泛应用。

本书可作为高等院校、科研院所中土木工程专业本科生和研究生的参考书籍，也可供大跨空间结构领域的学者、技术人员阅读参考。

图书在版编目(CIP)数据

新型半刚性节点网壳结构/马会环等著. —北京：科学出版社，2022.3
ISBN 978-7-03-071985-0

I. ①新⋯ II. ①马⋯ III. ①半刚性材料-节点-网壳结构-研究 IV. ①TD353

中国版本图书馆 CIP 数据核字（2022）第 049158 号

责任编辑：郭勇斌 肖 雷 常诗尧/责任校对：张亚丹
责任印制：张 伟/封面设计：刘 静

科 学 出 版 社 出版
北京东黄城根北街 16 号
邮政编码：100717
http://www.sciencep.com
北京中石油彩色印刷有限责任公司 印刷
科学出版社发行 各地新华书店经销
*
2022 年 3 月第 一 版 开本：720×1000 1/16
2022 年 3 月第一次印刷 印张：22 3/4
字数：444 000
定价：138.00 元
（如有印装质量问题，我社负责调换）

序

    网壳结构是近年来建筑工程中应用较多的一种空间结构。目前常用的网壳节点有两种形式：焊接球节点和螺栓球节点。焊接球节点是完全刚性的，适用于经济高效的单层网壳结构，但现场焊接量极大，完全不符合工业化施工的要求。螺栓球节点符合装配式施工的要求，但节点的抗转动刚度很小，设计时常将其简化为铰接节点，一般不能用于单层网壳。

    因此，按照当前建筑行业发展的要求，研发出一些构造合理、具有较大抗转动刚度且便于安装的新型装配式节点，应用于空间网壳结构，对这一结构领域的进一步健康发展，尤其是对促进高效的单层网壳结构的广泛应用，具有重要意义。

    本书作者团队本着上述理念，十余年来对新型装配式网壳结构开展了系统的研究。他们研发了若干种具有较好刚度的装配式节点，应用于网壳结构，称之为"半刚性节点网壳"；对这些节点和整体结构的性能进行了深入系统的理论研究和试验研究，并提出了实用的计算方法和设计方法。可以认为，他们取得的成果已较为系统完整，形成了较完善的理论体系。本书是对上述成果的系统总结，它在空间结构的理论和应用方面具有创新意义，对相应工程设计也有较好的指导价值，故乐为之序。

沈世钊

2021 年 8 月 12 日

前　言

近些年来，随着大跨度、大空间建筑的快速发展，人们对建筑结构的美观和跨度提出了更高的要求，进一步促进了网壳结构的发展。同时，我国大力提倡发展装配式钢结构建筑，因此具有现场无焊接、施工速度快、精度高等优点的装配式节点逐渐在工程中得到普遍应用，然而，相较于焊接球节点，装配式节点在设计中往往被简化为铰接，这极大限制了装配式节点在网壳结构中的应用。实际上大多数装配式节点具有一定的转动刚度，可以承受一定的弯矩，是一种半刚性节点，如何在实际工程中准确地考虑节点半刚性对结构的影响是网壳结构研究中的关键问题。作者编写本书的目的就是希望在这方面作出一点贡献。

本书共分为 7 章。第 1 章主要介绍了半刚性节点网壳结构的特点、发展趋势及研究现状，使读者可以对半刚性节点及其网壳结构有一个比较完整的认识。第 2 章与第 3 章针对现有空间半刚性节点的不足，研发了多种刚度更高、承载力更大及更加高效的新型空间半刚性节点，揭示了新型半刚性节点静力破坏机理，并提出了节点静力简化计算模型，为节点的实际工程设计提供参考。第 4 章进一步对半刚性节点的滞回性能进行研究，考虑到节点类型种类繁多，本书根据有无初始滑移现象，选取了齿式节点与 C 型节点进行研究，并提出了有初始滑移节点及无初始滑移节点的动力损伤模型，为半刚性节点网壳抗震分析提供支持。第 5 章应用第 2 章与第 3 章得到的节点静力简化计算模型，建立了考虑节点刚度影响的网壳结构静力数值分析方法，提出了半刚性节点网壳结构的分析理论及设计方法，突破了半刚性节点不能应用于单层网壳结构的限制。第 6 章及第 7 章应用第 4 章得到的节点动力损伤模型，建立了考虑节点半刚性影响的网壳结构抗震分析模型；揭示了考虑节点损伤效应的网壳结构的强震失效机理；建立了此类结构强震失效模式判别准则；提出了基于节点性能的网壳结构失效模式控制方法；建立了考虑节点刚度的半刚性节点网壳结构抗震设计方法。

对半刚性节点及其网壳结构静 (动) 力性能的研究是哈尔滨工业大学空间结构研究中心的一项重要科研工作，本书内容为作者们及其研究生们十余年来的研究成果，是大家共同努力的结果。

　　哈尔滨工业大学研究生旺敏玲、陈耕博、余凌伟、任姗、单志伟、李诚睿、赵羿、周广通等参与了有关章节的分析研究、素材整理和插图绘制等工作。

　　限于水平，有不当之处，敬请读者批评指正。

马会环

Email: mhh5@mail.sysu.edu.cn

2021 年 8 月

目　录

序

前言

主要符号对照表

第 1 章　半刚性节点网壳结构 ··· 1

1.1　网壳结构 ··· 1

1.2　半刚性节点 ··· 2

1.3　半刚性节点及其网壳结构研究历程 ··· 2

1.3.1　半刚性节点性能研究 ··· 3

1.3.2　半刚性节点网壳结构性能研究 ··· 5

第 2 章　新型钢结构节点研发及其静力性能 ·································· 7

2.1　引言 ··· 7

2.2　新型钢结构节点研发 ··· 7

2.2.1　C 型节点 ·· 7

2.2.2　齿式节点 ·· 8

2.2.3　钢结构冷却塔节点 ·· 8

2.3　C 型节点静力性能 ·· 10

2.3.1　节点抗弯性能试验 ··· 10

2.3.2　节点数值模型 ·· 24

2.3.3　不同工况下节点抗弯性能 ·· 27

2.3.4　节点理论模型 ·· 37

2.4　齿式节点静力性能 ·· 42

2.4.1　节点抗弯性能试验 ··· 42

2.4.2　节点数值模型 ·· 47

2.4.3　不同工况下节点抗弯性能 ·· 50

2.4.4　节点理论模型 ·· 52

2.5　钢结构冷却塔节点静力性能 ·· 58

2.5.1　节点抗弯性能试验 ··· 58

2.5.2　节点数值模型 ·· 70

2.5.3　不同工况下节点抗弯性能 ·· 76

第 3 章　新型铝合金结构节点研发及其静力性能 ···································· 87

3.1　引言 ··· 87

3.2　新型铝合金结构节点研发 ·· 87

　　3.2.1　铝合金柱板式节点 ··· 88

　　3.2.2　铝合金贯通式节点 ··· 88

　　3.2.3　BOM 螺栓铝合金节点 ·· 89

3.3　铝合金柱板式节点静力性能 ··· 89

　　3.3.1　节点抗弯性能试验 ··· 89

　　3.3.2　节点数值模型 ··· 95

　　3.3.3　不同工况下节点抗弯性能 ·· 99

　　3.3.4　节点理论模型 ··· 107

3.4　铝合金贯通式节点静力性能 ·· 111

　　3.4.1　节点抗弯性能试验 ·· 111

　　3.4.2　节点数值模型 ··· 125

　　3.4.3　不同工况下节点抗弯性能 ·· 132

3.5　BOM 螺栓铝合金节点静力性能 ·· 135

　　3.5.1　节点抗弯性能试验 ·· 135

　　3.5.2　节点数值模型 ··· 151

第 4 章　半刚性节点滞回性能 ··· 158

4.1　引言 ·· 158

4.2　C 型节点滞回性能 ··· 158

　　4.2.1　节点滞回试验 ··· 158

　　4.2.2　节点数值结果与滞回试验结果对比 ··· 161

　　4.2.3　不同工况下节点滞回性能 ·· 163

4.3　齿式节点滞回性能 ··· 172

　　4.3.1　节点滞回试验 ··· 172

　　4.3.2　节点数值结果与滞回试验结果对比 ··· 175

　　4.3.3　不同工况下节点滞回性能 ·· 178

4.4　半刚性节点动力损伤模型 ·· 182

　　4.4.1　无初始滑移节点动力损伤模型 ··· 183

　　4.4.2　有初始滑移节点动力损伤模型 ··· 184

第 5 章　半刚性节点网壳静力稳定性及设计方法 ··································· 186

5.1　引言 ·· 186

5.2　半刚性节点钢结构凯威特网壳静力稳定性 ··· 186

　　5.2.1　结构数值模型 ··· 186

　　　　5.2.2　结构静力稳定性分析 ……………………………………… 191

　　5.3　半刚性节点钢结构冷却塔静力稳定性 ………………………… 211

　　　　5.3.1　半刚性节点钢结构冷却塔数值模型 …………………… 211

　　　　5.3.2　半刚性节点钢结构冷却塔失稳模态 …………………… 219

　　　　5.3.3　结构静力稳定性分析 ……………………………………… 228

　　　　5.3.4　轴力对半刚性节点钢结构冷却塔稳定性的影响 ……… 234

　　5.4　半刚性节点铝合金球面网壳静力稳定性 ……………………… 240

　　　　5.4.1　结构数值模型 ……………………………………………… 240

　　　　5.4.2　结构静力稳定性分析 ……………………………………… 242

　　5.5　半刚性节点铝合金椭圆抛物面网壳静力稳定性 ……………… 252

　　　　5.5.1　结构数值模型 ……………………………………………… 252

　　　　5.5.2　结构静力稳定性分析 ……………………………………… 253

　　5.6　半刚性节点网壳设计方法 ………………………………………… 259

　　　　5.6.1　网壳结构刚度分类 ………………………………………… 260

　　　　5.6.2　半刚性节点网壳稳定承载力公式 ……………………… 274

第 6 章　半刚性节点网壳动力性能及强震失效机理 ………………… 282

　　6.1　引言 …………………………………………………………………… 282

　　6.2　节点连接单元参数设置 …………………………………………… 282

　　6.3　半刚性节点网壳动力响应 ………………………………………… 284

　　　　6.3.1　节点刚度的影响 …………………………………………… 285

　　　　6.3.2　节点承载力的影响 ………………………………………… 287

　　　　6.3.3　节点初始滑移的影响 ……………………………………… 290

　　6.4　半刚性节点网壳动力失效模式 …………………………………… 292

　　　　6.4.1　典型失效模式 ……………………………………………… 292

　　　　6.4.2　网壳参数的影响 …………………………………………… 296

　　6.5　半刚性节点网壳动力失效模式判别方法 ……………………… 300

　　6.6　基于节点性能的网壳动力失效模式控制方法 ………………… 303

　　　　6.6.1　半刚性节点网壳损伤因子修正方法 …………………… 305

　　　　6.6.2　失效模式控制指标计算方法 …………………………… 309

第 7 章　半刚性节点网壳抗震设计方法 ………………………………… 311

　　7.1　引言 …………………………………………………………………… 311

　　7.2　半刚性节点网壳抗震分析模型 …………………………………… 311

　　7.3　地震内力系数影响因素及计算公式 …………………………… 313

　　7.4　界限刚度比影响因素及计算方法 ………………………………… 317

　　　　7.4.1　网壳跨度的影响 …………………………………………… 319

　　　7.4.2　网壳矢跨比的影响 · 319

　　　7.4.3　网壳屋面质量的影响 · 319

　　　7.4.4　杆件截面的影响 · 321

　　　7.4.5　地震动的影响 · 322

　　　7.4.6　界限刚度比计算公式 · 324

　7.5　节点界限屈服弯矩影响因素及计算方法 · 327

　7.6　振型分解反应谱法在半刚性网壳中适用性评估 · · · · · · · · · · · · · · · · · 332

参考文献 · 334

附录 · 341

主要符号对照表

d 螺栓直径

f_y 钢材的屈服强度

f_u 钢材的抗拉强度

E 钢材的弹性模量

M_{inf} 初始屈服弯矩

δ_i i 点位移计所测的位移值

$S_{j,ini}$ 初始转动刚度

φ_{ij} i 点与 j 点之间的转角

M_{sup} 塑性屈服弯矩

N_u^p 轴压作用下 C 型节点的极限值

$S_{j,p-1}$ 塑性转动刚度

N_u^t 轴拉作用下 C 型节点的极限值

Φ_{sup} 塑性屈服转角

N_t 所施加的轴向拉力

$S_{j,ini,anal}$ 数值模拟得到的初始转动刚度

N_p 所施加的轴向压力

$S_{j,ini,exp}$ 试验得到的初始转动刚度

K_t 塑性强化段刚度

$M_{sup,anal}$ 数值模拟得到的塑性屈服弯矩

M_u 节点极限弯矩

$M_{sup,exp}$ 试验得到的塑性屈服弯矩

ξ 节点后端连接系数

M_{sup}^p 压力与弯矩同时作用下节点塑性屈服弯矩

M_{sup}^t 拉力与弯矩同时作用下节点塑性屈服弯矩

$S_{j,ini}^p$ 压力与弯矩同时作用下节点初始转动刚度

$S_{j,ini}^t$ 拉力与弯矩同时作用下节点初始转动刚度

k_{sp} 连接板等效弹簧刚度

δ_{be} 侧连接板假定的有效宽度

k_b 螺栓等效弹簧刚度

n_s 形状系数

S_e 弹性段刚度

d_1 螺栓中心到侧连接板截面中心的距离

A_e 螺栓有效面积

L_b 螺栓有效长度

d_2 侧连接板截面中心之间的距离

δ_b 侧连接板宽度

d_c 侧连接板高度

KR 弹塑性区间

h_c 中间连接板高度

δ_{t_n} 空心球厚度

n 齿式螺栓齿数

M_o 单位弯矩

Δ_y 节点刚发生屈服时所对应的杆端位移

E_c 耗能系数

μ 延性比

r_k 节点刚度折减系数

PEEQ 累积塑性应变

r_m 节点承载力折减系数

α_s 节点受轴力与弯矩共同作用的初始转动刚度与纯弯初始转动刚度之比

α_M 节点受轴力与弯矩共同作用的极限弯矩与纯弯极限弯矩之比

Φ_s 节点滑移段长度

ϕ_p 节点塑性累积转角

K_j 节点理论初始转动刚度

ϕ_u 转角–弯矩曲线顶点转角

K_m 杆件线刚度

w 屋面质量

α_k 节点刚度与杆件线刚度之比

L 网壳跨度

$\alpha_{k,min}$ 合理刚度比

f 网壳矢高

M_j	节点界限屈服弯矩	β_b	杆件截面系数
L_i	网壳跨度最小值	r_b	杆件截面折减系数
S_w	屋面质量相关系数	r_e	地震动修正系数
μ_{fl}	矢跨比相关系数	PGA	地震动峰值加速度
ξ_e	地震内力系数	ε_a	杆件平均塑性应变
r_1	1P 比例	$d_{j,a}$	节点损伤均值
r_{16}	16P 比例	r_j	节点屈服比例
$M_{u,e}$	节点极限弯矩估计值	$\varepsilon_{a,b}$	杆件平均塑性应变界限值
$\alpha_{k,e}$	网壳刚度比估计值	D_s	网壳损伤因子
d_m	网壳结构极限状态的位移	d_e	网壳结构出现塑性时的位移
c_{fl}	矢跨比影响系数	c_w	屋面质量影响系数
$\alpha_{k,sta}$	标准化网壳刚度比	δ_b	杆件截面影响系数
ξ_w	屋面质量对网壳刚度比估计值的计算影响系数	ξ_l	跨度对网壳刚度比估计值的计算影响系数
$K_{j,C}$	M24 螺栓 C 型节点初始刚度	$M_{u,C}$	M24 螺栓 C 型节点极限弯矩
P_{24}	M24 螺栓的预紧力	L_1	螺距
e_t	轴拉力的偏心距	e_p	轴压力的偏心距
e_c	节点临界偏心距	A_1	两侧连板的总横截面面积
M_p	塑性极限弯矩	A_2	中间连接板的横截面面积
ρ	侧连接板屈曲折减系数	r	网壳几何初始缺陷
M_{sup}^e	偏心受力作用节点的塑性屈服弯矩	M_{vsup}^N	定轴力弯剪作用下节点的塑性屈服弯矩
M_{sup}^0	纯弯作用节点的塑性屈服弯矩	M_{vsup}^0	纯剪作用下节点的塑性屈服弯矩
P	螺栓预紧力的实际值	P_0	规范中螺栓预紧力值
n_d	螺栓数量	K_u	节点塑性弯矩所对应的刚度
ΔV_1	H 型和 C 型连接件之间安装间隙	Q_{sup}	节点塑性屈服剪力
ΔV_2	螺栓与螺栓孔之间的安装间隙	D_b	螺栓孔直径
δ_{t_m}	盖板厚度	D_h	螺栓杆直径
K_{sup}	节点塑性屈服刚度	P_{cr}	刚性钢结构冷却塔稳定承载力
p/g	活荷载与恒荷载之比	P_{ce}	考虑偏心受力作用的节点刚度钢结构冷却塔稳定承载力
h_1	冷却塔进风口高度	D_1	冷却塔进风口直径
D_1	冷却塔进风口直径	N_h	纵向分段网格数
h_2	冷却塔喉部高度	N_r	环向分段网格数
D_2	冷却塔喉部直径	P_{cs}	考虑纯弯作用下节点刚度的半刚性钢结构冷却塔稳定承载力
h_3	冷却塔出风口高度		
D_3	冷却塔出风口直径	$M_{e,u}$	节点所连杆件的塑性屈服弯矩
α	节点的初始刚度判定系数	λ_i	节点刚度对网壳稳定承载力的影响因子
β	节点的屈服弯矩判定系数		

第 1 章 半刚性节点网壳结构

1.1 网 壳 结 构

近些年来，随着大跨度、大空间建筑的快速发展，人们对建筑结构的美观和跨度提出了更高的要求，进一步促进了空间网格结构的发展。空间网格结构分为两种形式，平板形式称为网架结构，曲面形式称为网壳结构。其中网壳结构的受力特点与薄壳结构相似，二者均以"薄膜"作用为主要受力特征。近些年来，由于工业生产及体育文化事业的快速发展，人们对建筑结构的美观及跨度提出了更高的要求，这进一步促进了网壳结构的蓬勃发展，网壳结构也逐渐受到了建筑师和结构师的青睐，成为近年来在建筑工程中广泛应用的一种空间结构形式[1,2]。

网壳结构具有受力合理、重量轻、杆件单一、制作安装方便、造型优美等一系列特点，它可以覆盖大跨空间，不同曲面的网壳可以提供各种新颖的建筑造型，给设计师以充分的创作自由，能够满足建筑多样化的要求，因而常常被应用于国家或地区的标志性建筑 (如图 1-1 所示)，这些建筑通常具有重要的政治经济意义，并集中代表着一个国家建筑科学技术发展水平，所以网壳结构的理论研究与实践一直是结构学科中最活跃的领域之一。近几年，网壳结构在我国的飞速发展也取得了引人注目的成就，尤其是近三十年来，随着建筑业的发展及科技水平的进步，网壳结构的工程实践数量迅猛增长，被广泛应用于体育馆、游泳馆、会展中心和机场航站楼等大型公共建筑中，如北京亚运会 (1990)、哈尔滨亚冬会 (1996)、上海八运会 (1997)、广州九运会 (2001)、北京奥运会 (2008) 及上海世博会 (2010)

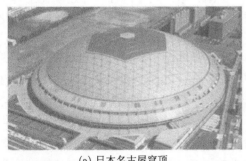

(a) 日本名古屋穹顶

(b) 英国伊甸园结构

图 1-1 标志性网壳结构

中的许多大跨建筑。目前，我国经济持续高速增长，基础设施建设得到了大力发展，各地区对大跨度公共建筑的需求也在不断增加，这是我国建筑业高科技领域面临的巨大机遇和挑战，与此同时，网壳结构作为大跨空间结构的主要形式之一，势必得到更为广泛的应用。

1.2　半刚性节点

近代空间结构在世界工程领域所取得的巨大成功主要归功于两方面的发展：① 形式简单并且适用于快速组装的节点的发展[3,4]；② 能够实现实际结构数值仿真分析的计算机软件的快速发展。空间结构中常用节点主要有焊接球节点[5]和装配式节点。在空间结构设计时，焊接球节点被简化为刚接节点进行设计，以焊接球节点连接的网壳及网架均被作为刚接结构分析计算；而其他的装配式节点则被简化为铰接节点进行设计，认为装配式节点不具备转动刚度，因此以装配式节点连接的单层网壳在实际工程应用中受到了极大的限制。然而，实际上大多数的装配式节点都具有有限的转动刚度，能够承受一定的弯矩，是介于刚接节点和铰接节点之间的一种半刚性节点。相较于刚接节点和铰接节点，半刚性节点具有以下优点：① 与刚接节点相比，半刚性节点采用现场装配式连接，避免了现场焊接施工，所有节点部件均可在工厂预制，很大程度地降低了现场施工的工作量并且有助于提高工程施工质量，可以有效降低现场施工费用；② 与铰接节点相比，半刚性节点具有一定的抗转动刚度，可以提高网壳结构的整体稳定性，使其应用范围更加广泛，特别适用于一定跨度的单层网壳结构。若采用一些新型半刚性节点，对单层网壳结构的工程应用，会起到极大的促进作用。

1.3　半刚性节点及其网壳结构研究历程

由于我国大力提倡发展装配式钢结构建筑，装配式半刚性节点逐渐在工程中得到普遍应用，同时学者们意识到在钢结构简化分析中有关铰接或刚接的理想化假定并不合理[6-9]，因此在不同建筑领域内的学者们逐渐开展了关于半刚性节点性能的研究，结构类型包括钢框架[10-12]、大跨空间结构[13,14]、檩条[15]、货架[16]等。学者们开展了大量节点模型试验[17-19]，得到了不同半刚性节点的转动刚度及其转角-弯矩曲线，并将其简化为理论计算模型[20,21]，以此为基础对半刚性节点结构的整体性能进行研究。

国内外关于半刚性节点及其网壳的研究始于节点静力性能方面的研究，之后逐渐开展了关于半刚性网壳的静力性能相关研究，得到了节点刚度对单层网壳静力稳定性能的影响规律。近来学者们逐渐开展了对半刚性节点及其网壳动力性能的研究，得到了半刚性节点的滞回曲线，并对节点性能对单层网壳动力性能的影响规律进行了探讨。以下分别从半刚性节点和半刚性节点网壳两个研究方面进行介绍。

1.3.1 半刚性节点性能研究

大跨空间结构半刚性节点静力性能的研究始于 See[22] 和 Fathelbab[23]，他们对螺栓球节点 (如图 1-2a 所示) 的抗弯性能进行了试验研究，获得了此节点在纯弯作用下的转角–弯矩曲线 (ϕ-M 曲线) 及各参数对节点初始转动刚度的影响规律。随之为了得到轴力对节点刚度的影响规律，学者们也开展了大量的研究。范峰等 [24,25] 开展了螺栓球节点在压力与弯矩同时作用下的静力试验，并通过节点有限元模型得到了节点转动刚度在压力与弯矩联合作用下的变化规律。Chenaghlou 等 [26,27] 进行了不同拉弯及压弯荷载下的螺栓球节点试验，结果表明螺栓球节点的极限弯矩受轴力影响显著。同时 El-Sheikh[28]、Lee 等 [29]、Swaddiwudhipong 等 [30]、Ueki 等 [31]、Shibata 等 [32]、López[33] 和 López 等 [34] 对不同螺栓球节点也开展了大量试验研究，得到了此类节点在纯弯作用下及弯矩与轴力联合作用的转角–弯矩曲线和刚度变化规律。马会环等 [35] 对碗式节点进行了在轴力与弯矩共同作用下的静力试验，并采用有限元软件对碗式节点 (如图 1-2b 所示) 开展了参数分析，得到了不同构件参数及压弯荷载等级下碗式节点抗弯性能，推导了碗式节点 ϕ-M 曲线预测公式。单晨 [36] 对毂形节点 (如图 1-2c 所示) 进行了数值分析，结果表明毂形节点在网壳平面内方向刚度及承载力很小，而在网壳平面外方向具有一定的转动刚度，同时此节点抗压性能优于抗拉性能。除了对传统节点抗弯能力的研究，少数学者研发了适用于更大跨度网壳、具有更大初始转动刚度的新型半刚性节点。马会环等 [37] 对柱板式节点 (如图 1-3a 所示) 开展了数值参数分析，得到了其在轴力、弯矩及二者联合作用下的初始转动刚度、极限弯矩及破坏模式。文献 [38] 对齿式节点 (如图 1-3b 所示) 同时开展了试验与数值研究，得到了该节点在纯弯作用下的 ϕ-M 曲线，且将齿式节点简化为弹簧模型，推导了齿式节点 ϕ-M 曲线预测公式。文献 [39,40] 对柱式节点 (如图 1-3c 所示) 开展了静力试验及数值模拟研究，结果表明此节点具有良好的初始转动刚度，并将其 ϕ-M 曲线简化为三折线模型，拟合了柱式节点 ϕ-M 曲线预测公式。学者们也逐渐开展了关于半刚性铝合金节点与木节点性能的研究。文献 [41] 提出了一种适用于自由曲面网壳的双环节点，并通过试验得到了该节点的静力初始转动刚度及破坏模式。张竟乐等 [42]、Guo 等 [43] 通过节点试验、有限元分析等方法得到了板式节点不同构件参数下的节点刚度、破坏模式的指标。马会环等 [44] 提出刚度更大的铝合金柱板式节点，建立了该节点有限元模型，结果表明，铝合金柱板式节点在不同荷载作用下的抗弯性能较板式节点有显著提高。关于半刚性木节点方面，孙小

弯等 [45,46] 研究了木网壳结构半刚性装配式植筋节点的力学性能，结果表明偏心距与轴力对该节点初始转动影响显著。周华樟等 [47] 总结了新型 Kiewitt6 型木网壳钢夹板节点三种破坏模式，并得到了轴压力对其破坏模式的影响规律。

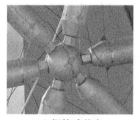  

(a) 螺栓球节点　　　　(b) 碗式节点　　　　(c) 毂形节点

图 1-2　传统空间装配式半刚性节点

(a) 柱板式节点　　　　(b) 齿式节点　　　　(c) 柱式节点

图 1-3　新型空间装配式半刚性节点

装配式半刚性节点滞回性能相关研究集中于框架结构 [48-54]，而针对大跨空间结构装配式半刚性节点的动力性能的研究十分有限。文献 [37] 开展了柱板式节点滞回性能研究，结果表明该节点的滞回性能随轴拉力增加而降低，但轴压力对其影响不大。文献 [55] 对齿式节点滞回性能开展了试验与数值模拟研究，结果表明由于初始安装缝隙，节点存在初始滑移，导致节点滞回曲线具有明显的捏缩效应。任姗 [56] 对不同参数及荷载条件下的柱式节点 (C 型节点) 的滞回性能进行分析，得到了节点的滞回曲线、耗能系数和延性系数等节点滞回性能指标，结果表明该节点滞回性能受轴力的影响不容忽视。

以上研究成果已经表明了传统及新型节点都具有一定的静力抗弯刚度，具备较大的应用潜力及较好的应用前景。但上述成果主要集中在空间半刚性节点的静力性能，针对装配式半刚性节点滞回性能的研究有限，然而在地震荷载作用下，节点破坏主要是由低周疲劳损伤累积引起的，因此，深入研究节点的耗能机制，建立可以应用于整体结构建模的考虑强度和刚度退化的节点损伤模型具有重要的理论意义和应用价值。

1.3.2 半刚性节点网壳结构性能研究

首先学者们开展了半刚性节点网壳整体静力性能相关研究。See[22]，Fathel-bab[23] 和 El-Sheikh[28] 对采用螺栓球节点的网壳结构进行了模型试验，结果表明节点刚度对网壳承载力的影响显著，在实际设计建立计算模型时应考虑节点刚度。同时文献 [57-59] 也分析了网壳稳定承载力随节点刚度的变化规律。文献 [60-62] 对考虑节点刚度的凯威特网壳结构内力进行推导，初步对不同节点刚度网壳的力学性能进行了分析。范峰等 [63,64] 将螺栓球节点的 ϕ-M 曲线简化为弹簧单元，建立了不同节点初始转动刚度下的半刚性单层球面网壳的数值模型，分析了各参数对网壳静力承载力的影响情况。马会环等拟合出了无缺陷状态下半刚性球面网壳的极限承载力公式 [65,66]，同时开展了半刚性单层柱面网壳模型试验 [67]，结果表明半刚性单层柱面网壳承载力介于刚接网壳与铰接网壳之间。曹正罡等 [68] 对采用螺栓球节点的单层网壳结构静力稳定性能开展了相关研究，结果表明此类半刚性节点可以应用于一定跨度的单层球面网壳中，但不宜应用于单层柱面网壳中。马会环等 [69] 建立了基于碗式节点 ϕ-M 曲线的单层椭圆抛物面网壳数值模型，拟合了该结构不同参数下的静力承载力公式。文献 [70, 71] 中表明，类似于碗式节点这类刚度及承载力较小的半刚性节点同样可以应用于中小跨度的单层网壳结构中。文献 [72] 对插管式球节点 (HB 节点) 进行了有限元分析，获得了该节点的 ϕ-M 曲线，并对小跨度 (15m) 的单层网壳静力稳定性进行分析，证明该节点可以满足此类小跨度网壳需求。文献 [73] 采用模型试验与数值模拟相结合的方法对新型 T 型截面节点抗弯性能进行研究，并将该节点 ϕ-M 曲线带入 40~80m 跨度的网壳中进行结构整体静力稳定性分析，结果表明此节点刚度可以满足此跨度单层网壳的需求。

对于半刚性铝合金单层网壳结构的静力性能，郭小农等 [74] 和熊哲等 [75] 进行了整体半刚性网壳模型试验，验证了基于铝合金板式节点刚度的网壳数值模型的准确性，得到了网壳整体稳定性随各参数的变化规律，并拟合了该结构稳定承载力的计算公式。马会环等 [76] 建立了可以考虑柱板式节点三轴 ϕ-M 曲线的节点连接单元，并基于该连接单元建立了半刚性椭圆抛物面网壳的数值模型，得到了各轴初始转动刚度对网壳静力承载力的影响规律。文献 [77] 通过大量数值参数分析得到了半刚性铝合金单层球面网壳矢跨比及蒙皮效应对网壳稳定承载力的影响规律，并推导了铝合金单层球面网壳结构稳定承载力的近似计算公式。在半刚性木节点网壳方面，孙小鸾等 [78] 对不同节点刚度的单层木网壳受力性能进行研究，研究结果表明裂缝的发展及试件刚度的退化可以通过提高节点刚度得到显著的改善，同时矢跨比较小的网壳容易发生失稳破坏。周金将等 [79] 对半刚性单层木网壳静力性能进行分析，研究结果表明节点刚度对结构整体稳定性的影响不容忽视。

以上研究表明了空间半刚性节点完全可以满足单层网壳结构静力稳定性的需求，但关于半刚性单层网壳结构能否在地震荷载下仍发挥良好的性能有待考量，因此学者们逐渐开展了半刚性单层网壳结构的动力性能相关研究。学者们首先对刚性单层网壳进行了深入的研究。郭海山等[80]通过对阶跃荷载和地震荷载作用下的单层网壳结构的动力稳定性的分析，提出了适用于单层球面网壳的动力稳定性实用判别方法。沈世钊等[81]对单层球面网壳结构在不同荷载条件下的失效机理进行了分析，提出了具体的动力失稳和强度破坏判别准则。支旭东等和 Nie 等在网壳结构强震分析中引入了材料损伤累积效应，结果表明考虑该效应后，网壳失效极限荷载显著降低，结构临界失效时整体塑性发展加深；同时提出了结构动力损伤因子 D_s，不仅可以求出强震失效极限荷载，也可判别单层网壳的失效模式。对半刚性单层网壳动力稳定性学者也开展了一些研究[82,83]。廖俊等[84]对考虑了节点刚度的单层球面网壳自振特性进行分析，结果表明与刚性网壳相比，半刚性网壳自振频率较密集且数值更小。范峰等[85,86]基于螺栓球节点 ϕ-M 曲线，开展了单层球面网壳动力性能研究，较为系统地研究了节点刚度及网壳各参数对结构自振特性的影响规律，同时通过统计学方法得到了适用于半刚性节点单层球面网壳的地震内力系数。李利民等[87]通过数值分析方法对半刚性单层球面网壳动力性能进行研究，同时考虑节点弯矩刚度与轴向刚度的影响，结果表明节点各轴刚度对结构的自振特性及杆件内力均会产生较大影响。薛素铎等[88-90]以采用焊接球节点的柱面网壳结构为研究对象，探讨了节点刚度对结构动力稳定性的影响规律，表明节点刚度对结构抗失稳能力的影响显著，且随地震动峰值 (PGA) 的变化而改变。马会环等[91]应用 ABAQUS 建立了基于 C 型节点的单层网壳数值模型，得到了地震内力系数随节点刚度、网壳跨度及屋面荷载等参数的变化规律。

总体看来，半刚性节点及其网壳的研究已引起各领域学者的广泛关注，但迄今为止，有关半刚性节点网壳结构的研究成果有限，该领域研究仍处于起步阶段，距指导实际工程尚有一定差距。具体表现为：① 目前装配式半刚性节点的形式极其有限，装配式网壳多采用圆钢管和螺栓球节点，然而，对于单层网壳而言，采用矩形钢管或工字钢构件是一种更好的选择，实际工程中能够与这类杆件配套使用的节点类型很有限，致使这类高效的单层网壳结构在实际工程中很少得到应用；② 以往有限的半刚性节点及其网壳的研究文献都是只关注节点及结构的静力性能，关于空间半刚性节点及其网壳的动力性能则极少有文献涉及；③ 有关半刚性节点网壳结构的设计理论及方法研究更是有待于进一步研究。

第 2 章　新型钢结构节点研发及其静力性能

2.1　引　言

目前国内空间钢结构中采用最多的节点形式为螺栓球节点，与其配套的杆件为圆钢管，并且由于螺栓球节点的刚度不足，只能被应用于双层网架及网壳等空间结构中。对于单层网壳而言，结构中采用矩形钢管或工字钢构件是一种更好的选择，然而，实际工程中能够与这类杆件配套使用的节点类型十分有限，因此，开发实用的新型半刚性节点是半刚性网壳结构能够在工程中得到广泛应用的关键。本章针对半刚性节点钢结构的适用范围及受力特点，研发了与其相适应的新型装配式半刚性节点，并通过比较分析，选择更合理、经济的节点连接形式，综合考虑节点的静 (动) 力受力性能，确定了几种适用于半刚性网壳结构的节点形式。新型节点研发所考虑的因素包括：① 适用多种网壳杆件截面，如矩形杆件、工字钢杆件或角钢杆件等；② 连接形式，如单根螺栓连接、多根螺栓连接；③ 节点构造，如实体式节点、空心式节点；④ 几何形状，如球形、多面体、板式等。节点形式选择所考虑的因素包括：半刚性节点的节点刚度特性和受力特点，加工、制作工艺及施工方案，节点外观效果，以及技术经济效益分析等。

2.2　新型钢结构节点研发

本节为适应不同钢结构形式，分别研发了适用于单层网壳的 C 型节点、适用于自由曲面网壳的齿式节点及适用于钢结构冷却塔的 HCR、HCP 和 CHR 节点。

2.2.1　C 型节点

C 型节点 (图 2-1 所示)，由以下四部分组成：钢柱体、锥头、高强摩擦型螺栓 (简称高强螺栓) 和螺栓垫片、H 型/矩形杆件。其中钢柱体为空心圆柱体，锥头由两侧及中间肋板组成，并在工厂焊接于杆件两端，在施工现场，钢柱体和锥头通过高强螺栓连接，不需现场施焊，加快了施工速度，且同时降低了施工难度和工程的造价。每根螺栓设置一个垫片，垫片表面与钢柱体柱面紧密贴合，以便平滑传递由外荷载产生的压力。C 型节点适用于采用矩形钢管或工字钢杆件的空间结构，是一种具有较大抗转动刚度、构造简单、施工方便且易实现工厂标准化生产的新型装配式空间结构节点。

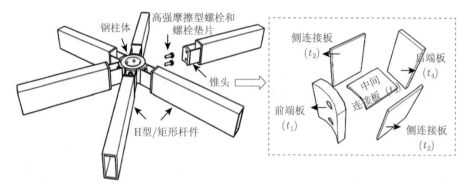

图 2-1　C 型节点及装配图

2.2.2　齿式节点

　　齿式节点中采用的齿式螺栓是螺栓与齿轮的结合，使原本是铰接的节点在保证装配性的同时具有良好的抗转动刚度。齿式节点由空心球、中间连接板、齿式螺栓、侧连接板、端板及 H 型/矩形杆件等组成。空心球与中间连接板根据建筑要求在工厂焊接相连，侧连接板、端板和 H 型/矩形杆件也在工厂预制焊接，在现场将中间连接板与侧连接板预留孔相对，插入齿式螺栓并与螺母及垫片拧紧，即完成安装。其形式如图 2-2 所示。齿式节点是一种连接角度较自由的空间节点，适用于对杆件安装角度要求较大的空间结构。

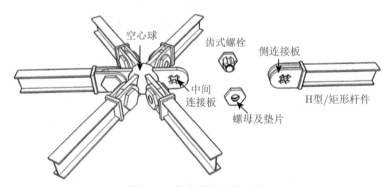

图 2-2　齿式节点及装配图

2.2.3　钢结构冷却塔节点

　　不同于混凝土结构冷却塔，钢结构冷却塔是由大量的构件和节点组合而成。节点作为钢结构冷却塔的重要组成部分，对钢结构冷却塔稳定性能影响显著。本节提出了一系列应用于单层网壳钢结构冷却塔的新型装配式节点 (HCR、CHR、HCP)，开展弯剪作用下节点强轴方向的抗弯性能静力试验研究，分析弯剪作用下连接方式、螺栓数量、连接件厚度三种参数对节点的转角-弯矩曲线及其破坏模式的影响规律，为之后节点的数值模拟结果提供验证依据。

如图 2-3 所示，单层网壳钢结构冷却塔的基本矩形网格单元是由竖向杆件、环向杆件、支撑斜杆和节点域组成。竖向杆件和环向杆件为矩形钢管，支撑斜杆为圆钢管。如图 2-4a 所示，在节点域中，环向杆件和竖向杆件通过装配的连接件连接，支撑斜杆用螺栓铰接于竖向杆件上。如图 2-4b 所示，环向杆件和竖向杆件间的连接区域是由翼缘螺栓和腹板螺栓、H 型连接件、C 型连接件和端板组成。基于连接件的焊接位置和特性，连接区域可以分为三种连接方式：

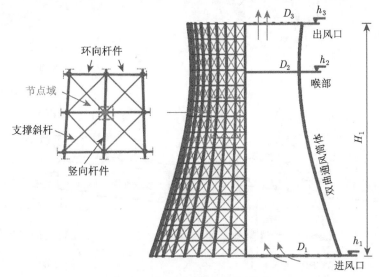

图 2-3　单层网壳钢结构冷却塔

➤ HCR 连接 (图 2-4b)：在连接区域中，H 型连接件、C 型连接件的腹板和翼缘相连。连接件可由热轧 H 型钢和 C 型钢切割而成，亦可通过翼缘和腹板焊接而成。H 型连接件对称地焊接在端板上，端板焊接在环向杆件上；C 型连接件焊接在竖向杆件上。

➤ CHR 连接 (图 2-4c)：在连接区域中，连接件的几何尺寸和加工方法与 HCR 连接相同。区别在于 H 型连接件焊接在竖向杆件上，C 型连接件焊接在端板上。

➤ HCP 连接 (图 2-4d)：在连接区域中，H 型连接件、C 型连接件的腹板和翼缘断开。与 HCR 连接一样，H 型连接件对称地焊接在端板上，端板焊接在环向杆件上；C 型连接件焊接在竖向杆件上。

在所有的连接方式中，均在 H 型连接件、C 型连接件对应位置开孔，采用高强螺栓将 H 型连接件、C 型连接件相连，从而将环向杆件与竖向杆件装配为一体。

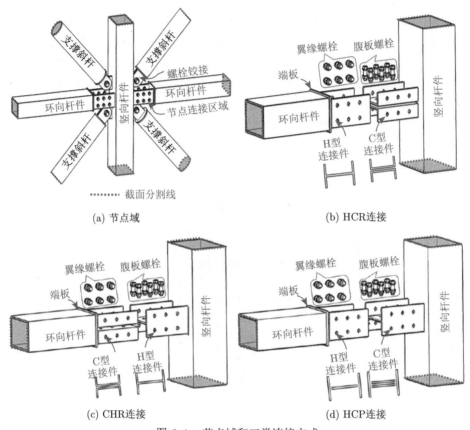

图 2-4　节点域和三类连接方式

2.3　C 型节点静力性能

2.3.1　节点抗弯性能试验

（1）试件设计

为了排除节点试件尺寸效应的干扰，C 型节点试验试件采用了足尺的节点模型。加工制作了 8 组试件，试件共 16 个，每组同尺寸同加载类型的试件 2 个，其中 3 组试件用于考虑侧连接板厚度的影响，4 组试件用于考虑螺栓预紧力的影响，另外 1 组试件用于研究螺栓直径对节点受力性能的影响。试验试件的尺寸和设计详图见图 2-5 及表 2-1。表 2-1 中试件的梁截面尺寸均为矩形截面，保证梁杆件截面尺寸足够大，以防止杆件在节点破坏前发生失稳或屈曲破坏。钢柱体的内径和

外径分别为 200mm 和 300mm，螺栓为 10.9 级高强摩檫型螺栓，有 M24 和 M27
两种。

为了保证 C 型节点试件的质量，避免试件在运输过程中出现变形等不利因
素，节点全部的试验部件在工厂加工制作完成后，再运到试验室进行现场组装，从
而保证了节点试验要求。现场安装过程中，节点的锥头和钢柱体之间通过高强摩
擦型螺栓采用扭矩法紧固施工进行连接，连接时严格按照规范规定的工程施工做
法。锥头和梁杆件采用对角焊缝连接，保证其整体性和连续性。焊接中焊缝要求
质量较高，采用一级焊缝。

试验过程中主要考虑三方面因素的影响：

➤ 侧连接板厚度：试件 S1-A、S2-B 和 S3-A 的侧连接板分别采用 3.5mm、
5.5mm 和 9.5mm 三种不同的厚度。

➤ 螺栓预紧力：在试件 S1-A、S2-B 和 S3-A 中，10.9 级 M24 的螺栓预紧力
取其规范值 $P_{24}=225$kN，并按指定的紧固扭矩进行安装。考虑到实际工程安装过
程中，可能存在过拧或预紧力松弛的现象。因此，试件 S2-A、S2-C 和 S2-D 分别
考虑了 $1.25P_{24}$，$0.75P_{24}$ 和 $0.32P_{24}$ 三种预紧力的影响。

➤ 螺栓直径：试验中考虑了两种螺栓直径的影响：M24 和 M27。试件 S1 至
试件 S3 均采用 10.9 级 M24 螺栓，S4 采用 10.9 级 M27 螺栓。

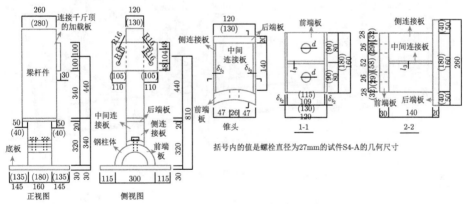

图 2-5　试件的几何尺寸 (单位：mm)

(2) 试验装置和测量内容

根据试件的加载方案及测量内容，设计了一种试验装置 (见图 2-6)，用来测
量节点在弯剪荷载作用下的受力性能，试验装置的现场照片如图 2-7 所示。在节
点试验加载的过程中，为了最大限度地接近节点的实际受力情况，反力柱通过地
锚螺栓固定于试验室地面上。水平放置的千斤顶一侧通过螺栓与反力柱铰接连接，

另一侧通过螺栓与力传感器相连，从而确保千斤顶与试件之间连接处不存在转动约束。底板用以将试件固定在反力架上，并且将其与反力架点焊在一起，以防底板滑移。C 型节点在弯剪荷载作用下的试验均采用千斤顶进行静力加载，直至试件破坏。侧连接板是主要的传力构件，在加载过程中侧连接板边缘较早地进入了塑性，且侧连接板的受力情况较复杂，因此需要布置较多的应变片在这些位置 (见图 2-6)。此外，为了了解加载过程中，试件杆件、前端板和钢柱体处的受力情况，在这些部件相应的位置处布置了一些应变片。

表 2-1   试件的几何参数

试件编号	梁截面/mm	螺栓直径 d/mm	螺距 L_1 /mm	前端板厚度 δ_{t_1}/mm	侧连接板厚度 δ_{t_2}/mm	中间连接厚度 δ_{t_3}/mm	后端板厚度 δ_{t_4}/mm	预紧力 P_{24}=225kN P_{27}=290kN
S1-A	□160×120×16×16	24	78	30	3.5	5.5	20	P_{24}
S2-A	□160×120×16×16	24	78	30	5.5	5.5	20	1.25P_{24}
S2-B	□160×120×16×16	24	78	30	5.5	5.5	20	P_{24}
S2-C	□160×120×16×16	24	78	30	5.5	5.5	20	0.75P_{24}
S2-D	□160×120×16×16	24	78	30	5.5	5.5	20	0.32P_{24}
S3-A	□160×120×16×16	24	78	30	9.5	5.5	20	P_{24}
S4-A	□180×130×16×16	27	87	30	7.5	7.5	20	P_{27}

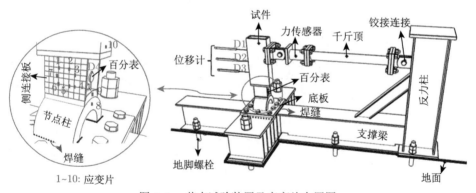

1~10: 应变片

图 2-6   节点试验装置及应变片布置图

加载过程中测量的内容主要包括：

➤ 水平力通过 30t 的液压千斤顶进行施加，每一加载步的荷载值通过连接在千斤顶和试件之间的力传感器测得。

➤ 编号 D1 到编号 D3 点的位移为在弯剪荷载作用下所在杆件位置处的水平位移，通过水平位移计测得；前端板编号 D4 点位移为螺栓与前端板间的缝隙宽度，其值通过百分表测得。水平位移计间的距离，试验前进行测量。

➤ 侧连接板、前端板、钢柱体及杆件的应变通过设置在这些位置处的应变片得到。侧连接板处的应变片从应变片编号 g1 到应变片编号 g7,与其对称位置处的应变片从编号 g1′ 到编号 g7′,取两个对称应变片测量值的平均值作为侧连接板该位置处的应变值。

图 2-7　试验装置现场照片

节点转角是节点试验最重要的试验数据。因加载过程中杆件自身的变形较小基本可以忽略不计,节点的转角可用杆件的转动角度来代替,由在杆件上布置的 D1 到 D3 号水平位移计的位移值计算得到。节点转角的具体计算公式见式 (2-1) 及式 (2-2)。

$$\phi = \frac{\sum_{k=1}^{n} \phi_{ij}}{n} \tag{2-1}$$

$$\phi_{ij} = \arctan\left(\frac{\delta_i - \delta_j}{l_{ij}}\right) \tag{2-2}$$

其中,δ_i 和 δ_j 是点 i、j(如图 2-6 所示的点 D1、D2、D3) 处水平位移计所测的位移值,l_{ij} 为点 i、j 水平位移计间的距离,且点 i、j 为同一侧杆件上的测点。为了得到更准确的位移值,l_{ij} 是试件及试验装置安装固定完毕后所测得的距离。

(3) 加载方案

C 型节点试验均采用静力加载方法,试验过程中采用力–位移控制加载方式,弹性段采用力控制加载,当节点进入弹塑性阶段时改用位移控制加载,直到试件破坏。试验过程中均严格遵守静力试验加载原则,分为预加载和正式加载两个阶段。试验正式开始前先对试件进行预加载,以确保加载装置和测量仪器能够正常工作,并确定节点的初始转动刚度。预加载时,施加的荷载值不超过节点极限承载力弯矩的 10%,试验仪器和设备等一切正常后开始正式加载。为了使节点在荷载作用下的变形得到充分发展并达到稳定，每级荷载的持荷时间为 10~15min，数据采集以稳定后的试验数据为准。

(4) 静力试验现象和结果

试验结果主要包括节点的转动刚度、强度和破坏模式及侧连接板厚度、螺栓直径及螺栓预紧力等参数对节点受力性能的影响规律。为了更好地分析节点的抗弯性能，定义了节点转角–弯矩曲线的特征参数如图 2-8 所示。

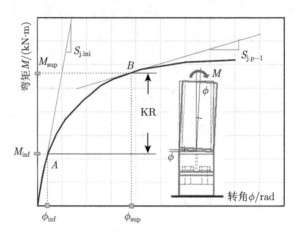

图 2-8   转角–弯矩曲线特征参数图

$S_{j,ini}$：初始转动刚度；

$S_{j,p-1}$：塑性转动刚度，定义为初始转动刚度的 10%；

M_{inf}：初始屈服弯矩 (弹性屈服弯矩)，当节点弯矩达到 M_{inf} 后，节点开始进入塑性屈服阶段，节点的刚度开始下降，对应的节点转角为 ϕ_{inf}；

M_{sup}：塑性屈服弯矩，对应塑性屈服刚度为 $S_{j,p-1}$ 的点，当节点弯矩达到 M_{sup} 后，认为节点完全进入塑性阶段，对应的节点转角为 ϕ_{sup}；

KR(Knee-range)：弹塑性区间范围。

其中初始转动刚度 $S_{j,ini}$ 和塑性屈服弯矩 M_{sup} 是能够代表曲线特性的两个关键参数。

(a) 材性试验及结果

钢材材性试验为单向拉伸试验，通过材性试验可以确定试验节点各部件所用材料的应力–应变关系、屈服强度、极限强度、弹性模量等，为试验结果和数值模拟分析提供材性参数。

材性试验中板件拉伸试件为矩形试样，螺栓拉伸试件为圆柱形试件。各试件样坯按照《钢及钢产品力学性能试验取样位置及试样制备》(GB/T 2975—2018) 的要求从母材中切取，根据《金属材料室温拉伸试验方法》(GB/T 228—2002) 的规定将样坯加工成试件，所有材性试验试件均与节点试件同期同批制作。按照拉伸试验的加载要求，进行节点各组件的拉伸试验，测得不同厚度的侧连接板、杆件及螺栓的屈服强度、抗拉强度和弹性模量和屈服比指标的平均值见表 2-2 所示。

表 2-2 材性试验结果

组件名	尺寸	屈服强度 $f_y/(\text{N/mm}^2)$	抗拉强度 $f_u/(\text{N/mm}^2)$	弹性模量 $E/(\text{N/mm}^2)$	屈服比 f_y/f_u
侧连接板厚	$\delta=3.5\text{mm}$	312.65	470.81	207 053	0.67
	$\delta=5.5\text{mm}$	303.93	455.58	207 848	0.67
	$\delta=7.5\text{mm}$	286.57	419.95	202 476	0.63
	$\delta=9.5\text{mm}$	297.58	413.87	207 882	0.66
杆件	$\delta=15.5\text{mm}$	269.00	406.86	205 569	0.66
螺栓	$d=24\text{mm}$	975.00	1 171.41	213 302	0.83

(b) 侧连接板厚度对节点受力性能的影响

为了研究侧连接板厚度对节点受力性能的影响，试验考察了 3.5mm、5.5mm 及 9.5mm 三种不同厚度的侧连接板，给出了弯剪荷载作用下不同侧连接板厚度对应的节点转角–弯矩曲线 (见图 2-9) 及相应的破坏模式 (如表 2-3 所示) (试件分别标 −1 和 −2，表示参数完全相同的两个试件)。对比分析不同侧连接板厚度下节点的转角–弯矩曲线发现：① 不同侧连接板厚度下，节点侧连接板均发生较大的塑性变形，出现了明显的内凹或外凸的现象。这表明 C 型节点具有良好的非线性和弹塑性性能。② 试件 S1-A 和 S2-B 在弯矩达到节点塑性屈服弯矩 M_{sup} 后，随节点转角的增大，节点所承载的弯矩值不断降低。③ 试件 S3-A 在弯矩达到 M_{sup} 时，侧连接板的变形较小，之后随着荷载的增加，节点弯矩仍在继续增长。节点转角–弯矩关系的主要特征及节点的破坏模式如表 2-3 所示。不同侧连接板厚度下，节点的初始转动刚度、初始屈服弯矩、塑性屈服弯矩及弹塑性区间，随着侧连接板厚度的增加而明显升高。试件 S3-A 的初始屈服弯矩 M_{inf} 几乎是 S1-A 的 4 倍，其塑性屈服弯矩 M_{sup} 是 S1-A 的两倍多。从节点的弯矩–应力曲线 (见图 2-10) 中可以看出，弯矩达到 M_{inf} 或 M_{sup} 时，试件 S1-A 的侧连接板并没有屈服。这对试件 S1-A 的破坏模式来说，它不是侧连接板的强度破坏，而是由于侧连接板板件较薄，板件突然屈曲造成的。试件 S3-A 中应变片 1、3、7 所在的侧连接板位置处在弯矩达到 M_{inf} 前已经出现全截面屈服。对于试件 S3-A 来说，当弯矩突然增加到一定程度时，侧连接板全截面屈服，侧连接板的内凹变形加剧，节点属于强度破坏。而试件 S2-B 的破坏形式是介于 S1-A 和 S3-A 之间的，在弯矩达到塑性屈服弯矩 M_{sup} 时，侧连接板全截面屈服形成塑性铰，满足节点设计的要求。

根据前端板 D4 处百分表所测的前端板与钢柱体之间的缝隙值，可以得到受拉区高强螺栓的变形，给出高强螺栓的弯矩–变形曲线 (见图 2-11)。从图中可以看出：① S1-A 和 S2-B 的高强螺栓在弯剪荷载作用下的变形较小，且整个试验过程中螺栓变形呈线性变化。弯矩达到塑性屈服弯矩 M_{sup} 时，S1-A 和 S2-B 的高强螺栓最大变形值为 0.17mm 和 0.48mm。从前端板与钢柱体之间的缝隙图知，加载过程中，因 S2-B 前端板和钢柱体之间的最大缝隙值是比较小的，缝隙不明显；而 S1-A 的前端板和钢柱体之间基本没有缝隙。② 随着侧连接板厚度的增加，高强受拉螺栓的变形增加。当侧连接板厚度达到 9.5mm 时，试件 S3-A 的受拉螺栓变形出现了非线性段，这表明受拉螺栓变形进入弹塑性变形阶段，最大的变形值达到 1.95mm，受拉螺栓变形较大。从破坏模式图中知，试件 S3-A 中前端板和钢柱体之间在节点破坏时出现了明显的较大缝隙。从弯剪作用下侧连接板厚度不同时节点的试验结果分析得知，随着侧连接板厚度的增加，螺栓可能在侧连接板达到全截面屈服前发生脆性破坏，进而导致节点连接处的破坏。尽管增加侧连接板的厚度可以提高节点的力学性能，包括初始转动刚度、初始屈服弯矩和塑性屈服弯矩，但是侧连接板的厚度并不是越大越好。因此，合理地选择侧连接板的厚度，对提高节点的抗弯刚度是十分有利的。

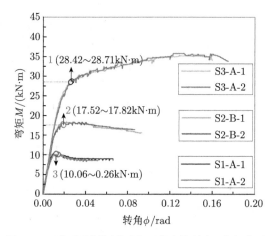

图 2-9　不同侧连接板厚度下节点的转角–弯矩曲线

(c) 螺栓预紧力对节点受力性能的影响

C 型节点所有的组件均在工厂预先加工好，并且在施工现场通过两个螺栓进行钢柱体和杆件之间的连接而不需要任何焊接工作，施工比较方便，但由于受施工质量的影响，在施工过程中可能会出现螺栓的过拧或预紧力松弛的现象。为了研究螺栓预紧力对节点受力性能的影响规律，本节考察了 4 种不同螺栓预紧力对节点受力性能的影响，分别为 $1.25P_{24}$(S2-A)，P_{24}(S2-B)，$0.75P_{24}$(S2-C)，$0.32P_{24}$(S2-D)，其中 $P_{24}=225$kN 是规范给出的 M24 节点的标准预紧力。

表 2-3 纯弯作用下转角–弯矩关系的主要特征及破坏模式

试件	$S_{j,ini}/$ (kN·m/rad)	$M_{inf}/$ (kN·m)	$S_{j,p-1}/$ (kN·m/rad)	$M_{sup}/$ (kN·m)	KR/ (kN·m)
S1-A-1	1 454.02	5.55	145.40	10.26	4.71
S1-A-2	1 344.97	5.55	134.50	10.06	4.51

破坏模式		侧连接板：内凹 螺栓：未破坏 焊缝：未开裂 侧连接板：突然内凹 螺栓：未破坏 焊缝：未开裂

试件	$S_{j,ini}/$ (kN·m/rad)	$M_{inf}/$ (kN·m)	$S_{j,p-1}/$ (kN·m/rad)	$M_{sup}/$ (kN·m)	KR/ (kN·m)
S2-B-1	2 329.11	11.34	232.91	17.82	6.48
S2-B-2	2 260.31	11.38	226.03	17.52	6.41

破坏模式		侧连接板：内凹、外凸 螺栓：未破坏 焊缝：未开裂 侧连接板：内凹 螺栓：未破坏 焊缝：未开裂

试件	$S_{j,ini}/$ (kN·m/rad)	$M_{inf}/$ (kN·m)	$S_{j,p-1}/$ (kN·m/rad)	$M_{sup}/$ (kN·m)	KR/ (kN·m)
S3-A-1	3 220.73	19.49	322.07	28.71	9.22
S3-A-2	3 202.66	19.74	320.27	28.42	8.68

破坏模式	缝隙	侧连接板：内凹、外凸 螺栓：未破坏 焊缝：未开裂 侧连接板：内凹 螺栓：未破坏 焊缝：未开裂

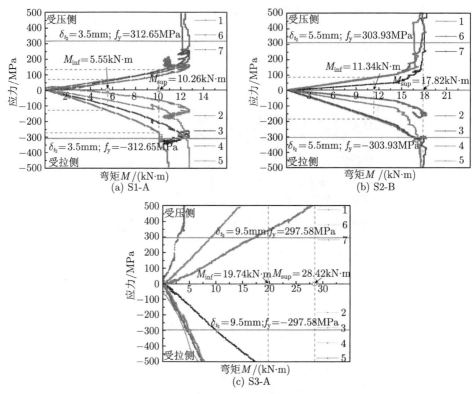

图 2-10　不同侧连接板厚度下节点的弯矩–应力曲线

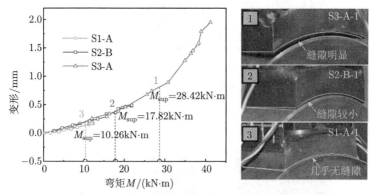

图 2-11　不同侧连接板厚度下节点的弯矩–变形曲线及缝隙图

　　采用静力加载方式，在弯剪荷载作用下分别对 4 组试件施加不同的螺栓预紧力，得到了 4 种不同情况下节点的转角–弯矩曲线如图 2-12 所示。图中给出了不同螺栓预紧力作用下节点的塑性屈服弯矩 M_{sup}，以及弯矩对应时刻节点转角的破坏模式图。节点转角–弯矩曲线具体的主要参数及节点的破坏模式如表 2-4 所示。分析试验结果得到以下结论：① 不同螺栓预紧力作用下，节点均表现出较好的弹塑性性能，在弯矩达到塑性屈服弯矩 M_{sup} 时，节点的破坏模式基本一致 (见图 2-12)。② 当螺栓预紧力在 $0.75P_{24} \sim 1.25P_{24}$ 间变化时，节点的初始转动刚度、初始屈服弯矩和塑性屈服弯矩变化较小；节点的弹塑性区间随着预紧力的增加明显减小。对于试件 S2-A 来说，弯矩达到塑性屈服弯矩 M_{sup} 之后节点转角–弯矩曲线降低得比较快。③ 当螺栓预紧力减小为 $0.32P_{24}$ 时，节点的初始转动刚度降低约为预紧力 P_{24} 的 16.4%，弹塑性变形区间与 $0.75P_{24} \sim 1.25P_{24}$ 相比明显增加，而节点的初始屈服弯矩和塑性屈服弯矩下降幅度却较小。

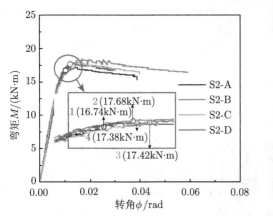 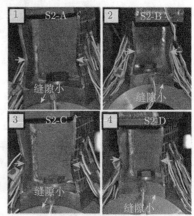

图 2-12　不同螺栓预紧力下节点的转角–弯矩曲线及破坏模式

不同螺栓预紧力作用下，受拉侧前端板与钢柱体之间的缝隙发展如图 2-13 所示。从图中看出，不同螺栓预紧力作用下，缝隙发展呈线性变化，这表明受拉侧高强螺栓的变形也呈线性变化。螺栓预紧力越高，受拉侧螺栓的变形越小，且均满足节点塑性铰的形成先于受拉螺栓破坏的设计要求。从节点弯矩–应力曲线 (见图 2-14) 中可以看出，在弯矩达到塑性屈服弯矩 M_{sup} 时，S2-A 的侧连接板对应的应变片没有屈服，而 S2-B、S2-C 及 S2-D 侧连接板位置处的应变片 3~7 已经屈服。综合节点的转角–弯矩曲线及破坏模式，不同螺栓预紧力下，节点的初始转动刚度和塑性屈服弯矩相差不超过 5%，破坏模式均一致，螺栓变形较小，而且实际工程施工中基本不会出现螺栓预紧力降低 68% 的情况。因此，一定程度上，弯剪作用下螺栓预紧力对节点受力性能的影响相对较小，条件允许范围内可以忽略不计。

表 2-4　转角–弯矩关系的主要特征及破坏模式

试件	$S_{\text{j,ini}}/$ (kN·m/rad)	$M_{\text{inf}}/$ (kN·m)	$S_{\text{j,p-1}}/$ (kN·m/rad)	$M_{\text{sup}}/$ (kN·m)	KR/ (kN·m)
S2-A-1	2 282.56	11.92	228.26	16.74	4.82
S2-A-2	2 367.08	13.01	236.71	16.94	3.93

破坏模式		侧连接板：内凹 螺栓：未破坏 焊缝：未开裂
		侧连接板：内凹 螺栓：未破坏 焊缝：未开裂

试件	$S_{\text{j,ini}}/$ (kN·m/rad)	$M_{\text{inf}}/$ (kN·m)	$S_{\text{j,p-1}}/$ (kN·m/rad)	$M_{\text{sup}}/$ (kN·m)	KR/ (kN·m)
S2-B-1	2 329.11	11.34	232.91	17.82	6.48
S2-B-2	2 260.31	11.38	226.03	17.52	6.41

破坏模式		侧连接板：内凹、外凸 螺栓：未破坏 焊缝：未开裂
		侧连接板：内凹 螺栓：未破坏 焊缝：未开裂

试件	$S_{\text{j,ini}}/$ (kN·m/rad)	$M_{\text{inf}}/$ (kN·m)	$S_{\text{j,p-1}}/$ (kN·m/rad)	$M_{\text{sup}}/$ (kN·m)	KR/ (kN·m)
S2-C-1	2 179.63	12.02	217.96	17.42	5.40
S2-C-2	2 203.38	11.14	220.34	17.51	6.10

破坏模式		侧连接板：内凹 螺栓：未破坏 焊缝：未开裂
		侧连接板：内凹 螺栓：未破坏 焊缝：未开裂

试件	$S_{j,ini}/$ (kN·m/rad)	$M_{inf}/$ (kN·m)	$S_{j,p-1}/$ (kN·m/rad)	$M_{sup}/$ (kN·m)	KR/ (kN·m)
S2-D-1	1 878.94	10.36	187.89	17.38	7.02
S2-D-2	1 960.91	9.37	196.09	17.41	8.04
破坏模式				侧连接板：内凹 螺栓：未破坏 焊缝：未开裂	
				侧连接板：内凹 螺栓：未破坏 焊缝：未开裂	

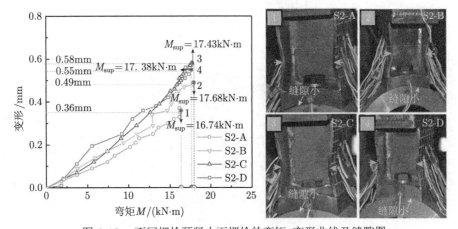

图 2-13　不同螺栓预紧力下螺栓的弯矩–变形曲线及缝隙图

(d) 螺栓直径对节点受力性能的影响

高强螺栓是节点重要的组成部分，为了研究螺栓直径对节点受力性能的影响，试验中研究了两种不同螺栓直径 24mm(M24) 和 27mm(M27)，相应的节点转角–弯矩曲线如图 2-15 所示。详细的 M27 节点转角–弯矩曲线的主要特征及节点的破坏模式如表 2-5 所示。与 M24 螺栓对应的试件 S3-A(9.5mm) 相比，螺栓为 M27 的 S4-A(7.5mm) 节点侧连接板的厚度较小。从结果来看，尽管 S4-A 侧连接板的厚度在 S2-B 和 S3-A 之间，但是 S4-A(M27) 节点的初始转动刚度比 S2-B(M24) 和 S3-A(M24) 分别高出 57.3％和 12.4％；其初始屈服弯矩 M_{inf}、塑性屈服弯矩 M_{sup} 和节点弹塑性区间 KR 从整体看也高于试件 S3-A 和 S2-B 对应的值。由此看来，相比侧连接板厚度对节点受力性能的影响，螺栓直径对节点受力性能的影响更大。因此，螺栓直径是影响节点性能的重要因素。

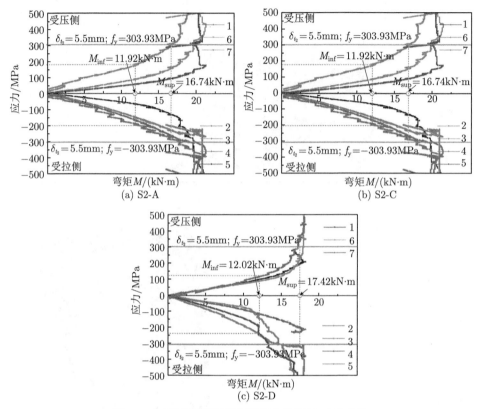

图 2-14　不同螺栓预紧力下节点的弯矩–应力曲线

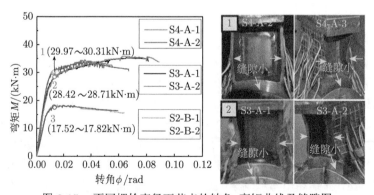

图 2-15　不同螺栓直径下节点的转角–弯矩曲线及缝隙图

表 2-5 转角–弯矩关的主要特征节点及破坏模式

试件	$S_{j,ini}$/(kN·m/rad)	M_{inf}/(kN·m)	$S_{j,p-1}$/(kN·m/rad)	M_{sup}/(kN·m)	KR/(kN·m)
S2-B-1	2 329.11	11.34	232.91	17.82	6.48
S2-B-2	2 260.31	11.38	226.03	17.52	6.41
S3-A-1	3 220.73	19.49	322.07	28.71	9.22
S3-A-2	3 202.66	19.74	320.27	28.42	8.68
S4-A-1	3 643.26	20.40	364.33	29.97	9.57
S4-A-2	3 574.16	19.20	357.42	30.31	11.11

破坏模式		
	侧连接板：内凹、外凸 螺栓：未破坏 焊缝：未开裂	
	侧连接板：内凹 螺栓：未破坏 焊缝：未开裂	
	侧连接板：内凹、外凸 螺栓：未破坏 焊缝：未开裂	
	侧连接板：内凹 螺栓：未破坏 焊缝：未开裂	
	侧连接板：外凸 螺栓：未破坏 焊缝：开裂	
	侧连接板：内凹 螺栓：未破坏 焊缝：开裂	

(5) 试验结果

节点的转角-弯矩曲线在全部的加载过程中都呈现为非线性。引起节点非线性的原因主要包括：① C 型节点是通过高强螺栓将杆件与钢柱体连接起来的，当施加外部荷载后，前端板与钢柱体之间不可避免地会出现松动。② 因节点各组件的厚度等因素不同，当施加外部荷载时节点侧连接板提早屈服。③ 由于高强螺栓孔和焊缝的存在，在外部荷载作用下不可避免地会出现应力和应变集中现象。④ 在结构外部施加荷载后，整个节点试件会发生几何变化，进而引起整体试件的几何非线性变化。

从节点的破坏模式来看，同一组节点的破坏模式并不完全一样，同一试件节点侧连接板的破坏模式也不完全对称 (如图 2-16 所示)。造成这一现象的原因可能是：① 试验加载速率的影响，施加初始荷载的速率较快，节点来不及变形，致使节点被迅速压屈；② 焊接残余变形或焊接残余应力的影响，造成局部应力偏高，致使侧连接板处应力不一致或不对称，进而影响侧连接板的变形；③ 安装误差，由于安装过程中存在偏差，导致整个构件处于受扭的不利位置，也可导致节点破坏模式的不同。

图 2-16　节点初始缺陷的影响

2.3.2　节点数值模型

(1) 节点数值模型参数

ABAQUS 软件是一种可以分析复杂的固体力学、结构力学问题，模拟高度非线性问题的有限元软件。新型半刚性 C 型节点的各个部件在工作时相互之间存在着复杂的受力状况，如滑移、脱离、紧靠等，使得节点问题具有很强的非线性，因此本节采用此精确化的模拟软件 ABAQUS 进行节点的数值模拟分析。

利用 ABAQUS 软件建模的过程主要包括创建节点部件、分配属性、装配、划分网格、设置分析步、施加预紧力，设置约束和施加荷载等。在创建节点部件的过程中，C3D8R 单元能很好地进行三维实体结构的仿真模拟，模型由 8 节点结合而成，且每个节点都有 x、y、z 位移 3 个方向的自由度，计算结果较为精确。因此，C 型节点的各部件在 ABAQUS 中选择实体单元 C3D8R 来建立节点的实体模型，并对其进行网格划分 (如图 2-17 所示)。采用接触单元及预紧力单元模拟节点的转动性能，考虑大变形、大转角和大应变效应，实现节点在荷载作用下转角–弯矩曲线全过程跟踪。通过数值模拟分析得到节点在静力荷载作用下的受力性能，包括荷载的传递路径、变形形态、节点缝隙发展及其原理。

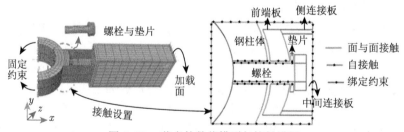

图 2-17　节点的数值模型与接触设置

在建立节点的接触分析中，由于 C 型节点各部分之间的相互作用主要是靠相互之间的接触面来完成的，考虑各组件面与面之间的受力特点，可以用接触分析对 C 型节点进行实体建模来精确模拟其受力特点，模型中接触面的设置如图 2-17

所示。C型节点各部件之间在工作时脱离与紧靠的状态,选用自接触单元和面与面接触单元来模拟各部件之间的接触面,并通过绑定约束定义节点完全的约束行为,防止从属表面和主控表面分离或产生相对滑动。接触单元能覆盖三维实体或壳体的表面,与其联系的三维实体或壳体的表面具有相同的形状。接触单元发挥作用时,接触单元的表面会渗透到目标面上。在C型节点的有限元分析中,由于有限元分析具有局限性,且为了突出节点关键因素对节点性能的影响,建模过程中忽略了节点焊缝和焊接残余应力的影响,没有对焊缝、焊接孔进行建模。

(2) 材料本构模型

C型节点数值模拟过程中,锥头、螺栓、钢柱体和杆件等部件的应变-应力关系采用三折线模型,如图 2-18 所示。其中,节点的杆件、锥头采用 Q235 钢材,钢柱体采用 45 号锰钢,螺栓及垫片采用 40Cr 高强螺栓。节点各部件具体的屈服强度、抗拉强度、弹性模量及屈强比指标如表 2-2 所示。

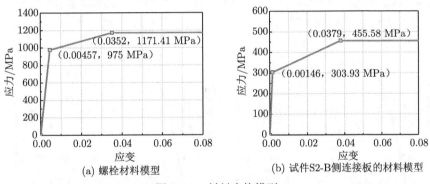

图 2-18 材料本构模型

(3) 数值模型验证

基于不同的螺栓预紧力、侧连接板厚度和螺栓直径,试验过程中总共测试了 14 个试件,用于验证有限元模型。为了更好地拟合试验结果,数值模拟过程中考虑了侧连接板几何缺陷的影响,通过数值模型和试验得到节点的转角-弯矩曲线和破坏模式的对比如图 2-19 所示。数值模拟中节点转角的定义和计算方法与试验保持一致,节点的破坏模式均取自加载结束、节点破坏时刻。从转角-弯矩曲线中可以看出,数值模拟结果 (图 2-19 中使用 FEA 表示) 和试验结果 (图 2.19 中使用 Test 表示) 吻合较好。相对来说,试件 S1 和 S2 数值模拟得到的塑性屈服弯矩值略高于试验值,造成这种结果的主要原因是试验中侧连接板厚度较薄,侧连接板受压侧发生突然屈曲、失稳破坏。对比节点的破坏模式发现,试验结果与数值模拟结果一致,节点破坏时均是侧连接板全截面屈服,形成塑性铰,发生较大的塑性变形,出现明显的"内凹"现象。

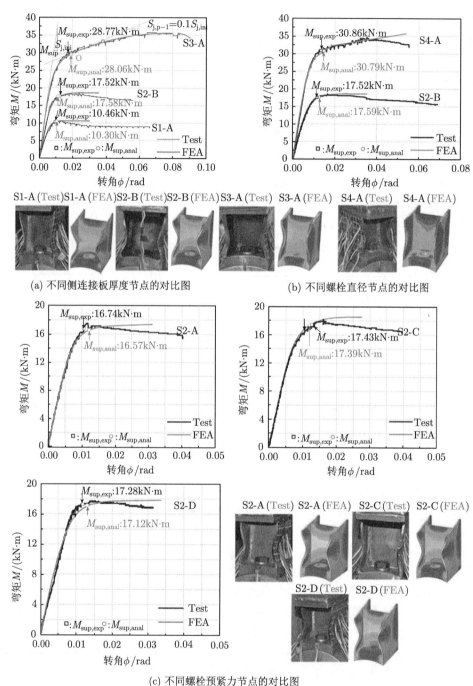

(a) 不同侧连接板厚度节点的对比图

(b) 不同螺栓直径节点的对比图

(c) 不同螺栓预紧力节点的对比图

图 2-19　节点的转角–弯矩曲线及破坏模式的对比图

节点初始转动刚度 $S_{j,ini}$ 和塑性屈服弯矩 M_{sup} 的试验和数值模拟具体的对比结果如表 2-6 所示。从表中显示的结果来看，节点塑性屈服弯矩的数值模拟结果和试验结果拟合较好，最大误差不超过 3%；节点的初始转动刚度绝大部分误差也不超过 3%，除了试件 S1-A(6.71%)、S2-D(8.44%) 和 S4-A(5.45%) 的误差相对较大外，但总体来说节点试件的误差均不超过 10%，均在试验误差允许的范围内。因此，试验结果与有限元计算基本符合，这表明对 C 型节点的有限元分析是可靠的，建立的有限元理论分析模型可用于对本节中节点静力性能的研究。

表 2-6 转角–弯矩关系的主要特征

试件	$S_{j,ini,anal}/$ (kN·m/rad)	$S_{j,ini,exp}/$ (kN·m/rad)	$\dfrac{S_{j,ini,exp} - S_{j,ini,anal}}{S_{j,ini,exp}}$	$M_{sup,anal}/$ (kN·m)	$M_{sup,exp}/$ (kN·m)	$\dfrac{M_{sup,exp} - M_{sup,anal}}{M_{sup,exp}}$
S1-A	1 551.65	1 454.02	6.71%	10.30	10.46	1.53%
S2-A	2 314.72	2 282.56	1.41%	16.57	16.74	1.02%
S2-B	2 292.84	2 260.31	1.44%	17.58	17.52	0.34%
S2-C	2 243.32	2 179.63	2.92%	17.39	17.43	0.23%
S2-D	2 043.78	1 878.94	8.44%	17.12	17.28	0.93%
S3-A	3 262.39	3 202.66	1.86%	28.06	28.77	2.47%
S4-A	3 841.75	3 643.26	5.45%	30.79	30.86	0.27%

注：$S_{j,ini,anal}$ 和 $M_{sup,anal}$：分别为数值模拟得到的初始转动刚度和塑性屈服弯矩；

$S_{j,ini,exp}$ 和 $M_{sup,exp}$：分别为试验得到的初始转动刚度和塑性屈服弯矩。

2.3.3 不同工况下节点抗弯性能

节点在静力作用下的受力示意图见图 2-20，具体的节点加载方式及几何尺寸如表 2-7 所示。

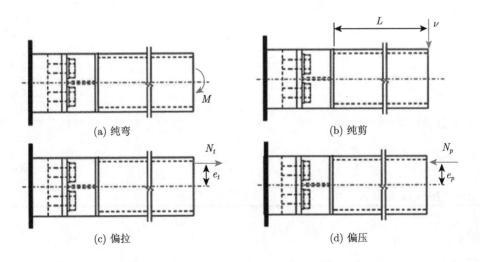

(a) 纯弯   (b) 纯剪

(c) 偏拉   (d) 偏压

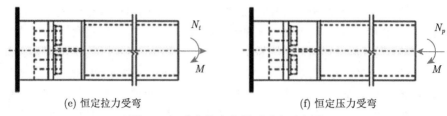

(e) 恒定拉力受弯   (f) 恒定压力受弯

图 2-20　节点静力作用下受力示意图

表 2-7　节点数值模拟分析模型的加载方式及几何尺寸

编号	杆件截面/mm	螺栓直径 d/mm	螺距 L_1/mm	前端板厚度 δ_{t_1}/mm	侧连接板厚度 δ_{t_2}/mm	中间连接板厚度 δ_{t_3}/mm	后端板厚度 δ_{t_4}/mm	预紧力 P/kN	加载方式
G1-1	□160×120×16×16	24	78	22 26 30 40	5.5	5.5	20	225	见图 2-20a
G1-2 G2	□160×120×16×16 □160×120×16×16	24 24	78 78	30 30	4 6 7 10 12 5.5	5.5 5.5	20 20	225 225	见图 2-20a 见图 2-20b $L=0.50$m $L=0.25$m $L=0.05$m $L=0.00$m
G3-1 G3-2	□160×120×16×16 □180×130×16×16	24 27	78 87	30 30	3.5 5.5 9.5 7.5	5.5 5.5	20 20	225 290	见图 2-20c $e_t=0$ $e_t=0.01$m $e_t=0.02$m $\cdots$ $e_t=0.1$m $\cdots$ $e_t=0.9$m $e_t=1.0$m
G4-1 G4-2	□160×120×16×16 □180×130×16×16	24 27	78 87	30 30	3.5 5.5 9.5 7.5	5.5 5.5	20 20	225 290	图 2-20d $e_p=0$ $e_p=0.01$m $e_p=0.02$m $\cdots$ $e_p=0.1$m $\cdots$ $e_p=0.9$m $e_p=1.0$m

续表

编号	杆件截面/mm	螺栓直径 d/mm	螺距 L_1/mm	前端板厚度 δ_{t_1}/mm	侧连接板厚度 δ_{t_2}/mm	中间连接板厚度 δ_{t_3}/mm	后端板厚度 δ_{t_4}/mm	预紧力 P/kN	加载方式
G5-1	□160×120×16×16	24	78	30	3.5 5.5 9.5	5.5	20	225	见图 2-20e $\eta_t=0.05$ $\eta_t=0.10$ $\eta_t=0.15$ ... $\eta_t=0.85$ $\eta_t=0.90$ $\eta_t=0.95$
G5-2	□180×130×16×16	27	87	30	7.5	5.5	20	290	
G6-1	□160×120×16×16	24	78	30	3.5 5.5 9.5	5.5	20	225	见图 2-20f $\eta_p=0.05$ $\eta_p=0.10$ $\eta_p=0.15$ ... $\eta_p=0.85$ $\eta_p=0.90$ $\eta_p=0.95$
G6-2	□180×130×16×16	27	87	30	7.5	5.5	20	290	

其中，N_t/N_p=0.02~1kN 是加载过程中施加在节点上的轴向拉力/轴向压力取值范围，$\eta_t = \dfrac{N_t}{N_{\mathrm{u}}^t}$，$\eta_p = \dfrac{N_p}{N_{\mathrm{u}}^p}$，$N_{\mathrm{u}}^t = 797.4$kN，$N_{\mathrm{u}}^p = 814.16$kN 分别是轴拉作用与轴压作用下节点的极限值，$e_t$ 和 e_p 分别为轴拉作用与轴压作用的偏心距。

(1) 偏心受力性能

对于轴向荷载来说，实际工程中由于存在安装误差、几何缺陷等原因易产生偏心现象。受偏心距的影响，加载过程中在拉力或压力作用的同时节点还承受了弯矩作用。为了考察在偏心受力作用下节点的受力性能和破坏机理，改变偏心距来进行数值模拟。由于对称荷载作用下试件关于钢柱体中心对称，可取其一半进行数值模拟分析，节点数值模拟分析的几何模型如图 2-17 所示，在模型左端的钢柱体处设置固定约束，在模型右侧的杆端施加偏心荷载。节点在偏心荷载作用下的参数如表 2-7 所示的编号 G3-1、G3-2、G4-1 和 G4-2。

数值分析得到不同偏心受力距下节点的转角–弯矩曲线如图 2-21 所示，其中 $e = 0.02$~1m 是轴力的偏心距离，$e = \infty$ 对应纯弯作用下节点的转角–弯矩曲线。从图中可以看出，随偏心距的增加，节点塑性屈服弯矩和初始转动刚度呈现规律性的变化 (见图 2-22)：① 偏心距 $e <0.2$m 时，偏心距对节点的初始转动刚度和塑性屈服弯矩具有明显的影响。偏压作用下节点的初始转动刚度高于纯弯作用下节点的初始转动刚度值，而偏拉作用下节点的初始转动刚度值却比纯弯作用下节

点的初始转动刚度值小；偏压和偏拉作用下节点的塑性屈服弯矩值也低于纯弯作用下节点的塑性屈服弯矩值。偏心距在 0.02~0.1m 变化时，偏心距作用下节点的塑性屈服弯矩值随偏心距的增加明显增加。② 当偏心距 $e \geqslant 0.2$m，偏心距作用下节点的初始转动刚度和塑性屈服弯矩趋近于纯弯作用下的值。偏心距对节点受力性能已基本没太大影响，构不成关键因素了。因此，根据偏心距对节点受力性能的影响规律，将 $e_c = 0.2$m 定义为节点的临界偏心距。$e \leqslant e_c$ 时，偏心距对节点的力学性能影响较大，不能忽略；当 $e > e_c$，在偏心轴力作用下节点的力学性能趋近于纯弯作用，偏心距对节点受力性能的影响可以基本忽略。

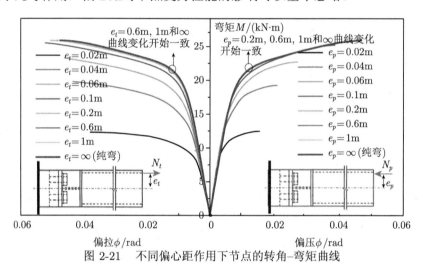

图 2-21　不同偏心距作用下节点的转角-弯矩曲线

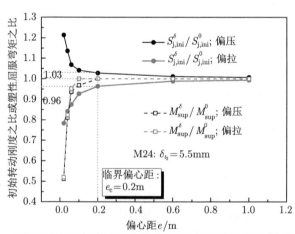

图 2-22　偏心受力作用下节点的初始转动刚度和塑性屈服弯矩的变化规律

从节点的破坏模式来看，偏心距主要影响了节点中性轴和螺栓应力变化。①

增加偏心距, 节点中性轴向中间连接板的方向移动, 进而引起节点屈服弯矩和转动刚度的变化。$e \leqslant e_c$ 时节点中性轴在中间连接板以外, $e > e_c$ 时中性轴在中间连接板内浮动, 且偏拉和偏压作用下节点中性轴的位置差别比较大。② 偏心作用下, 节点塑性铰的形成是先于受拉螺栓屈服的, 而且偏拉和偏压作用下螺栓受偏心距的影响截然不同。偏拉作用下, 螺栓应力随偏心距的增加而减小; 偏压作用下, 螺栓应力随偏心距的增加而增大。这是因为, 偏拉作用下由于拉力的存在增加了前端板和螺栓的应力水平; 偏压作用下, 压应力的存在降低了前端板和螺栓的应力水平 (图 2-23)。

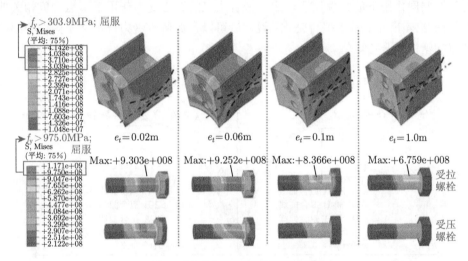

(a) 偏心受拉作用下的应力云图

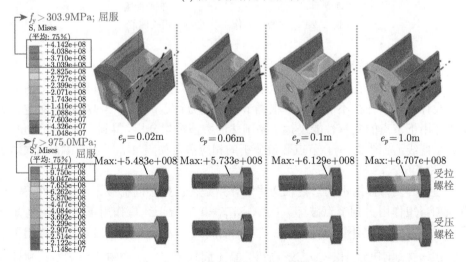

(b) 偏心受压作用下的应力云图

图 2-23   不同偏心受力作用下节点的应力云图

相比偏心拉力和偏心压力，设计者更加关心节点破坏时节点的塑性屈服弯矩与偏心距之间的关系。基于节点数值模拟的参数分析，建立了偏心受力作用下节点的极限弯矩与偏心距之间的非线性关系模型见式 (2-3)。

$$\frac{1}{4}\left(1-\eta_M^e\right)\left(1+3\mathrm{e}^{6\eta_e}\right)=1 \tag{2-3}$$

其中 $\eta_M^e=\dfrac{M_{\mathrm{sup}}^e}{M_{\mathrm{sup}}^0}$；$\eta_e=\left|\dfrac{e}{e_\mathrm{c}}\right|$，$M_{\mathrm{sup}}^0$ 和 M_{sup}^e 分别为节点在纯弯作用及偏心轴力与弯矩共同作用下的塑性屈服弯矩，拟合出来的偏心受力作用下节点强度相关曲线如图 2-24 所示。基于拟合公式，设计者可以预测偏心受力作用下不同偏心距时节点的塑性屈服弯矩值。

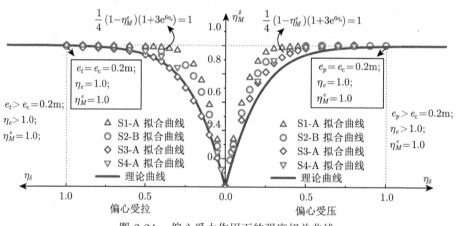

图 2-24　偏心受力作用下的强度相关曲线

(2) 定轴力受弯性能

单层网壳结构在实际受力过程中，同时承受弯矩和轴力的共同作用，弯矩在节点设计过程中往往不能忽略。根据节点的受力特点，利用 ABAQUS 对定轴力受弯作用下节点的受弯性能进行了精细化的数值模拟分析，得到了节点的转角–弯矩关系曲线 (见图 2-25)。节点数值分析的相应参数如表 2-7 所示的 G5-1、G5-2、G6-1 和 G6-2。

与偏心受力作用不同，定轴力受弯作用是在保持轴向荷载不变的条件下，逐步施加弯矩作用直到节点破坏。图中 $N_{t(p)}=0$ 对应于纯弯作用下的转角–弯矩曲线。$S_{\mathrm{j,ini}}^{N_{t(p)}}/S_{\mathrm{j,ini}}^0$ 是不同轴力 $N_{t(p)}$ 弯矩作用下节点初始转动刚度与纯弯作用下节点的初始转动刚度之比；$M_{\mathrm{sup}}^{N_{t(p)}}/M_{\mathrm{sup}}^0$ 是不同轴力 $N_{t(p)}$ 弯矩作用下节点塑性屈服弯矩与纯弯作用下节点的塑性屈服弯矩之比。

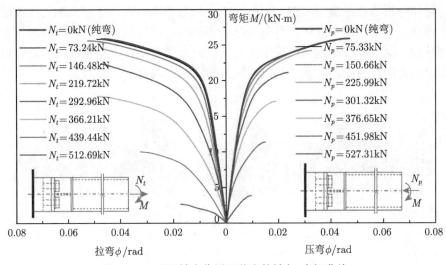

图 2-25　不同轴力作用下节点的转角–弯矩曲线

定轴力受弯作用下，转角–弯矩曲线反映出的轴力对节点受力性能的影响规律如图 2-26 所示：① 节点的塑性屈服弯矩随轴向拉力或轴向压力的增加而减小，并且其值均小于纯弯作用下的值；当 η_t 或 η_p 减小时，轴向拉力与轴向压力对节点塑性屈服弯矩的影响规律基本一致。② 节点初始转动刚度受轴向拉力与轴向压力的影响不同。随轴向拉力的增加，节点的初始转动刚度降低比较明显，并且其初始转动刚度值均小于纯弯作用下的值。轴压作用下，当轴向压力值 $N_p \leqslant 366.21 \mathrm{kN}(\eta_p \leqslant 0.5)$ 时，随轴向压力的增加节点的初始转动刚度基本保持稳定，当 $N_p > 451.98 \mathrm{kN}(\eta_p > 0.6)$ 时，节点的初始转动刚度急剧减小。

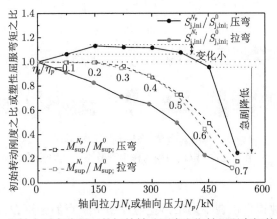

图 2-26　定轴力受弯作用下的初始转动刚度和塑性屈服弯矩的变化规律

　　对比分析节点的应力云图 (见图 2-27)，拉弯和压弯作用下节点侧连接板塑性铰的形成先于受拉螺栓破坏，且 η_t 或 η_p 增加时塑性铰位置向远离中间连接板的一侧移动，同时中性轴也向远离中间连接板的一侧移动。前端板横截面屈服面积和螺栓应力随拉力的增加而增加，随压力的增加而减小。

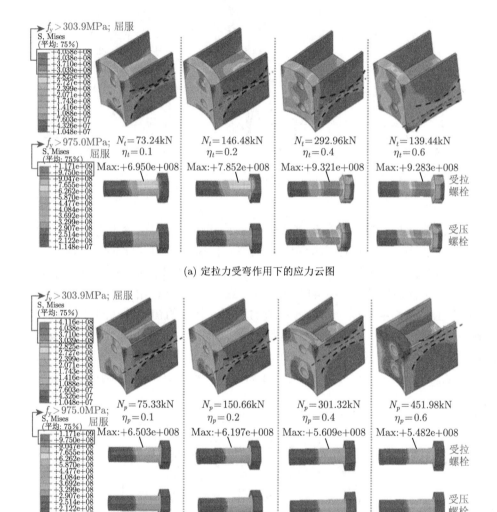

(a) 定拉力受弯作用下的应力云图

(b) 定压力受弯作用下的应力云图

图 2-27　定轴力受弯作用下节点的应力云图

　　为了更准确地拟合出在不同轴力受弯作用下节点的强度相关公式，根据全截面屈服准则，构件最危险的截面处于塑性工作阶段时，塑性中和轴可能在中间连接板内或偏离中间连接板。由内外力的平衡条件，可以得到轴力与弯矩的关系式。当轴力较大时，塑性中和轴在中间连接板外，其截面应力分布可简化为如图 2-28 所示。为了简化，令 $A_2 = \alpha A_1$，则

　　截面屈服轴力

$$N_{t(p)} = A f_y = (\alpha + 2) A_1 f_y \tag{2-4}$$

　　截面塑性屈服弯矩

$$M_{\sup}^0 = W_p f_y = \frac{1}{2} h A_1 f_y \tag{2-5}$$

式中，W_p 为截面塑性抵抗矩，根据全塑性应力图 (见图 2-28b)，轴力和弯矩的平衡条件见式 (2-6)(忽略了中间连接板对中和轴惯性矩的影响)。

$$N_u^{t(p)} = 2(1 - 2\mu) A_1 f_y + A_2 f_y$$
$$M_{\sup}^{N_{t(p)}} = 2\mu(1 - \mu) h A_1 f_y \tag{2-6}$$

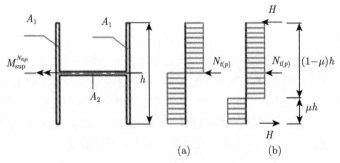

图 2-28　拉 (压) 弯构件截面应力图

消去以上两式中的 μ 得到

$$4\left((\alpha+2) \cdot \left|\eta_{t(p)}\right| - \alpha\right)^2 + \eta_M^N = 1 \tag{2-7}$$

当轴力较小时，塑性中和轴在中间连接板内，按上述的方法可以得到

$$\eta_M^N = 1 \tag{2-8}$$

其中，弯矩承载力 $\eta_M^N = \dfrac{M_{\sup}^N}{M_{\sup}^0}$，$A_2 = \alpha A_1$。

　　由式 (2-7) 和式 (2-8) 得到定轴力受弯作用下节点弯矩承载力的设计公式，并拟合出节点的弯矩承载力相关曲线如图 2-29 所示，从而为更好地预测定轴力受弯作用下节点的弯矩承载力提供理论依据。

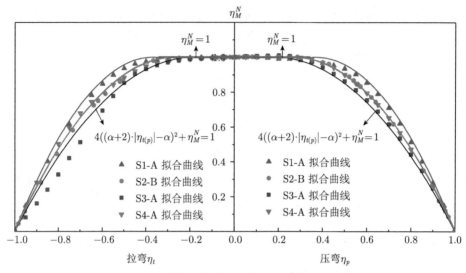

图 2-29 定轴力受弯作用下的弯矩承载力相关曲线

(3) 弯剪性能

为了更好地研究剪力对 C 型节点受力性能的影响，数值模拟分析中考察了 4 种不同剪力力臂的影响，相应的节点几何尺寸及力臂大小如表 2-7 所示的 G2，加载模式如图 2-20b 所示。剪力作用下节点的转角–弯矩曲线及应力云图如图 2-30、图 2-31 所示。对比分析知，剪力作用下不同力臂对应的节点塑性弯矩值略低于纯弯作用下节点的塑性屈服弯矩值，最多相差不超过 4.87%，节点的初始转动刚度比纯弯作用下的值最大误差不超过 10.56%，均在节点试验误差允许的范围内。

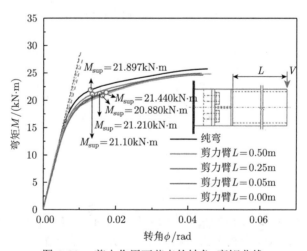

图 2-30 剪力作用下节点的转角–弯矩曲线

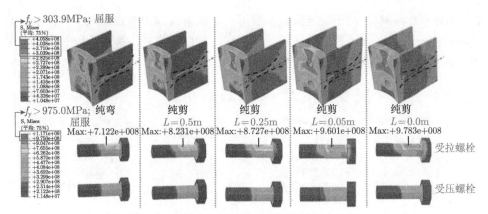

图 2-31 剪力作用下锥头和螺栓的应力云图

从节点的破坏模式来看 (图 2-31),不同力臂下剪力对节点破坏模式的影响是有差异的。剪力作用下剪力的力臂不同,节点塑性铰的位置是不一样的;随力臂的减小,塑性铰的位置向前端板一侧变化,进而影响节点的塑性屈服弯矩和初始转动刚度。减小剪力作用的力臂值,受拉螺栓表面的应力及前端板屈服面积随之增加,且均高于纯弯作用下的值。但是从总体上来说,剪力对节点受力性能的影响较小,在条件允许的范围内可以忽略剪力对节点受力性能的影响。

2.3.4 节点理论模型

关于半刚性节点初始转动刚度和转角–弯矩曲线的计算方法,国内外众多学者针对框架半刚性节点展开了大量深入的研究,提出了一系列能够可靠地估计梁柱半刚性连接的初始转动刚度和转角–弯矩曲线的模型。欧洲规范 Eurocode 3[92] 中提出了一种分析节点初始转动刚度的方法——组件法,即将节点受力部件拆分为一系列独立的基本组件,被激活力学性能的组件用具有相同或相近力学特性的弹簧来代表。

为了简便、准确地模拟 C 型节点的力学特性,通过对节点每个基本组件的力学性能进行分析,建立了纯弯作用下 C 型节点的组件式分析模型,并在此基础上给出了半刚性节点的初始转动刚度和塑性极限弯矩计算方法,绘制了相应的转角–弯矩弯矩曲线。基于 Eurocode 3[92] 中组件法的节点模型便于开展半刚性节点设计,建立准确合理的 C 型半刚性节点的理论分析方法,以满足实际工程中节点设计的需要。

为了建立节点转角–弯矩关系的实际分析模型,考虑了 Eurocode 3 中建议的三折线模型,将节点的转角–弯矩曲线分成三段式表示,如图 2-32 所示:

I: $M \leqslant 2/3M_p$,弹性阶段;

II: $2/3M_p < M < M_p$,弹塑性阶段;

III: $M \geqslant M_\mathrm{p}$，由于侧连接板厚度不同，试验过程中节点出现了两种不同的破坏模式——强度破坏和屈曲破坏。根据这两种破坏模式，第三阶段的曲线可以表示为塑性强化阶段或塑性下降阶段。

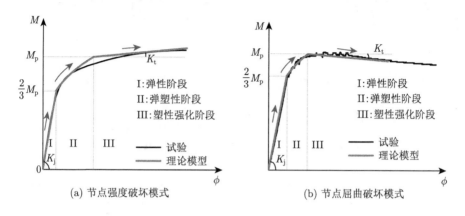

图 2-32　M-ϕ 曲线的三折线模型

基于三折线模型，利用曲线拟合的方法，节点弯矩 M 见式 (2-9) 所示。其中，参数 ξ 为节点后端连接系数，根据欧洲规范 Eurocode 3 取 2.7。最终的刚度 K_t 取节点理论初始转动刚度 K_j 的 1/60，节点弯矩表示为

$$
M = \begin{cases}
K_\mathrm{j}\phi & M \leqslant \dfrac{2}{3}M_\mathrm{p} \\[3mm]
\dfrac{K_\mathrm{j}}{\left(1.3\dfrac{M}{M_\mathrm{p}}\right)^{\xi}}\phi & \dfrac{2}{3}M_\mathrm{p} < M < M_\mathrm{p} \\[3mm]
M_\mathrm{p} \pm K_\mathrm{t}\phi & M \geqslant M_\mathrm{p}
\end{cases}
\tag{2-9}
$$

(1) 初始转动刚度

根据 Eurocode 3 Part 1-5 采取组件法建立节点的弹簧-刚度模型，可以得到每个组件的初始转动刚度和极限弯矩，从而形成梁柱节点的弹簧模型，用于预测节点的转角-弯矩关系特性。

基于 C 型节点纯弯作用下的力学特性，忽略中间连接板对节点性能的影响，节点的主要受力组件可简化为侧连接板和螺栓。节点的侧连接板以中间连接板为中性轴可分为受拉区和受压区。简化的侧连接板受拉区、受压区及受拉、受压螺栓分别可以用具有不同特性的力学弹簧来代替，从而形成如图 2-33 所示 C 型节点各组件的力学模型，模型中受拉和受压区分别用螺栓等效弹簧刚度 k_b、连接板等效弹簧刚度 k_sp 表示。节点弯矩 M 可以等效转化为如图 2-33b 所示的一组力，

其等效弯矩的关系式见式 (2-10) 所示。根据节点转角-弯矩的关系, 节点理论初始转动刚度 K_j 可以由式 (2-12) 表示。

$$M = F_b d_1 = F_s d_2 \tag{2-10}$$

$$\phi = \frac{\Delta C}{d_1} + \frac{\Delta T}{d_2} \tag{2-11}$$

$$K_j = \gamma_{p,k} \frac{M}{\phi} = \frac{\gamma_{p,k} F_b d_1}{2\left(\dfrac{F_b}{k_b d_1} + \dfrac{F_b \cdot d_1}{k_{sp} d_2^2}\right)} = \frac{\gamma_{p,k} d_1}{2\left(\dfrac{1}{k_b d_1} + \dfrac{d_1}{k_{sp} d_2^2}\right)} \tag{2-12}$$

其中, F_b 和 F_s 分别为螺栓和侧连接板的轴力, ΔC 和 ΔT 分别表示螺栓的变形和侧连接板的变形, $\gamma_{p,k}$ 是考虑螺栓预紧力影响的折减系数, 其计算见式 (2-13) 所示, p 与 p_0 分别为螺栓所受预紧力和标准预紧力。

$$\gamma_{p,k} = 1 + \frac{p - p_0}{4p_0} \tag{2-13}$$

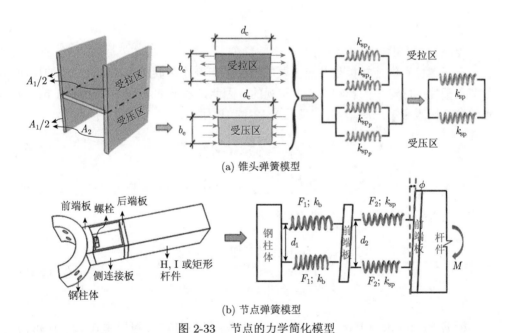

(a) 锥头弹簧模型

(b) 节点弹簧模型

图 2-33　节点的力学简化模型

➤ 螺栓等效弹簧刚度 k_b

整个过程中, 受拉螺栓变形较小, 考虑到高强螺栓发生脆性破坏, 将单个螺栓的受拉承载力折减为 $F_u = 0.9 f_u \times A_s$。根据胡克定律, 螺栓的等效弹簧刚度 k_b

计算见式 (2-14) 所示，其中，A_s 为连接板截面面积。

$$k_b = \frac{1.6 A_s E}{L_b} \qquad (2\text{-}14)$$

根据 Agerskov 的研究成果，螺栓的有效长度可表示为式 (2-15)，其中 δ_{t_1}、δ_{t_c}、δ_{t_w} 及 $\delta_{t_{bh}}$ 分别为前端板厚度、杆件厚度、垫片厚度及螺栓头厚度。

$$L_b = \delta_{t_1} + \delta_{t_c} + \delta_{t_w} + \frac{\delta_{t_{bh}}}{2} \qquad (2\text{-}15)$$

➤ 等效弹簧连接板刚度 k_{sp}

节点的侧连接板可以分为两部分：受拉区和受压区。受拉区、受压区侧连接板的刚度可以表示为 k_{sp_t}、k_{sp_p}。δ_{t_2} 为侧连接板厚度侧连接板受压区可以简化为一个 $d_c \times b_e$ (见图 2-33a) 的均匀受压板。假设均匀受压的侧连接板遵循胡克定律，则侧连接板受压区或受拉区的刚度可以表示为

$$k_{sp} = 2k_{sp_t} = k_{sp_p} = \frac{E \delta_{t_2} b_e}{d_c} \qquad (2\text{-}16)$$

(2) 塑性屈服弯矩

高强螺栓和侧连接板是节点主要的组件，当侧连接板厚度较薄时，板的屈曲对节点塑性屈服弯矩的影响是不容忽视的。因此，基于 Eurocode 3 Part 1-5，节点的塑性屈服弯矩，M_{sup} 的定义见式 (2-17) 所示：

$$M_{sup} = \rho_p \gamma_{p,M} f_y W_p \qquad (2\text{-}17)$$

其中，塑性抵抗矩 $W_p = 2 \times \dfrac{\delta_{t_2} h_e^2}{4} = 2\delta_{t_2} b_e^2$；考虑到螺栓预紧力对节点承载力的影响，引入折减系数 $\gamma_{p,M}$ 如式 (2-18) 所示：

$$\gamma_{p,M} = 1 - \frac{p - p_0}{4p_0} \quad p \geqslant p_0$$
$$\gamma_{p,M} = 1 \quad p < p_0 \qquad (2\text{-}18)$$

根据 Eurocode 3 Part 1-5，侧连接板屈曲折减系数 ρ_p 可以由式 (2-19) 得到

$$\rho_p = \frac{\overline{\lambda}_p - 0.2}{\overline{\lambda}_p^2} \quad \overline{\lambda}_p \geqslant 0.673$$
$$\rho_p = 1 \quad \overline{\lambda}_p < 0.673 \qquad (2\text{-}19)$$

其中，长细比 $\overline{\lambda}_p = \sqrt{f_{\text{y}}/\sigma_{\text{cr}}}$；$\sigma_{\text{cr}}$ 为基于弹性稳定理论的临界弹性屈服应力，单向均匀受压板的临界屈服应力，可以由式 (2-20) 得到。

$$\sigma_{\text{cr}} = \beta_{\text{e}}\chi\frac{\pi^2 E}{12(1-\nu^2)}\left(\frac{\delta_{t_2}}{b_{\text{e}}}\right)^2 \tag{2-20}$$

$$\beta_{\text{e}} = 0.425 + b_{\text{e}}/d_{\text{c}} \tag{2-21}$$

其中，泊松比 $\nu=0.3$；β_{e} 为弹性屈曲系数；χ 为考虑中间连接板影响的弹性约束系数，在本节中取 $\chi=1.0$。

(3) 理论分析模型的验证

采用组件式简化模型代替实体节点的精细化模型得到的 ϕ-M 曲线，与试验结果和数值模拟结果的对比如图 2-34 所示。分析知 3 条曲线吻合较好，理论分析得到的初始转动刚度和极限弯矩与试验结果拟合得更好，验证了本节方法的正确性。采用组件式简化模型代替实体节点的精细化模型可以帮助设计人员初步预测节点的初始转动刚度和抗弯能力，能够减少建模工作量，提高工作效率。

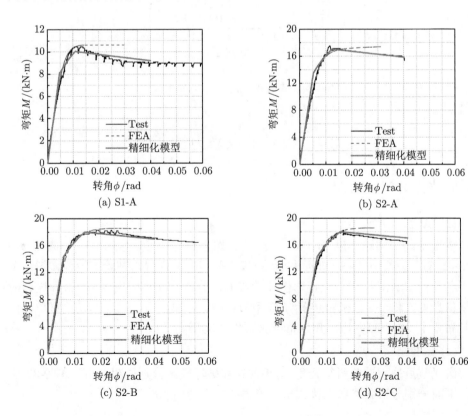

(a) S1-A   (b) S2-A

(c) S2-B   (d) S2-C

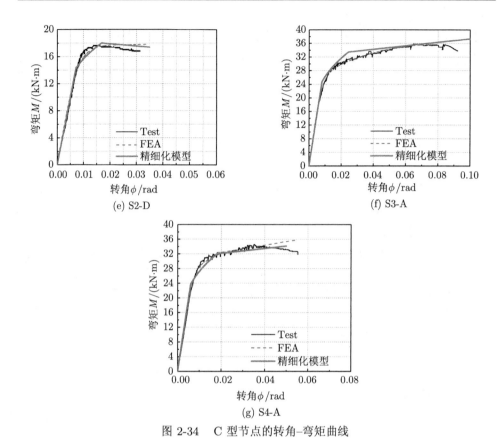

(g) S4-A

图 2-34　C 型节点的转角–弯矩曲线

2.4　齿式节点静力性能

2.4.1　节点抗弯性能试验

(1) 试验方案

根据不同空间球厚度 δ_{t_n}(10~16mm)、螺栓直径 d(40~60mm)、齿高比 t/d (1/6~1/3)、齿数 n(4~8) 进行了 10 组齿式节点平面内静力试验，较为详细地考察了各几何参数对齿式节点抗弯性能的影响，分组情况例如表 2-8，试件详细的几何信息见文献 [38]。试验装置与 C 型节点静力试验装置一致，本试验每个试件上共布置了 21 个应变片，其分布情况如图 2-35 所示。

(2) 试验结果

齿式节点静力试验所得转角–弯矩曲线和破坏模式分别如图 2-36、图 2-37 所示，下面分别分析各参数对齿式节点静力抗弯性能的影响。

表 2-8 齿式节点静力试验几何参数

分组	杆件截面/mm	d/mm	t/d	δ_{t_n}/mm	n
T1-A	□$180\times100\times20\times20$	50	1/3	16	4
T1-B	□$180\times100\times20\times20$	50	1/3	14	4
T1-C	□$180\times100\times20\times20$	50	1/3	12	4
T1-D	□$180\times100\times20\times20$	50	1/3	10	4
T2-B	□$180\times100\times20\times20$	40	1/3	16	4
T2-C	□$180\times100\times20\times20$	60	1/3	16	4
T3-B	□$180\times100\times20\times20$	50	1/4	16	4
T3-C	□$180\times100\times20\times20$	50	1/6	16	4
T4-B	□$180\times100\times20\times20$	50	1/3	16	6
T4-C	□$180\times100\times20\times20$	50	1/3	16	8

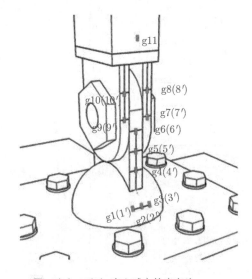

■ g1(1′)~g3(3′): 空心球上的应变片

■ g4(4′)~g10(10′): 连接板上的应变片

■ g11: 杆件上的应变片

图 2-35 齿式节点试验应变片布置

(a) 空心球厚对节点静力性能的影响

由图 2-36a 可知，随着空心球厚度的增加，齿式节点的初始转动刚度及塑性屈服弯矩均明显提升 ($\delta_{t_n} \leqslant 14$ mm)，而当空心球厚度增加到一定程度时 ($\delta_{t_n} > 14$mm)，齿式节点性能不再提高。从破坏模式上看 (图 2-37a)，不同空心球厚度的齿式节点破坏模式可分为两类：① 破坏模式 I：当空心球厚度 $\delta_{t_n} \geqslant 14$ mm(T1-A & T1-B)，空心球未发生屈服，中间连接板整体发生显著弯曲变形，齿根处产生显著剪切变形；

从各位置应力变化图 (图 2-38a、b) 可以看出，当节点达到塑性屈服弯矩时，连接板上应变片 4(4′) 和 6(6′) 已经屈服，而位于空心球上的应变片 1(1′)~3(3′) 还未屈服，此类节点破坏主要为连接板及齿屈服破坏；② 破坏模式 II：当空心球厚度 $\delta_{t_n} \leqslant$ 12mm(T1-C & T1-D)，空心球发生了明显屈曲变形，而连接板及齿处并无明显变形，节点达到塑性屈服弯矩时，应变片 6(6′) 没有屈服，而球节点处的应变片 1(1′)~3(3′) 早已发生屈服 (图 2-38c、d)，此类节点破坏主要为空心球破坏。

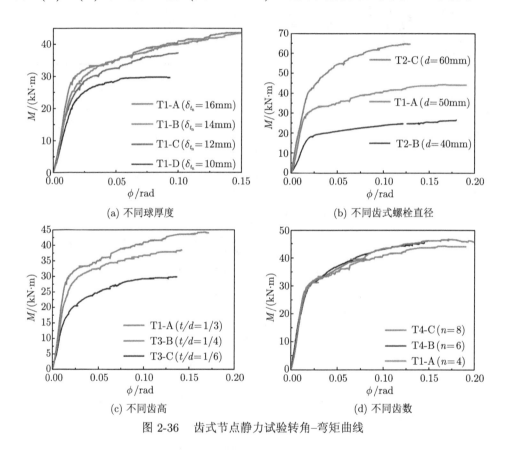

(a) 不同球厚度　　　　　　　　　　　　(b) 不同齿式螺栓直径

(c) 不同齿高　　　　　　　　　　　　(d) 不同齿数

图 2-36　齿式节点静力试验转角-弯矩曲线

(b) 齿式螺栓直径对节点静力性能的影响

随着齿式螺栓直径 d 的增加，齿式节点初始转动刚度及塑性屈服弯矩均显著提升 (图 2-36b)，螺栓直径从 40mm 增加至 60mm 后，节点初始转动刚度与塑性屈服弯矩分别提高了 155.4% 和 157.8%，提升齿式螺栓直径可以最高效率提升齿式节点整体性能。本组试验试件破坏模式均为破坏模式 I。

(c) 齿式螺栓齿高对节点静力性能的影响

本组试验采用了改变齿式螺栓齿高与齿式螺栓直径的比值(以下简称齿高比)

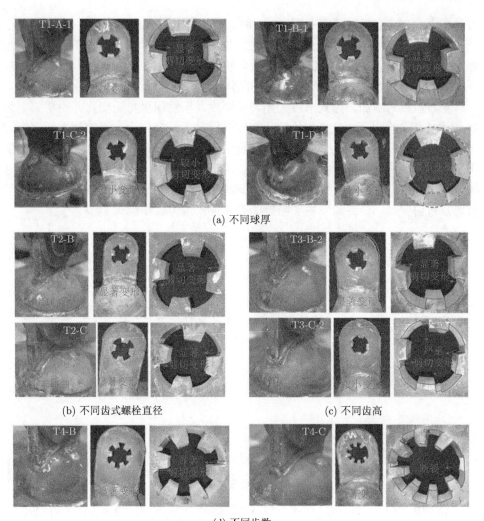

(a) 不同球厚

(b) 不同齿式螺栓直径

(c) 不同齿高

(d) 不同齿数

图 2-37 齿式节点静力试验破坏模式

t/d 来研究齿高对节点性能的影响,从图 2-36c 可知,随着 t/d 的增加,齿式节点初始转动刚度及塑性屈服弯矩均明显提升,t/d 从 1/6 增加至 1/3 后,节点初始转动刚度与塑性屈服弯矩分别提高了 34.1% 和 41.0%,本组试件破坏模式分为两类:① 当 $t/d \geqslant 1/4$(T1-A & T3-B),节点破坏时空心球未发生屈曲,而中间连接板发生明显变形,同时齿根处产生了明显的剪切变形;达到塑性屈服弯矩 M_{sup} 时,连接板上应变片 4(4′) 和 6(6′) 已经屈服,而位于空心球上的应变片 1(1′)~3(3′) 仍未屈服 (图 2-39a),节点破坏可归为破坏模式 I;② 当 $t/d =1/6$(T3-C),节点破坏时空心球与中间连接板均无明显变形,但齿根处产生了显著的剪切变形,从应力分布上看，达到塑性屈服弯矩 M_{sup} 时，连接板上应变片 4(4′) 和 6(6′) 及位于空心球上的应变片 1(1′)~3(3′) 均未屈服 (图 2-39b)，可以看出此类节点破坏时齿处发生了局部破坏，将此类破坏定为破坏模式 III。

(d) 齿式螺栓齿数对节点静力性能的影响

随着齿数的增加，齿式节点初始转动刚度及塑性屈服弯矩变化并不明显，齿数 n 由 4 增加至 8 后，节点初始转动刚度仅提高了 8.1%，而节点的塑性屈服弯矩在齿数由 6 提升至 8 后还略有下降，这是由于齿数过多时，齿不仅发生剪切变形，还发生了明显的弯曲变形，且由于单个齿的横截面减小导致了齿发生断裂。将这种节点破坏时空心球未发生屈曲，而中间连接板发生明显变形，且齿同时产生了剪切及弯曲变形，最终齿发生了断裂的破坏模式定为破坏模式 IV。

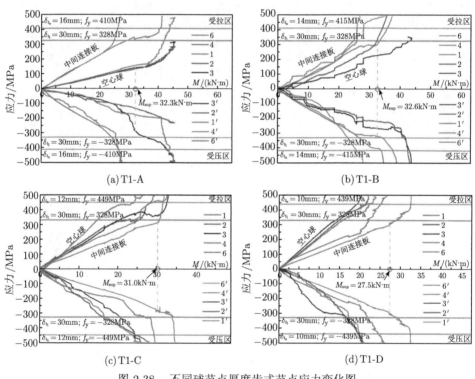

图 2-38　不同球节点厚度齿式节点应力变化图

综上所述，齿式节点螺栓直径对节点整体性能影响最大，在保证空心球不发生屈曲后继续增加空心球厚度对节点性能影响不大，齿高过小时节点会发生局部破坏，不利于各部件整体性能的发挥，齿数增加可以略微提高齿式节点刚度及承载力，但齿数过多反而会产生不利影响，容易发生齿断裂导致节点承载力降低。因此，节点各部件尺寸需达到一个合适的比例，如在齿式螺栓直径 d=50mm 时，空

心球厚度 δ_{t_n}、齿高 t 及齿数 n 应分别取 14mm、16mm、6，此时可以达到节点性能与经济性的最佳平衡。

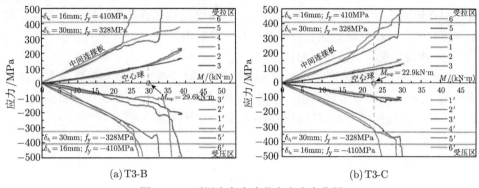

(a) T3-B   (b) T3-C

图 2-39   不同齿高齿式节点应力变化图

2.4.2   节点数值模型

(1) 数值模型参数

齿式节点有限元模型参数设置如图 2-40 所示，有限元模型在试件焊接部位设置了绑定约束，其他部位设置成面与面接触，接触面之间的摩擦系数设为 0.4。在螺栓与连接板预留孔之间设置了 1mm 的缝隙用来模拟实际安装缝隙，安装缝

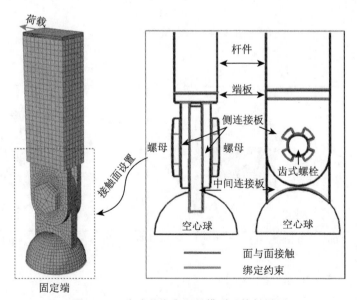

图 2-40   齿式节点有限元模型及接触设置

隙对节点性能的影响如图 2-41 所示，可以看出对 T1-A 有限元模型来说，安装缝隙会使节点转角–弯矩曲线产生 0.0087rad 的初始滑移，此时节点弯矩为 0，但对于试验试件，该安装缝隙在螺栓与连接板预留孔之间并不均匀，此滑移是在加载过程中逐渐完成，因此在后文将齿式节点数值结果与试验结果对比时均去除了初始滑移段。各部件材料属性设置根据材料实验所得。

(2) 数值结果与试验结果对比

齿式节点不同参数下数值模拟与试验所得转角–弯矩曲线与破坏模式对比如图 2-42 所示，从图中可以看出，数值模拟得到的转角–弯矩曲线与试验曲线拟合良好，同时有限元模型的破坏模式与试验试件破坏现象一致。

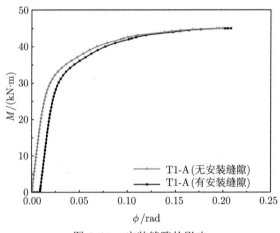

图 2-41　安装缝隙的影响

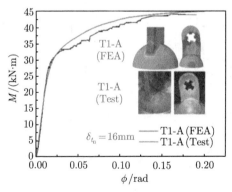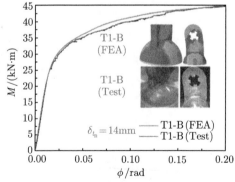

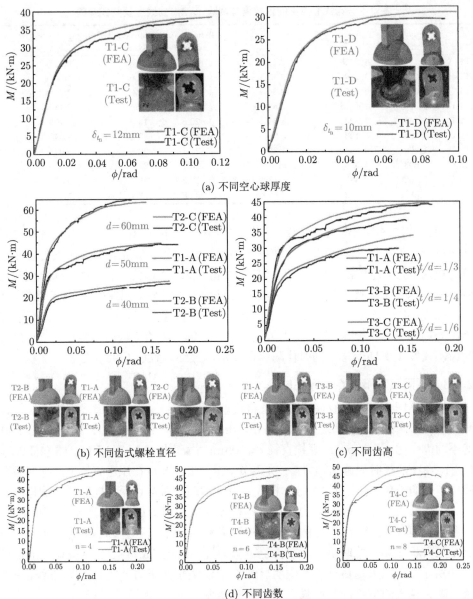

(a) 不同空心球厚度

(b) 不同齿式螺栓直径

(c) 不同齿高

(d) 不同齿数

图 2-42 齿式节点平面内转角–弯矩曲线及破坏模式的对比图

　　将转角–弯矩曲线主要特征参数的具体数值列入表 2-9 中, 由表可知有限元模型的初始转动刚度及塑性屈服弯矩与试验结果误差大部分均在 10% 以内, 只有试件 T4-C 误差达到了 17.2%, 这是由于 T4-C 在实验过程中发生了齿断裂, 导致了节点弯矩下降, 但数值模拟并未模拟出齿断裂这种现象, 因此产生了略大的误差。综合来看, 该有限元模型可以较为准确地模拟齿式节点的静力性能。

表 2-9　齿式节点平面内数值与试验 ϕ-M 曲线主要特征参数

试件编号	$S_{\mathrm{j,ini,anal}}/$ (kN·m/rad)	$S_{\mathrm{j,ini,exp}}/$ (kN·m/rad)	$\dfrac{S_{\mathrm{j,ini,exp}} - S_{\mathrm{j,ini,anal}}}{S_{\mathrm{j,ini,exp}}}$	$M_{\mathrm{sup,anal}}/$ (kN·m)	$M_{\mathrm{sup,exp}}/$ (kN·m)	$\dfrac{M_{\mathrm{sup,exp}} - M_{\mathrm{sup,anal}}}{M_{\mathrm{sup,exp}}}$
T1-A	2 142	2 221.5	3.58%	34.5	32.3	6.81%
T1-B	2 011	1 969	2.13%	34.1	32.6	4.60%
T1-C	1 673	1 659	0.84%	33.4	31.0	7.74%
T1-D	1 590	1 564.5	1.63%	28.1	27.5	2.18%
T2-B	1 267	1 223	3.60%	20.6	19.2	7.29%
T2-C	3 234	3 123	3.55%	51.3	49.5	3.64%
T3-B	1 900	1 924	1.25%	31.1	29.6	5.07%
T3-C	1 603	1 656	3.20%	23.1	22.9	0.87%
T4-B	2 360	2 387	1.13%	37.3	35.4	5.37%
T4-C	2 387	2 402	0.62%	38.8	33.1	17.2%

齿式节点平面内静力破坏模式可总结如下: ① 模式 I: 当齿式节点各构件尺寸选取较为恰当时, 各构件可以较好地协同工作, 节点破坏表现为齿根处发生显著的剪切变形, 连接板形成贯通倒 "U" 型屈服面; ② 模式 II: 当空心球厚度较薄时, 空心球先于连接板破坏, 节点破坏表现为空心球发生屈曲破坏; ③ 模式 III: 当齿高较小时, 节点所受弯矩无法通过齿良好地传递到连接板上, 节点破坏表现为齿处局部破坏; ④ 模式 IV: 当齿数过多时, 单个齿的横截面积减小, 节点破坏时齿不仅发生剪切变形, 同时伴随弯曲变形, 最终导致齿发生断裂。

2.4.3　不同工况下节点抗弯性能

根据不同几何参数及荷载条件, 将模型分为 2 组: ①不同齿式螺栓直径: 齿数 n=4, 齿高比 t/d=1/3, 螺栓直径 d=50mm(F1-1), 40mm(F1-2), 60mm(F1-3); ②不同齿高比: 齿数 n=4, 螺栓直径 d=50mm, 齿高比 t/d=1/3(F1-1), 1/4(F2-2), 1/6(F2-3); 加载时先施加轴力再施加弯矩, 得到齿式节点在压弯和拉弯两种典型荷载作用下的转角–弯矩曲线及破坏模式, 以评估轴力对节点受力性能的影响程度。

齿式节点在不同轴向压力作用下的强度相关曲线如图 2-43 所示, 可以看出: ① 随着恒压力的增加, 节点的极限弯矩始终减小, 轴向压力增大到 η_p=0.8 时, 节点发生失稳破坏, 此时节点承载力已下降为纯弯时的 53.7%, 节点整体变形如图 2-44 所示, 节点失稳后杆件发生明显侧移; ② 当轴向压力一定时, 齿式螺栓直径及齿高比越大的节点, 其承载力下降程度越小。

齿式节点在不同轴向拉力作用下的强度相关曲线如图 2-45 所示, 可以看出: ① 当轴向拉力较小时 ($\eta_t \leqslant 0.3$), F1-1、F1-2、F1-3 承载力基本不变, 而 F2-2、F2-3 承载力略有增大; 随着轴向拉力继续增大 ($\eta_t \geqslant 0.4$), 节点承载力均逐渐下降; ② 通过与节点在只受弯矩荷载作用时的破坏模式的对比 (图 2-46) 可知, 随着轴向拉力的增加, 节点 F1-1、F1-2、F1-3 破坏时中间连接板屈服范围经历了 "双侧屈服 (η=0)–双侧屈服 ($\eta_t \leqslant 0.3$)–单侧屈服 ($\eta_t \geqslant 0.4$)", 而节点 F2-2、F2-3

为"单侧屈服 ($\eta=0$)–双侧屈服 ($\eta_t \leqslant 0.3$)–单侧屈服 ($\eta_t \geqslant 0.4$)",其中当中间连接板发生"双侧屈服"时较"单侧屈服"时节点承载力更高;③ 当轴向拉力一定时,齿式螺栓直径及齿高比越小,节点承载力下降程度越小。

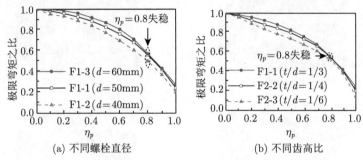

(a) 不同螺栓直径   (b) 不同齿高比

图 2-43 齿式节点轴向压力作用下的平面内强度相关曲线

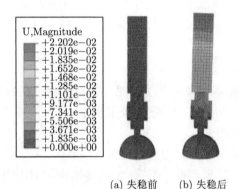

(a) 失稳前   (b) 失稳后

图 2-44 节点失稳变形图

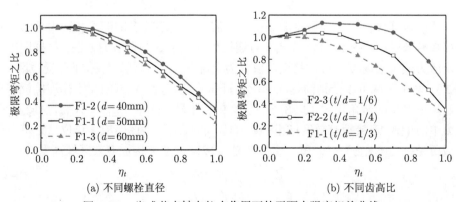

(a) 不同螺栓直径   (b) 不同齿高比

图 2-45 齿式节点轴向拉力作用下的平面内强度相关曲线

　　综合来看，轴力对齿式节点静力性能会产生不利影响，尤其会显著降低节点承载力，且轴压力相对轴向拉力而言对齿式节点性能影响更大。

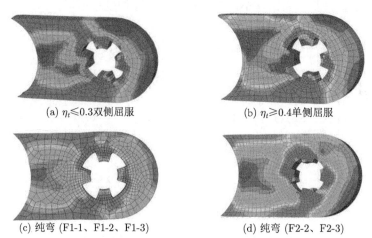

(a) $\eta_t \leqslant 0.3$双侧屈服　　　　　　　　　　(b) $\eta_t \geqslant 0.4$单侧屈服

(c) 纯弯 (F1-1、F1-2、F1-3)　　　　　　(d) 纯弯 (F2-2、F2-3)

图 2-46　齿式节点轴力与弯矩同时作用下平面内破坏应力图

2.4.4　节点理论模型

　　观察齿式节点转角–弯矩曲线形式，采用幂函数对其进行拟合，如式 (2-4) 所示，下面分别确定节点初始转动刚度和极限弯矩。

　　(1) 节点初始转动刚度

　　应用组件法将齿式节点简化为弹簧模型，其形式如图 2-47 所示，齿式节点关键部件包括空心球、连接板、齿式螺栓，节点初始转动刚度用式 (2-22) 计算，式中 $K_p(\phi_p)$、$K_t(\phi_t)$、$K_n(\phi_n)$ 分别表示连接板、齿、球节点的刚度 (转角)。

$$S_{j,ini} = \frac{dm}{d\phi} = \frac{1}{\phi_p + \phi_t + \phi_n} = \frac{1}{1/K_p + 1/K_t + 1/K_n} \tag{2-22}$$

　　要确定连接板简化弹簧刚度 K_p 首先需要根据连接板的变形和应力分布确定连接板有效区域，图 2-48 为齿式节点连接板的变形云图及应力云图，根据图中变形及应力较大的区域，可以将连接板分为上部受压区 (区域 1) 和下部受拉区 (区域 1')，两个区域可以分别简化成受压弹簧和受拉弹簧，依据胡克定律连接板在单位弯矩下产生的转角由式 (2-23) 及式 (2-24) 计算，式中 $L_{m(s)}$、$A_{m(s)}$、$F_{m(s)}$ 分别为中间 (侧) 连接板有效区域 [区域 1(1')] 的长度、截面面积、单位弯矩下有效区域所受拉力 (压力)，h_p 和 h 分别为连接板高度及连接板有效区域高度。

$$\phi_p = \phi_{p,m} + 2\phi_{p,s} \tag{2-23}$$

$$\phi_{p,m(s)} = \frac{2F_{m(s)}L_{m(s)}}{EA_{m(s)}(h_p - h)} \tag{2-24}$$

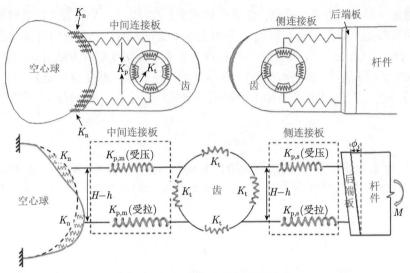

图 2-47 齿式节点简化弹簧模型

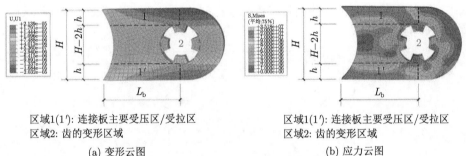

区域1(1′): 连接板主要受压区/受拉区
区域2: 齿的变形区域

(a) 变形云图

区域1(1′): 连接板主要受压区/受拉区
区域2: 齿的变形区域

(b) 应力云图

图 2-48 齿式节点连接板变形及应力分布

在连接板上的齿也是齿式节点传力的关键部位, 为了更方便地确定齿的变形, 需要首先将每个齿简化为等效矩形截面, 再根据等效原则计算出不同工况下的等效截面高度, 变截面悬臂构件挠度计算的简化方法有等效柱法、共轭梁法、放大系数法、初参数法、多系数等效惯性矩法等。综合计算效率及应用范围等诸多因素, 本节应用等效柱法, 将变截面悬臂构件挠度计算的复杂计算简化为等截面悬臂构件的简单计算, 具体形式如图 2-49 所示。齿部分在单位弯矩下产生的转角 ϕ_{t} 可由下式计算:

$$\phi_{\mathrm{t}} = \phi_{\mathrm{t,m}} + 2\phi_{\mathrm{t,s}} \tag{2-25}$$

$$\phi_{\mathrm{t,m(s)}} = \phi_{\mathrm{tb,m(s)}} + \phi_{\mathrm{ts,m(s)}} = \frac{q_{\mathrm{o,m(s)}}t^4}{4EI_{\mathrm{eq}}}k_{\mathrm{tb}} + \frac{q_{\mathrm{o,m(s)}}t^2}{4GA_{\mathrm{eq}}}k_{\mathrm{ts}} \tag{2-26}$$

其中, $\phi_{\mathrm{tb,m(s)}}$ 为中间 (侧) 连接板上齿的弯曲变形; $\phi_{\mathrm{ts,m(s)}}$ 为中间 (侧) 连接板上

齿的剪切变形; E 为弹性模量; G 为剪切模量; I_{eq} 和 A_{eq} 分别为齿的等效截面惯性矩和等效截面面积; h_{eqb} 和 h_{eqs} 为齿在弯曲变形和剪切变形时的等效截面高度; $k_{tb}=(t/h_{eqb})^3$ 和 $k_{ts}=t/h_{eqs}$ 是计算齿弯曲变形和剪切变形的折减系数, 其考虑了齿截面应力分布不均匀效应, 即当 $t/h_{eq}<1$ 时, 只有部分截面参与受力; $q_{o,m}(q_{o,s})$ 是中间 (侧) 连接板上单位弯矩下齿表面受到的均布荷载, 由式 (2-27) 计算:

$$q_{o,m(s)} = \frac{2M_o}{nt_{m(s)}(t-1)(t+d-1)} \tag{2-27}$$

其中, M_o 为作用于点 O 的单位弯矩, 根据空心球应力分布云图 (图 2-50), 可以将空心球的转角计算简化为图 2-51 所示的拱受非对称荷载的形式, 计算公式为式 (2-28)。

$$\phi_n = \frac{\Delta_n}{H-h} = \frac{1}{H-h} \int_0^\theta \frac{M_q(\theta)\overline{M(\theta)}}{EI_n} r\mathrm{d}\theta \tag{2-28}$$

其中, q_n 是单位弯矩下球节点所受的等效均布荷载; r 为球节点半径; I_n 为球节点等效截面抵抗矩, 此时等效截面宽度取中间连接板 2 倍; Δ_n 是球节点所受荷载中心位置的位移; H 为中间连接板高度; $M_q(\theta)$ 和 $\overline{M(\theta)}$ 分别为均布荷载和单位荷载产生的弯矩。

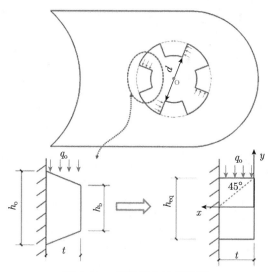

图 2-49   齿的简化计算模型

采用上述公式对齿式节点初始转动刚度进行计算, 所得结果与试验结果对比如表 2-10 所示, 结果表明二者误差均在 10% 以内, 理论计算模型具有良好精度。

(2) 节点极限弯矩

当齿式节点空心球厚度足够厚时, 节点破坏主要由连接板和齿的屈服引起, 其中不同齿高比的节点达到极限弯矩 M_u 时连接板应力分布不同，连接板屈服区域的高度 h_y 也随之变化，如图 2-52 所示，将其简化为弹塑性计算模型 (图 2-53)，此时可根据式 (2-29) 和式 (2-30) 对齿式节点的极限弯矩进行计算：

$$h_y/h = 3.55 (t/d) - 0.38 \tag{2-29}$$

$$M_u = \delta_{t_1} h_y (h_y - h) f_y + \frac{\delta_{t_1}}{6} \left[(H - 2h_y)^2 - (H - 2h)^2 \right] f_y \tag{2-30}$$

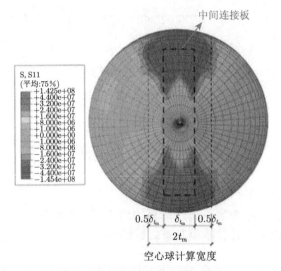

图 2-50 空心球应力云分布图

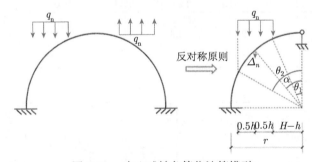

图 2-51 空心球转角简化计算模型

表 2-10 齿式节点初始转动刚度理论计算模型与试验结果对比

初始刚度	试件编号						
	T1-A	T2-B	T2-C	T3-B	T3-C	T4-B	T4-C
$S_{j,ini}/(\text{kN·m/rad})$	2 052	1 297	3 098	1 938	1 766	2 434	2 395
$S_{j,ini,exp}/(\text{kN·m/rad})$	2 143	1 267	3 234	1 900	1 603	2 360	2 381
$\left\| \dfrac{S_{j,ini} - S_{j,ini,exp}}{S_{j,ini,exp}} \right\|$	4.2%	2.4%	4.2%	2.0%	10.2%	3.1%	0.6%

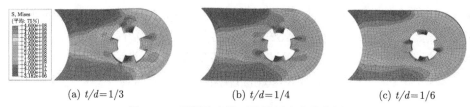

(a) $t/d=1/3$ 　　　　　　　(b) $t/d=1/4$ 　　　　　　　(c) $t/d=1/6$

图 2-52　不同齿高比下连接板应力分布图

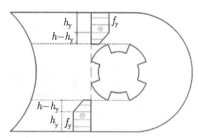

图 2-53　连接板弹塑性计算模型

(3) 理论分析模型验证

表 2-11 及图 2-54 为理论公式计算的齿式节点极限弯矩与试验结果的对比情况，可以看出理论公式计算结果具有较好的精度。

表 2-11　齿式节点极限弯矩理论计算模型与试验结果对比

极限弯矩	试件编号						
	T1-A	T2-B	T2-C	T3-B	T3-C	T4-B	T4-C
$M_u/(\text{kN}\cdot\text{m})$	38.41	24.09	55.13	36.85	33.87	38.41	38.41
$M_{u,exp}/(\text{kN}\cdot\text{m})$	43.8	27.4	64.6	38.9	30.4	45.9	45.9
$\left\|\dfrac{M_u-M_{u,exp}}{M_{u,exp}}\right\|$	12.3%	12.1%	14.7%	5.3%	11.4%	16.3%	16.3%

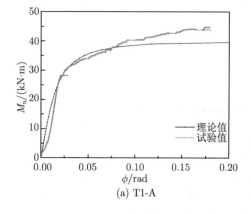

(a) T1-A

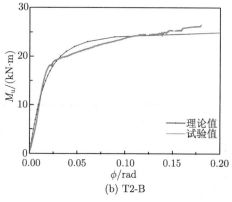

(b) T2-B

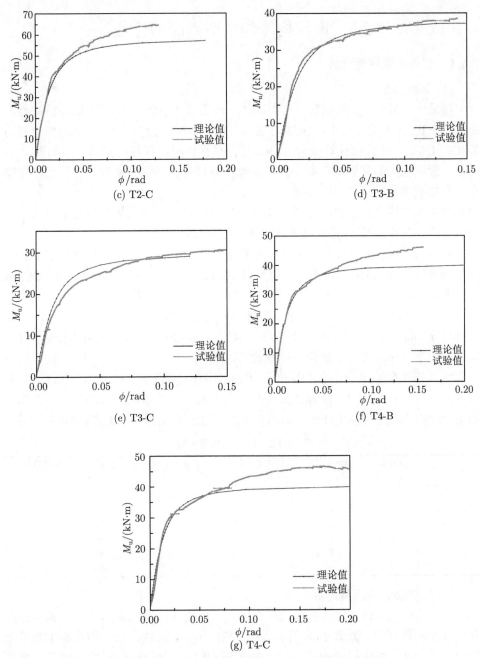

图 2-54 理论公式计算和试验所得转角–弯矩曲线对比

2.5　钢结构冷却塔节点静力性能

2.5.1　节点抗弯性能试验

(1) 试验方案

试验中一共有 12 组试验, 6 类试件, 每类试件设置 2 个相同试件组进行对照 (如在 HCR-1 类试件中, HCR-1-A 和 HCR-1-B 互为对照组)。试验中钢材的等级为 Q345, 高强螺栓等级为 10.9。环向试件和竖向杆件的几何尺寸如图 2-55 所示。设置较大的环竖杆件截面尺寸从而保证试件有足够的刚度, 使其变形足够小, 在加载过程中可以忽略不计。

试验中主要考虑了连接方式、螺栓数量和连接件厚度三类参数对节点力学性能的影响。试件参数如表 2-12 和图 2-56 及图 2-57 所示。

➤ 连接方式: 在试验中考虑了上文所述的三种连接方式——HCR 连接、CHR 连接和 HCP 连接。HCR 连接方式包括 HCR-1、HCR-2 和 HCR-3 三类试件; CHR 连接方式包括 CHR-1 试件; HCP 连接方式包括 HCP-1 和 HCP-2 试件。

➤ 螺栓数量: 在试验中考虑了两种不同数量的螺栓——两排螺栓 ($n_d = 2$), 三排螺栓 ($n_d = 3$)。HCR-1、HCP-1、HCR-2 和 CHR-1 试件采用两排螺栓 ($n_d = 2$), HCP-2 和 HCR-3 采用三排螺栓 ($n_d = 3$)。

➤ 连接件厚度: 在试验中考虑了 H 型连接件两种不同厚度 (8mm, 12mm)。HCR-1、HCP-1 和 CHR-1 的 H 型连接件板厚采用 8mm, HCR-2、HCP-2 和 HCR-3 的 H 型连接件板厚采用 12mm。所有试件中 C 型连接件板厚采用 8mm。

表 2-12　试件的几何参数

试件编号	试件数量/个	螺栓数量/排 n_d	H 型连接件板厚度/mm	C 型连接件板厚度/mm	预紧力 P/kN	螺栓直径 d/mm
HCR-1	2	2	8	8	155	20
HCR-2	2	2	12	8	155	20
HCR-3	2	3	12	8	155	20
CHR-1	2	2	8	8	155	20
HCP-1	2	2	8	8	155	20
HCP-2	2	3	12	8	155	20

(2) 试件装置和测量内容

为了清楚地表述连接区域的破坏位置, 按照连接区域的受力特性, 连接件被分成 6 个不同区域, 如图 2-58 所示。在弯剪作用下, 连接区域一侧翼缘主要承受拉力, 另一侧翼缘主要承受压力。TT 代表连接区域靠近环向杆件一侧受拉翼缘上部区域, TB 代表连接区域靠近环向杆件一侧受拉翼缘下部区域。WT 代表连接区域腹部上部区域, WB 代表连接区域腹部下部区域, CT 代表远离环向杆件一侧受压翼缘上部区域, CB 代表远离环向杆件一侧受压翼缘下部区域。

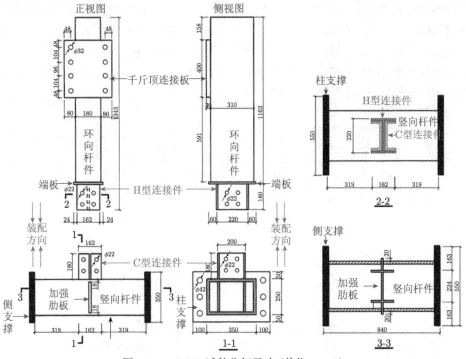

图 2-55　HCR 试件几何尺寸 (单位：mm)

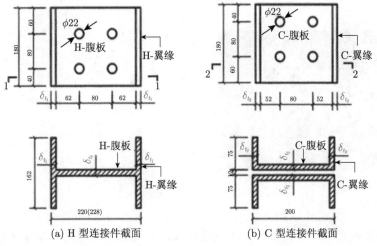

(a) H 型连接件截面　　　　(b) C 型连接件截面

图 2-56　HCR 和 CHR 连接件几何尺寸 (单位：mm)

　　为研究在弯剪荷载作用下试件的应力状态，应变片按图 2-58 所示进行布置。应变片 1(1′) 对称地布置在环向杆件的受拉和受压两侧。应变片 2~4 布置在 H 型连接件的受拉翼缘的上部 (TT 区域)，应变片 2′∼4′ 对称布置在 H 型连接件的受压翼缘的上部 (CT 区域)。应变片 5(5′) 分别左右对称地布置在 H 型连接件的受拉翼缘的下部 (TB 区域)，应变片 9(9′) 分别左右对称地布置在 C 型连接件的受压翼缘的下部 (CB 区域)。应变片 6(6′)、7(7′) 和 8(8′) 分别左右对称地布置在 C 型连接件腹板区域下部 (WB 区域)。

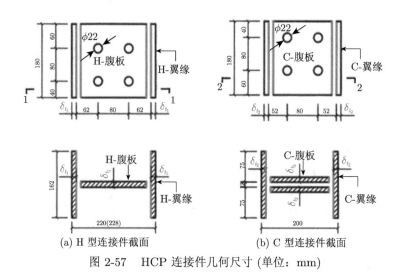

(a) H 型连接件截面　　　　　　　(b) C 型连接件截面

图 2-57　HCP 连接件几何尺寸 (单位：mm)

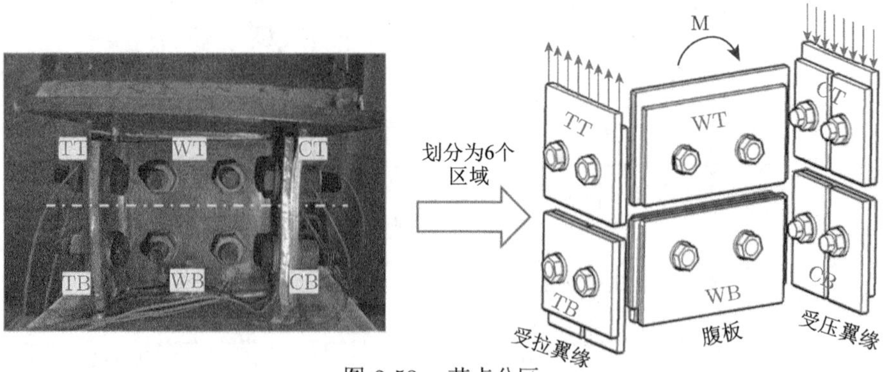

图 2-58　节点分区

在加载过程中，环向杆件由于刚度较大，其变形可以忽略，用水平位移计测量得到的环向杆件的转动角度 ϕ_b 包括由连接区域变形引起的转动 ϕ 和竖向杆件扭转 φ_c，竖向杆件两侧的百分表被用于测量竖向杆件在加载过程中的扭转。如图 2-59 所示，连接区域变形引起的转动 $\phi = \phi_b - \varphi_c$。

根据是否存在非线性滑移阶段，节点在弯剪作用下的转角–弯矩曲线可以分

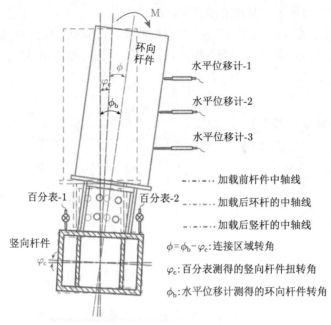

图 2-59 试件的转动

为两种类型。

第一类转角–弯矩曲线 (图 2-60a) 包括四个阶段:

① 弹性阶段 (OA):当弯矩和剪力较小时,由螺栓预紧力提供的连接件间摩擦力为节点提供刚度。

② 非线性滑动阶段 (AB):在点 A,施加的荷载克服了连接件之间的摩擦力,连接件间发生相对滑动,节点刚度下降。在点 B 处,螺栓和螺栓孔完全接触,滑移结束。

③ 弹塑性阶段 (BC):滑移结束后,螺栓和螺栓孔之间的挤压增加了节点的刚度。随着载荷的增加,连接件逐渐屈服,刚度逐渐减小。

④ 塑性阶段 (CD):当节点刚度降低到初始转动刚度 $S_{j,ini}$ 的 10% 时,节点完全进入塑性,相应的塑性屈服弯矩 M_{sup} 被定义为节点的极限承载力。

在第二类转角–弯矩曲线 (图 2-60b) 中,初始屈服弯矩 M_{inf} 足够大,使得节点螺栓的滑移与连接件的屈服过程同时发生,并且曲线中没有明显的非线性滑移阶段。转角–弯矩曲线可分为 3 个阶段:

① 弹性阶段 (OA):同第一类转角–弯矩曲线,连接件间摩擦力为节点提供刚度。

② 弹塑性阶段 (AC):与第一类转角–弯矩曲线不同,节点螺栓的滑移与连接

件的屈服过程一起发生，节点刚度逐渐减小。

③塑性阶段 (CD)：同第一类转角–弯矩曲线，当节点刚度降低到初始转动刚度 $S_{\mathrm{j,ini}}$ 的 10% 时，节点完全进入塑性，相应的塑性屈服弯矩 M_{su_p} 被定义为节点的极限承载力。

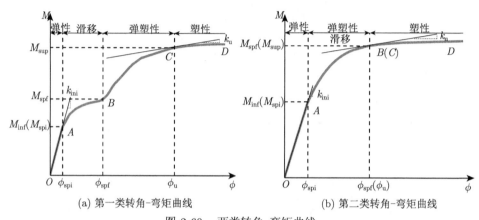

(a) 第一类转角–弯矩曲线　　　　　(b) 第二类转角–弯矩曲线

图 2-60　两类转角–弯矩曲线

注：图中 M_{spi} 为弹性阶段的末弯矩，M_{spf} 为塑性弯矩。

(3) 试验现象和结果

试验结果主要包括节点在弯剪作用下的转角–弯矩曲线，破坏模式及连接方式、螺栓数量、连接件厚度对节点在弯剪作用下的力学性能的影响。

(a) 材性试验及结果

所有材性试验试样均与节点试件同期同批制作。每类拉伸试样设置 3 个相同的试件组进行对照，取连接件、环向杆件、竖向杆件、端板和螺栓的屈服强度、抗拉强度和弹性模量的平均值，测试结果如表 2-13 所示。

表 2-13　各部件材料性能

部件	厚度/mm	直径/mm	屈服强度 $f_y/(\mathrm{N/mm^2})$	抗拉强度 $f_u/(\mathrm{N/mm^2})$	f_y/f_u	弹性模量 $E/(10^5\mathrm{N/mm^2})$
连接件	8	–	424.15	505.59	0.84	2.07
	12	–	386.78	533.56	0.73	1.97
端板	14	–	408.14	534.90	0.76	2.01
杆件	20	–	341.36	496.22	0.65	2.10
螺栓	–	20	1033.0	1128.0	0.92	–

(b) 连接方式对节点受力性能的影响

为了研究连接方式对节点力学性能的影响，对 HCR、CHR 和 HCP 连接方式的试件的试验结果进行了分析。如图 2-61 所示，在加载过程中，竖向杆件支撑对竖向杆件的约束效果较好，因此由百分表测量的竖向杆件扭转角度 φ_c 较小，且试验得到的所有转角–弯矩曲线中的转角均已考虑了竖向杆件的扭转角度 $(\phi = \phi_b - \varphi_c)$。

HCR 和 CHR 连接方式对比：HCR-1(n_d=2) 和 CHR-1(n_d=2) 试件的转角–弯矩曲线如图 2-62 所示。转角–弯矩曲线和破坏模式的主要特征如表 2-14 所示。两类试件的转角–弯矩曲线属于图 2-60a 所示的第一类转角–弯矩曲线。HCR-1 和 CHR-1 在塑性屈服弯矩 M_{sup} 和初始转动刚度 $S_{\text{j,ini}}$ 上差异不大，但 CHR-1($7.13 \times 10^{-3} \sim 43.27 \times 10^{-3}$rad) 的滑移范围 $\phi_{\text{spi}} \sim \phi_{\text{spf}}$ 大于 HCR-1($7.90 \times 10^{-3} \sim 16.27 \times 10^{-3}$rad)，CHR-1 的滑移终点转角 ϕ_{spf} 是 HCR-1 的 2.32 倍。

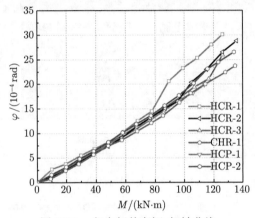

图 2-61　竖向杆件弯矩–扭转曲线

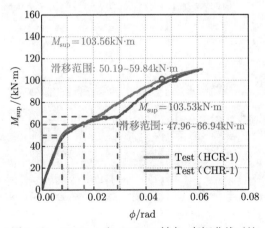

图 2-62　HCR-1 和 CHR-1 转角–弯矩曲线对比

表 2-14　试件 HCR-1 和 CHR-1 转角–弯矩曲线和失稳模式主要特征

试件	$S_{\text{j,ini}}/$ (kN·m/rad)	$M_{\text{inf}}/$ (kN·m)	滑移范围 $(M_{\text{spi}}\sim M_{\text{spf}}/(\text{kN·m})/\phi_{\text{spi}}\sim\phi_{\text{spf}}/10^{-3}\text{rad})$	$M_{\text{sup}}/$ (kN·m)
HCR-1-A	9 275.05	52.80	52.80~67.17 / 7.10~16.33	103.80
HCR-1-B	8 820.95	50.19	50.19~59.84 / 7.90~16.27	103.56
平均	9 048.00	51.50	51.50~63.51 / 7.50~16.30	103.68

| | 受拉翼缘 | 受拉翼缘端部 | 腹板 | 受压翼缘端部 | 螺栓孔 |

试件	$S_{\text{j,ini}}/$ (kN·m/rad)	$M_{\text{inf}}/$ (kN·m)	滑移范围 $(M_{\text{spi}}\sim M_{\text{spf}}/(\text{kN·m})/\phi_{\text{spi}}\sim\phi_{\text{spf}}/10^{-3}\text{rad})$	$M_{\text{sup}}/$ (kN·m)
CHR-1-A	8 533.91	47.96	47.96~66.94 / 7.69~29.09	103.53
CHR-1-B	8 962.59	49.79	49.79~78.79 / 7.13~31.90	102.18
平均	8 748.25	48.87	48.87~72.86 / 7.41~30.50	102.85

| | 受拉翼缘 | 受拉翼缘端部 | 腹板 | 受压翼缘端部 | 螺栓孔 |

连接区域的破坏模式基本相同。在所有试件中，节点的破坏模式呈现为：H
型连接件和 C 型连接件的受拉翼缘之间出现约 8mm 的相对滑动，两连接件受拉
翼缘 TT 和 TB 区域间存在明显的缝隙，两连接件受压翼缘 CT 和 CB 区域出现
局部屈曲，螺栓孔处发生承压变形。在 HCR-1 中的其中一个试件破坏模式中还
能观察到受拉翼缘的局部颈缩现象。

HCR 和 HCP 连接方式对比：HCR 和 HCP 连接方式的试件的转角–弯矩曲
线如图 2-63 所示。节点的转角–弯矩曲线和破坏模式的主要特征列于表 2-4。

HCR-1($n_{\rm d}$=2) 和 HCP-1($n_{\rm d}$=2) 的转角–弯矩曲线 (图 2-64a) 属于图 2-60a
所示的第一类转角–弯矩曲线。HCR-1 的初始转动刚度 $S_{\rm j,ini}$ 比 HCP-1 提高了
约 9.3%，但塑性屈服弯矩 $M_{\rm sup}$ 基本相同。HCP-1 的非线性滑移阶段 (弯矩滑
移范围 $M_{\rm spi} \sim M_{\rm spf}$:71.22~95.81kN·m) 滞后于 HCR-1(弯矩滑移范围 $M_{\rm spi} \sim$
$M_{\rm spf}$:50.19~59.84kN·m)，且 HCP-1(13.75×10^{-3}~47.99×10^{-3}rad) 的转角滑移范
围 $\phi_{\rm spi} \sim \phi_{\rm spf}$ 比 HCR-1(7.90×10^{-3}~16.44×10^{-3}rad) 大。HCP-1 的初始屈服弯
矩 $M_{\rm inf}$ 约为 HCR-1 的 1.4 倍。试件 HCP-1 出现滑动后，节点迅速达到塑性屈服
弯矩 $M_{\rm sup}$，进入塑性阶段。HCR-3($n_{\rm d}$=3) 和 HCP-2($n_{\rm d}$=3) 的转角–弯矩曲线 (图
2-63b) 属于图 2-60b 所示的第二类转角–弯矩曲线。HCR-3 和 HCP-2 的初始转
动刚度 $S_{\rm j,ini}$ 和塑性屈服弯矩 $M_{\rm sup}$ 接近。与 HCR-3 的初始屈服弯矩 $M_{\rm inf}$(81.14
kN·m) 相比，HCP-2(92.08 kN·m) 的初始屈服弯矩 $M_{\rm inf}$ 提高了约 13.5%。

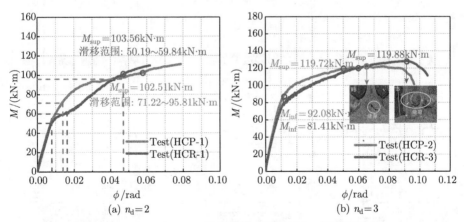

图 2-63　HCR 和 HCP 连接方式试件的转角–弯矩曲线对比

通过转角–弯矩曲线比较，发现 HCP 连接方式的初始屈服弯矩 $M_{\rm inf}$ 优于
HCR 连接方式，HCP 连接方式非线性滑动阶段滞后于 HCR 连接方式。其主要
原因是连接件之间存在安装间隙 (2mm)，且试验中螺栓预紧力逐步施加的顺序为
翼缘–翼缘–腹板。如图 2-64 所示，对于 HCR 连接方式的试件 HCR-1、HCR-3，

两侧翼缘通过连接件中的腹板相连。先对一侧翼缘螺栓施加预紧力 P 紧固，该侧翼缘间的间隙被消除。然而，接着紧固另一侧翼缘螺栓将造成在第一步骤中紧固螺栓的预紧力出现损失 $(P-\eta P)$。对于 HCP 连接方式的试件 HCP-1、HCP-2，两侧翼缘相互独立，螺栓的安装间隙和预紧力的施加顺序对螺栓预紧力影响不大。

表 2-15 列出了 HCP-1、HCP-2 和 HCR-3 试件的转角–弯矩曲线和破坏模式的主要特征。对比 HCR 与 HCP 两种连接方式的破坏模式，类似于 HCR 连接方式：HCP 连接方式试件中两连接件受拉翼缘 TT 和 TB 区域存在明显间隙，HCP 连接方式试件螺栓孔发生承压变形。与 HCR 连接方式不同之处：HCR 连接方式试件 (HCR-1，HCR-3) 受压翼缘端部呈现局部屈曲破坏，HCP 连接方式试件 (HCP-1，HCP-2) 受压翼缘呈现整体屈曲破坏；HCR-3 试件 TB 区 C 型连接件螺栓孔在拉伸作用下断裂，裂缝贯穿至腹板，而 HCP-2 试件中 TB 区 C 型连接件的螺栓孔只出现了颈缩，但腹板焊缝出现了局部开裂。因此 HCR 连接方式的试件中 H 型连接件和 C 型连接件的受拉翼缘之间的相对滑移 (15.5mm 和 17mm) 大于 HCP 连接件 (10.5mm 和 10.1mm)。

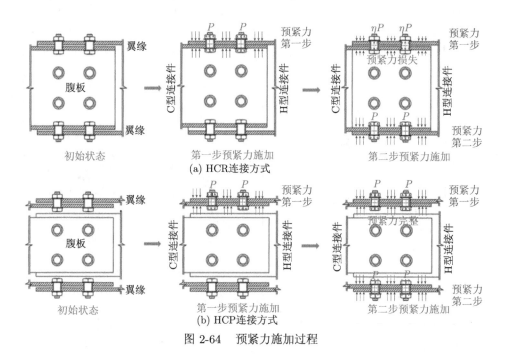

图 2-64　预紧力施加过程

(c) 螺栓数量对节点受力性能的影响

为了研究螺栓数量对节点力学性能的影响，对 HCR-2(n_{d}=2) 和 HCR-3(n_{d}=

3) 的试验结果进行了分析。HCR-2 和 HCR-3 转角–弯矩曲线对比如图 2-65 所示,
转角–弯矩曲线和破坏模式的主要特征列于表 2-16。与 HCR-2 相比, HCR-3 的初
始转动刚度 $S_{j,ini}$ 增加了约 7.1%, 而塑性屈服弯矩 M_{sup} 基本相同。HCR-2 存在
明显的非线性滑移阶段 (弯矩滑移范围 $M_{spi} \sim M_{spf}$: 48.72~74.15kN·m), 因此,
HCR-2 的转角–弯矩曲线属于第一类转角–弯矩曲线 (图 2-60a)。由于 HCR-3 中
螺栓数量较多, 曲线上没有出现明显的非线性滑移阶段, 因此 HCR-3 的转角–弯
矩曲线属于第二类转角–弯矩曲线 (图 2-60b)。但是, 端部螺栓孔挤压变形现象表
明螺栓与连接件间仍然出现了相对滑移, 因此可以认为螺栓的滑移与连接件的屈
服过程是一起发生的。对比 HCR-2 与 HCR-3 的破坏模式, HCR-3 试件 C 型连
接件的 TB 区的螺栓孔在拉伸作用下开裂, 裂缝贯穿腹板, 而 HCR-2 试件 C 型
连接件的 TB 区的螺栓孔在拉伸作用下只出现了颈缩。因此由于 HCR-3 试件 TB
区的螺栓孔在拉伸作用下开裂, HCR-3 试件的 H 型连接件和 C 型连接件的受拉
翼缘之间的相对滑移 (15.5mm 和 17mm) 远大于 HCR-2(9.5mm)。

表 2-15   试件 HCP-1, HCP-2, HCR-3 转角–弯矩曲线和失稳模式的主要特征

试件	$S_{j,ini}$/ (kN·m/rad)	M_{inf}/ (kN·m)	滑移范围 ($M_{spi}\sim M_{spf}$/(kN·m)/$\phi_{spi}\sim\phi_{spf}$/10^{-3}rad)	M_{sup}/ (kN·m)
HCP-1-A	8 445.40	71.96	71.96~97.44 /13.75~47.99	102.79
HCP-1-B	8 109.45	71.22	71.22~95.81 /13.95~47.11	102.51
平均	8 277.43	71.59	71.59~96.63 /13.85~47.55	102.65

| | 受拉翼缘 | 受拉翼缘 | 腹板 | 受压翼缘 | 螺栓孔 |

试件	$S_{j,ini}/$ (kN·m/rad)	$M_{inf}/$ (kN·m)	滑移范围 $(M_{spi}{\sim}M_{spf}/(kN{\cdot}m)/\ \phi_{spi}{\sim}\phi_{spf}/10^{-3}rad)$	$M_{sup}/$ (kN·m)
HCP-2-A	9 568.45	105.27	无明显滑移阶段	120.54
HCP-2-B	10 090.93	92.08	无明显滑移阶段	119.72
平均	9 829.69	98.68	无明显滑移阶段	120.13

	受拉翼缘	受拉翼缘端部	腹板	受压翼缘	螺栓孔
HCP-2-A 破坏模式					
HCP-2-B 破坏模式					

受拉翼缘　　受拉翼缘端部　　腹板　　受压翼缘　　螺栓孔

试件	$S_{j,ini}/$ (kN·m/rad)	$M_{inf}/$ (kN·m)	滑移范围 $(M_{spi}{\sim}M_{spf}/(kN{\cdot}m)/\ \phi_{spi}{\sim}\phi_{spf}/10^{-3}rad)$	$M_{sup}/$ (kN·m)
HCP-3-A	9 910.63	81.96	无明显滑移阶段	120.62
HCP-3-B	10 205.20	81.41	无明显滑移阶段	119.88
平均	10 057.91	81.69	无明显滑移阶段	120.25

	受拉翼缘	受拉翼缘端部	腹板	受压翼缘端部	螺栓孔
HCP-3-A 破坏模式					
HCP-3-B 破坏模式					

受拉翼缘　　受拉翼缘端部　　腹板　　受压翼缘端部　　螺栓孔

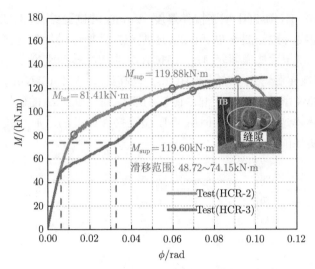

图 2-65 HCR-2 和 HCR-3 的转角–弯矩曲线对比

表 2-16 HCR-2 的转角–弯矩曲线和破坏模式的主要特征

试件	$S_{j,ini}$/ (kN·m/rad)	M_{inf}/ (kN·m)	滑移范围 $(M_{spi} \sim M_{spf}/(kN·m))/\phi_{spi} \sim \phi_{spf}/10^{-3}rad)$	M_{sup}/ (kN·m)
HCR-2-A	9 309.38	49.79	49.79~72.15/6.64~31.99	119.87
HCR-2-B	9 467.80	48.72	48.72~74.15/6.31~32.60	119.32
平均	9 388.59	49.25	49.25~73.15/6.48~32.30	119.60

HCR-2-A 破坏模式				
HCR-2-B 破坏模式				
受拉翼缘	受拉翼缘	腹板	受压翼缘	螺栓孔

(d) 连接件厚度对节点受力性能的影响

为了研究节点连接件的厚度对节点力学性能的影响，对比了 HCR-1(H 型连接件厚度 8mm)，HCR-2(H 型连接件厚度 12mm) 的试验结果。HCR-1 和 HCR-2 的弯矩–转角曲线对比如图 2-66 所示，H 型连接件厚度的增加提高了节点的初始转动刚度 $S_{\mathrm{j,ini}}$ 和塑性屈服弯矩 M_{sup}。HCR-2 的初始转动刚度 $S_{\mathrm{j,ini}}$ 比 HCR-1 提高约 3.8%，塑性屈服弯矩 M_{sup} 比 HCR-1 提高约 15.5%(16kN·m)。试件 HCR-2 和 HCR-1 的弹性承载力基本相同。比较 HCR-1 和 HCR-2 的破坏模式，可以看出，节点的破坏模式基本相同，但由于 H 型连接件厚度的增加，HCR-2 的 TT 和 CT 区域没有明显的拉压变形。

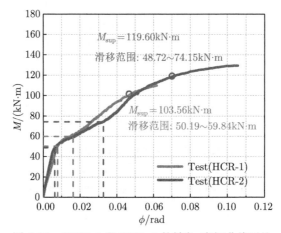

图 2-66　HCR-1 和 HCR-2 的转角–弯矩曲线对比

2.5.2　节点数值模型

(1) 数值模型参数

基于 ABAQUS 软件对冷却塔节点进行数值分析，模型参数如下：采用面与面接触单元模拟部件之间的接触相互作用，模型中的摩擦系数为 0.35；连接件与环向杆件、连接件与端板、端板与竖向杆件之间的接触被定义为绑定约束，如图 2-67 所示；螺栓与螺栓孔之间的接触、H 型连接件与 C 型连接件中板件之间的接触，螺母与板之间的接触被定义为面与面接触。模型中考虑安装间隙：H 型和 C 型连接件板件之间的安装间隙 ΔV_1 为 1mm，螺栓与螺栓孔之间的安装间隙 $\Delta V_2 = (D_{\mathrm{b}} - D_{\mathrm{h}})/2 = 1\mathrm{mm}$。

(2) 材料本构模型

在数值模拟中，对环向杆件、竖向杆件、连接件、端板和高强螺栓的钢材应用三折线模型，如图 2-68 所示，节点各部件的屈服强度、抗拉强度、弹性模量由材性拉伸试验所得。

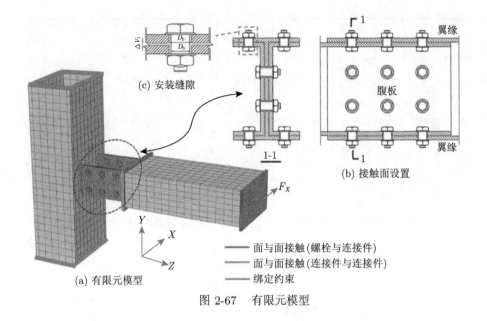

图 2-67   有限元模型

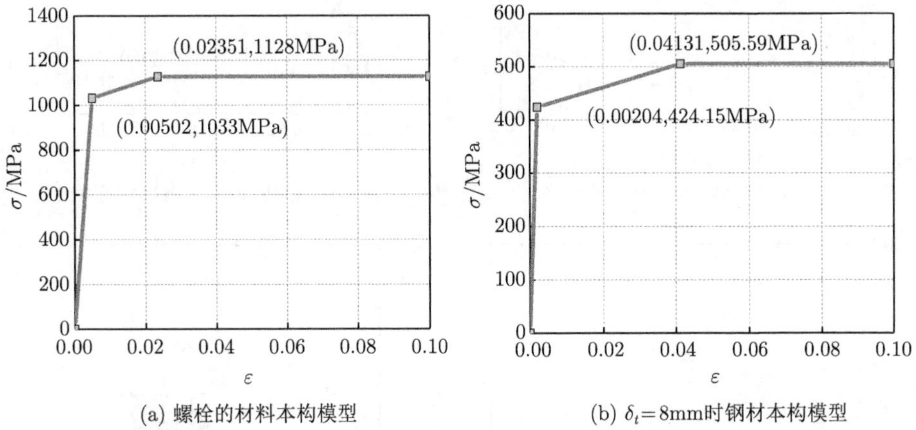

(a) 螺栓的材料本构模型   (b) $\delta_t = 8$mm 时钢材本构模型

图 2-68   材料本构模型

(3) 数值结果与试验结果对比

在数值模拟中，建立了与 6 组试验试件相对应的有限元模型，转角的定义和计算方法与试验一致，节点的破坏模式取自加载结束时刻。数值模拟和试验得到的转角–弯矩曲线对比如图 2-69 所示，破坏模式对比如图 2-70 所示，弯矩–应力曲线对比如图 2-71 所示，主要特征参数对比如表 2-17 所示。

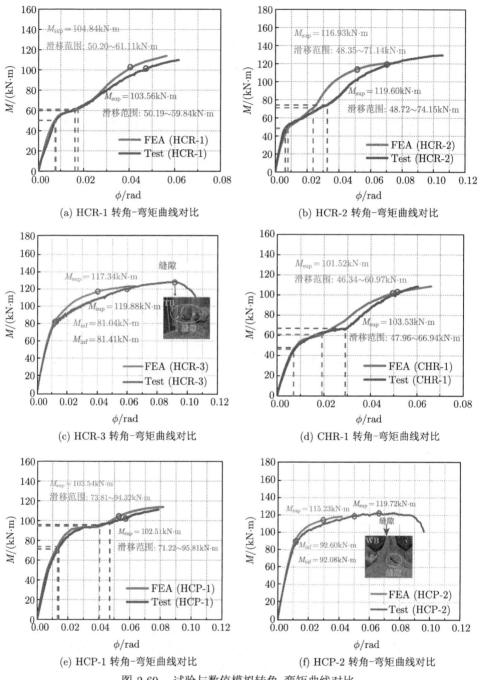

(a) HCR-1 转角-弯矩曲线对比　　　　　　(b) HCR-2 转角-弯矩曲线对比

(c) HCR-3 转角-弯矩曲线对比　　　　　　(d) CHR-1 转角-弯矩曲线对比

(e) HCP-1 转角-弯矩曲线对比　　　　　　(f) HCP-2 转角-弯矩曲线对比

图 2-69　试验与数值模拟转角-弯矩曲线对比

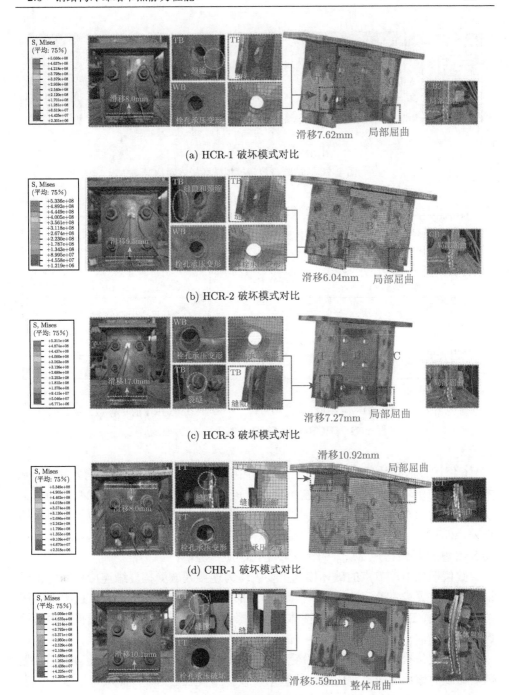

(a) HCR-1 破坏模式对比

(b) HCR-2 破坏模式对比

(c) HCR-3 破坏模式对比

(d) CHR-1 破坏模式对比

(e) HCP-1 破坏模式对比

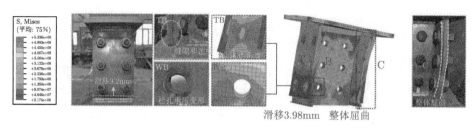

(f) HCP-2 破坏模式对比

图 2-70　试验与数值模拟破坏模式对比

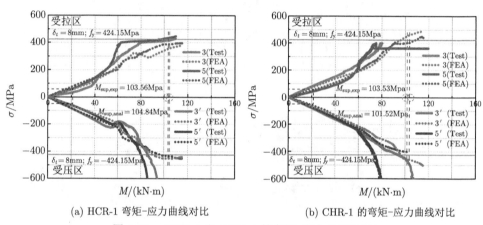

(a) HCR-1 弯矩-应力曲线对比　　　　　(b) CHR-1 的弯矩-应力曲线对比

图 2-71　HCR-1 和 CHR-1 的弯矩–应力曲线对比

6 组试件的初始转动刚度 $S_{j,ini}$、初始屈服弯矩 M_{inf} 和塑性屈服弯矩 M_{sup} 基本相同。初始转动刚度 $S_{j,ini}$、初始屈服弯矩 M_{inf} 和塑性屈服弯矩 M_{sup} 的最大误差分别为 2.51%、4.08% 和 6.16%。试验中由于安装间隙和预紧力损失引起的误差，CHR-1 和 HCR-2 试件数值模拟得到的滑移范围小于试验值，HCR-3 和 HCP-2 塑性屈服弯矩 M_{sup} 的相应转角也小于试验值。

数值模拟中，节点的破坏模式主要表现为连接区域受拉翼缘连接件间的相对滑移，受拉翼缘 TT 和 TB 区的缝隙和局部颈缩，HCR 受压翼缘 CT 和 CB 区的局部屈曲、HCP 受压翼缘的整体屈曲，螺栓孔的承压变形。数值模拟与试验的破坏模式基本一致。

对比数值模拟和试验得到的受拉翼缘上 3(3′) 和 5(5′) 点的弯矩–应力曲线，随着荷载的增加，应力变化的趋势基本一致。当节点达到塑性屈服弯矩 M_{sup} 时，3(3′) 和 5(5′) 点已然屈服，符合节点的破坏模式。

总而言之，数值模拟与试验结果吻合较好，数值模拟能够较为良好地反映不同参数节点的力学性能。

表 2-17 转角-弯矩曲线主要特征参数对比

试件	$S_{j,ini,anal}/$ (kN·m/rad)	$S_{j,ini,exp}/$ (kN·m/rad)	$\left\|\dfrac{S_{ini,anal}-S_{ini,exp}}{S_{ini,exp}}\right\|$	$M_{inf,anal}/$ (kN·m)	$M_{inf,exp}/$ (kN·m)	$\left\|\dfrac{M_{inf,anal}-M_{inf,exp}}{M_{inf,exp}}\right\|$	$M_{sup,anal}/$ (kN·m)	$M_{sup,exp}/$ (kN·m)	$\left\|\dfrac{M_{sup,anal}-M_{sup,exp}}{M_{sup,exp}}\right\|$
HCR-1	9 135.9	9 048.0	0.97%	50.20	51.50	2.52%	104.84	103.68	1.12%
HCR-2	9 498.7	9 388.6	1.17%	48.35	49.25	1.83%	116.93	119.60	2.23%
HCR-3	10 292.2	10 057.9	2.33%	81.04	81.69	0.80%	117.34	120.25	2.42%
CHR-1	8 564.0	8 748.3	2.11%	46.34	48.87	5.18%	101.52	102.85	1.29%
HCP-1	8 403.9	8 277.4	1.53%	73.81	71.59	3.10%	103.54	102.65	0.87%
HCP-2	10 076.5	9 829.7	2.51%	92.60	98.68	6.16%	115.23	120.13	4.08%

2.5.3 不同工况下节点抗弯性能

节点在实际的结构中作为力的传递构件，会承担弯矩、剪力、拉力、压力等。因此研究节点在各个工况下的静力转动性能是为进一步研究半刚性节点钢结构冷却塔奠定基础。本节选取 HCR-1 和 HCR-3 节点作为基本模型，对节点在纯弯、弯剪、偏心受力、定轴力受弯工况下的静力学性能进行精细化的数值模拟研究。通过转角–弯矩曲线、塑性屈服弯矩 M_{sup}、初始转动刚度 $S_{\text{j,ini}}$ 和破坏模式分析了节点在纯弯、弯剪、偏心受力、定轴力受弯作用下的静力转动性能。

(1) 弯剪性能

为了研究节点的弯剪性能，本节考虑了纯弯及 6 种不同力臂下弯剪作用对节点静力转动性能的影响，具体的数值模型参数如表 2-18 所示。

表 2-18 弯剪性能分析节点模型参数

节点模型	螺栓数量 n_{d}	H 型连接件板厚度/mm	C 型连接件板厚度/m	预紧力 P/kN	螺栓直径 d/mm	加载方式
HCR-1	2	8	8	155	20	$0.5L$ $0.75L$ $1.0L$ $1.5L$ $2.0L$ $2.5L$ 力臂 $L=0.80\text{m}$ (试验力臂大小)
HCR-3	3	12	8	155	20	$0.5L$ $0.75L$ $1.0L$ $1.5L$ $2.0L$ $2.5L$ 力臂 $L=0.70\text{m}$ (试验力臂大小)

剪力作用下节点的转角–弯矩曲线及应力云图如图 2-72 和图 2-73 所示。对比转角–弯矩曲线可知，随着力臂的增加，两种节点的初始转动刚度变化不大，塑性屈服弯矩 M_{sup} 增大，当力臂为 $0.5L$，HCR-1 节点的塑性屈服弯矩为纯弯时 0.7 倍，HCR-3 节点的塑性屈服弯矩为纯弯时 0.65 倍。当力臂大于 $1.5L$ 时，弯剪作用下转角–弯矩曲线接近于纯弯作用下转角–弯矩曲线。为研究剪力对节点的应力分布和破坏模式的影响，对比 HCR-1 节点等弯矩和节点破坏时的应力云图：力臂为 $0.5L$ 时，竖向杆件端连接件拉压翼缘两侧局部颈缩和屈曲变形明显；随着力臂的增大，竖向杆件端连接件应力逐渐减小；纯弯时，竖向杆件端连接件拉压翼缘两侧已无明显变形。因此，剪力力臂对节点的应力分布和破

坏模式的影响主要体现在竖向杆件端连接件上，剪力力臂越小，竖向杆件端连接件应力水平越高，竖向杆件端连接件拉压翼缘两侧的局部颈缩和屈曲变形越明显。

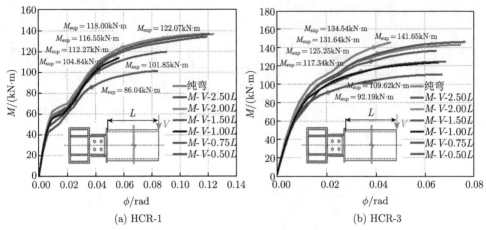

(a) HCR-1　　　　　　　　　　　(b) HCR-3

图 2-72　弯剪作用下节点的转角-弯矩曲线

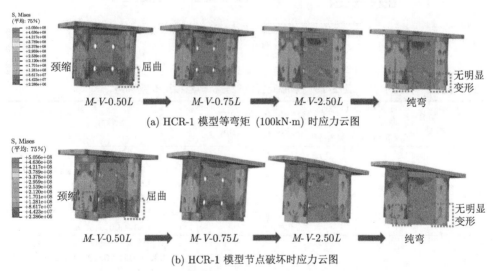

(a) HCR-1 模型等弯矩 (100kN·m) 时应力云图

(b) HCR-1 模型节点破坏时应力云图

图 2-73　弯剪作用下 HCR-1 模型节点的应力云图

(2) 偏心受力性能

节点受偏心距的影响，加载过程中在拉力或压力作用的同时节点还承受了弯矩作用。节点在偏心受力作用下的加载方式示意图如图 2-74 和图 2-75 所示。为了研究节点的偏心受力性能，本节考虑了 10 个不同偏心矩对节点静力转动性能的影响，相应的数值模型参数如表 2-19 所示。

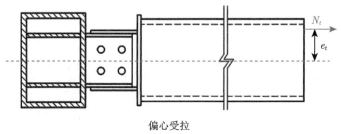

偏心受拉

图 2-74　偏心受拉加载示意图

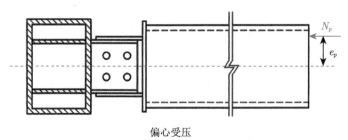

偏心受压

图 2-75　偏心受压加载示意图

表 2-19　偏心受拉性能分析节点模型参数

节点模型	螺栓数量 n_d	H 型连接件板厚度/mm	C 型连接件板厚度/mm	预紧力 P/kN	螺栓直径 d/mm	加载方式
HCR-1	2	8	8	155	20	图 2-74(偏心受拉) $e_t = 0.02, 0.04, 0.06, 0.10, 0.20, 0.40,$ $0.80, 1.00, 1.50\text{m}, \infty$ 图 2-75(偏心受压) $e_p = 0.02, 0.04, 0.06, 0.10, 0.20, 0.40,$ $0.80, 1.00, 1.50\text{m}, \infty$
HCR-3	3	12	8	155	20	图 2-74(偏心受拉) $e_t = 0.02, 0.04, 0.06, 0.10, 0.20, 0.40,$ $0.80, 1.00, 1.50\text{m}, \infty$ 图 2-75(偏心受压) $e_p = 0.02, 0.04, 0.06, 0.10, 0.20, 0.40,$ $0.80, 1.00, 1.50\text{m}, \infty$

　　偏心受力作用下节点的转角-弯矩曲线如图 2-76 所示，$e_{t(p)}=0.02\sim1.50\text{m}$ 是轴力的偏心距离，$e_{t(p)} = \infty$ 对应纯弯作用。其中

$$\eta_M^{e_{p(t)}} = \frac{M_{\mathrm{sup}}^{e_{p(t)}}}{M_{\mathrm{sup}}} \tag{2-31}$$

$$\eta_{\mathrm{j,ini}}^{e_{p(t)}} = \frac{S_{\mathrm{j,ini}}^{e_{p(t)}}}{S_{\mathrm{j,ini}}} \tag{2-32}$$

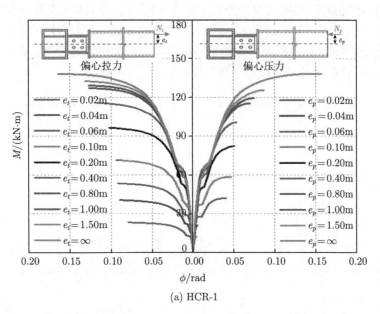

(a) HCR-1

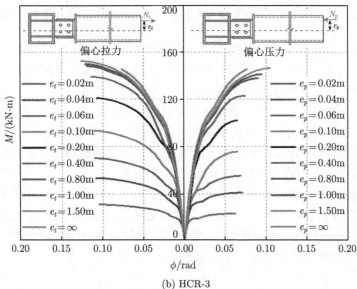

(b) HCR-3

图 2-76 偏心受力作用下节点的转角-弯矩曲线

$M_{\mathrm{sup}}^{e_{t(p)}}$ 和 M_{sup} 分别表示偏心受力和纯弯作用下节点的塑性屈服弯矩；$S_{\mathrm{j,ini}}^{e_{t(p)}}$ 和 $S_{\mathrm{j,ini}}$ 分别表示偏心受力和纯弯作用下节点的初始转动刚度。

偏心受力下，从转角-弯矩曲线反映出的偏心受力对节点受力性能的影响规律如图 2-77 所示，结果表明：① 偏心距对节点的初始转动刚度影响并不明显，偏心受力节点的初始转动刚度多高于纯弯受力节点的初始转动刚度，随着偏心矩的增大，节点的初始转动刚度整体趋势上略有降低。② 随着偏心矩的增大，节点的塑性屈服弯矩增大。偏心距 $e_{t(p)} \leqslant 0.4\mathrm{m}$，偏心矩对塑性屈服弯矩的影响明显。偏心距 $e_{t(p)} > 0.4\mathrm{m}$，塑性屈服弯矩随偏心矩增大而增大的趋势渐缓，偏心受力下节点的位移-荷载曲线与纯弯作用下较为接近。

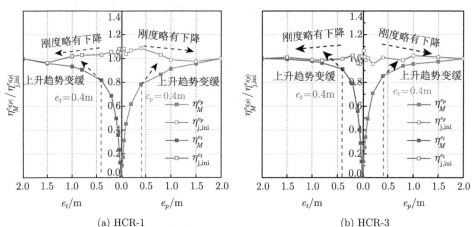

(a) HCR-1　　　　　　　　　(b) HCR-3

图 2-77　偏心受力作用下节点的初始转动刚度和塑性屈服弯矩变化规律

偏心受力和纯弯作用下 HCR-1 节点的破坏模式如图 2-78 所示，节点应力主要集中于与环向杆件相连的 H 型连接件。随着偏心距 $e_{t(p)}$ 增大，偏心受拉下，节点环向杆件一侧受拉翼缘破坏模式由受拉颈缩逐渐变为受压屈曲；偏心受压下，节点环向杆件一侧受压翼缘破坏模式由受压屈曲逐渐变为受拉颈缩。偏心距 $e_{t(p)} < 0.4\mathrm{m}$，节点的破坏模式表现为轴向拉 (压) 破坏模式：H 型连接件两侧受压屈曲 (受拉颈缩) 破坏。偏心距 $e_{t(p)} \geqslant 0.4\mathrm{m}$，节点的破坏模式表现为纯弯作用下的破坏模式：H 型连接件受拉侧颈缩，受压侧屈曲。

(3) 定轴受弯性能

不同于节点的偏心受力，节点的定轴力受弯是指先施加拉压轴力，然后保持轴力不变，在此基础上施加弯矩直至节点最后破坏。加载方式示意图如图 2-79、图 2-80 所示。相应的数值模型参数如表 2-20 所示，其中

$$\eta_t = \frac{N_t}{N_{\mathrm{u}}^t} \tag{2-33}$$

$$\eta_p = \frac{N_p}{N_u^p} \qquad\qquad (2\text{-}34)$$

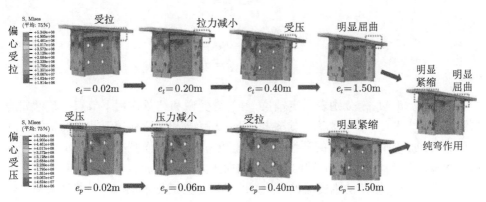

图 2-78 HCR-1 偏心拉 (压) 下节点应力云图

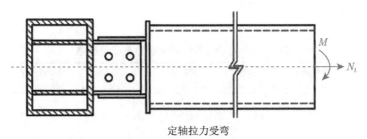

定轴拉力受弯

图 2-79 定轴拉力受弯加载示意图

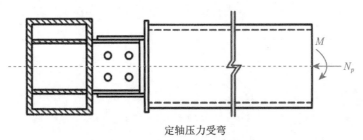

定轴压力受弯

图 2-80 定轴压力受弯加载示意图

N_u^t 和 N_u^p 分别表示轴拉和轴压作用下节点的极限承载轴力；N_t 和 N_p 分别表示当前工况下施加的定轴拉力和压力。HCR-1 节点模型中 $N_u^t = 1060.8\text{kN}$，$N_u^p = 744.03\text{kN}$。HCR-3 节点模型中 $N_u^t = 1542.48\text{kN}$，$N_u^p = 1552.14\text{kN}$。$\eta_t, \eta_p = 0$ 对应于纯弯作用。定轴力受弯作用下节点的转角–弯矩曲线如图 2-81 所示，定轴

力受弯作用下节点的初始转动刚度和塑性屈服弯矩变化规律如图 2-82 所示, 其中

$$\eta_M^{N_{t(p)}} = \frac{M_{\mathrm{sup}}^{N_{t(p)}}}{M_{\mathrm{sup}}} \tag{2-35}$$

$$\eta_{\mathrm{j,ini}}^{N_{t(p)}} = \frac{S_{\mathrm{j,ini}}^{N_{t(p)}}}{S_{\mathrm{j,ini}}} \tag{2-36}$$

$M_{\mathrm{sup}}^{N_{t(p)}}$ 和 M_{sup} 分别表示定轴拉 (压) 力受弯和纯弯作用下节点的塑性屈服弯矩; $S_{\mathrm{j,ini}}^{N_{t(p)}}$ 和 $S_{\mathrm{j,ini}}$ 分别表示定轴拉 (压) 力受弯和纯弯作用下节点的初始转动刚度。结果表明: ① 节点的塑性屈服弯矩随 $\eta_{t(p)}$ 增大而减小, 值均小于纯弯作用下的值; 当 $\eta_{t(p)}$ 增大时, 轴向拉力与轴向压力对塑性屈服弯矩的影响规律基本一致。② 节点初始转动刚度随轴向拉力或轴向压力的增加而减小, 并且其初始转动刚度值均小于纯弯作用下的值。定轴拉力受弯下, 当 $\eta_t=0.4\sim0.5$ 时, 节点的初始转动刚度开始急剧下降; 定轴压力受弯下, 当 $\eta_p=0.5\sim0.6$ 时, 节点的初始转动刚度开始急剧下降。

表 2-20　定轴受弯性能分析节点模型参数

节点模型	螺栓数量 n_d	H 型连接件板厚度/mm	C 型连接件板厚度/mm	预紧力 P/kN	螺栓直径 d/mm	加载方式
HCR-1	2	8	8	155	20	图 2-79 (定轴拉力受弯) $\eta_t=0\sim1.0$ (按 0.1 递增) 图 2-80 (定轴压力受弯) $\eta_p=0\sim1.0$ (按 0.1 递增)
HCR-3	3	12	8	155	20	图 2-79 (定轴拉力受弯) $\eta_t=0\sim1.0$ (按 0.1 递增) 图 2-80 (定轴压力受弯) $\eta_p=0\sim1.0$ (按 0.1 递增)

HCR-1 节点模型在定轴拉 (压) 力受弯作用下的破坏模式的应力云图如图 2-83 所示, 节点的应力主要集中于与环向杆件相连的 H 型连接件, 随着 $\eta_{t(p)}$ 增大, 定轴受压作用下, 节点环向杆件受拉翼缘一侧破坏模式由受拉颈缩逐渐变为受压屈曲。定轴受拉作用下, 节点环向杆件受压翼缘一侧破坏模式由受压屈曲逐渐变

为受拉颈缩。$\eta_{t(p)} \geqslant 0.6$，节点的破坏模式表现为轴向拉 (压) 力破坏模式：H 型连接件两侧受压屈曲 (受拉颈缩) 破坏。$\eta_{t(p)} < 0.6$，节点的破坏模式表现为纯弯作用下的破坏模式：H 型连接件受拉侧颈缩，受压侧屈曲。

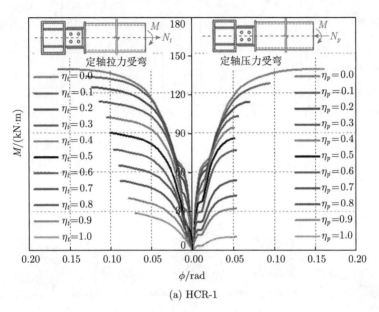

(a) HCR-1

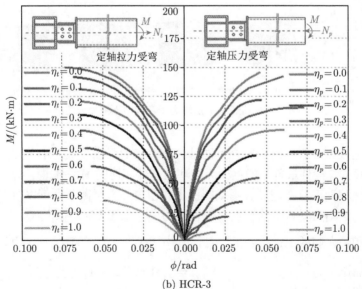

(b) HCR-3

图 2-81　定轴力受弯作用下节点的转角–弯矩曲线

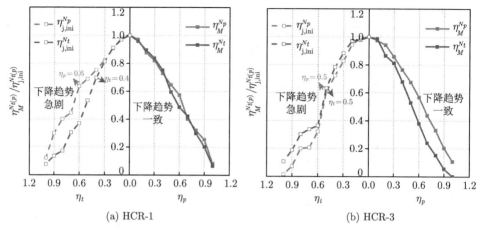

(a) HCR-1　　　　　　　　　　　　　　　　(b) HCR-3

图 2-82　定轴力受弯作用下节点的初始转动刚度和塑性屈服弯矩变化规律

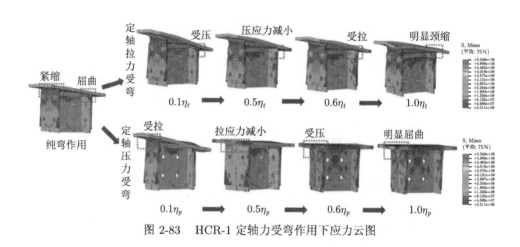

图 2-83　HCR-1 定轴力受弯作用下应力云图

根据全截面屈服准则来拟合不同轴力下节点的强度公式，由节点的破坏模式应力云图可知，构件最危险的截面为与环向杆件相连的 H 型截面，处于塑性工作时，塑性中和轴可能在截面翼缘或腹板上。由内外力平衡条件可以得到轴力与弯矩的关系。定轴力受弯下的截面全塑性应力分布如图 2-84 所示。

当中和轴在腹板上：$\beta \leqslant \mu \leqslant \dfrac{1}{2}$，其中 $\beta = \dfrac{\delta_t}{h}$。为了简化，令 $\alpha = \dfrac{A_1}{A_2}$，则

截面屈服轴力：
$$N_{t(p)}^u = f_y A = (2\alpha + 1)A_2 f_y \tag{2-37}$$

截面塑性屈服弯矩：
$$M_{\mathrm{sup}} = W_{\mathrm{px}} f_y = (\alpha + 0.25)A_2 h f_y \tag{2-38}$$

根据全塑性应力图，轴力和弯矩的平衡条件

满应力拉 (压) 轴力：
$$N_{t(p)} = (1 - 2\mu)A_2 f_y \tag{2-39}$$

满应力极限弯矩:
$$M_{\text{sup}}^{N_{t(p)}} = (\alpha + \mu - \mu^2) A_2 h f_{\text{y}} \tag{2-40}$$

消除以上两式中的 μ, 可得:

$$\frac{(2\alpha+1)^2}{4\alpha+1} \cdot \eta_{t(p)}^2 + \eta_M^{N_{t(p)}} = 1 \tag{2-41}$$

当中和轴在翼缘上: $0 \leqslant \mu \leqslant \beta$, 按照上述方法可得

$$\eta_{t(p)} + \frac{4\alpha+1}{2(2\alpha+1)} \eta_M^{N_{t(p)}} = 1 \tag{2-42}$$

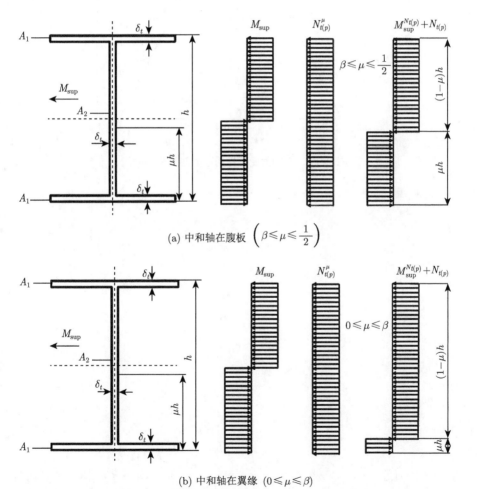

(a) 中和轴在腹板 $\left(\beta \leqslant \mu \leqslant \dfrac{1}{2}\right)$

(b) 中和轴在翼缘 $(0 \leqslant \mu \leqslant \beta)$

图 2-84 定轴受弯作用下 H 型截面全塑性应力分布图

　　由式 (2-41) 和式 (2-42) 得到定轴力受弯作用下节点塑性屈服弯矩的满应力理论公式与数值模拟结果对比如图 2-85 所示，η_M^N 与 $\eta_{t(p)}$ 之间关系与满应力理论公式推导吻合较为良好，从而为更好地预测定轴力受弯作用下节点的塑性屈服弯矩提供了理论依据。

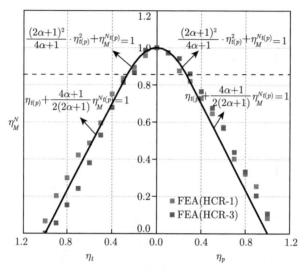

图 2-85　定轴力受弯作用下的强度相关曲线

第 3 章　新型铝合金结构节点研发及其静力性能

3.1　引　　言

铝合金材料制成的承重构件在土木工程领域主要被应用于桥梁结构、防腐要求高的结构及屋盖结构等，其中单层网壳结构是应用最为普遍的铝合金屋盖结构。在 20 世纪 50 年代早期，首批铝合金空间结构在欧洲出现，随着冶炼技术的日益成熟，铝合金的性能得到不断改进，如今由于多种铝合金材料具有其他金属难以替代的优异性能，铝合金在建筑结构中的应用范围持续扩展，目前全世界已有超过万余座铝合金结构建筑正在投入使用。

铝合金受到其可焊接性较差的限制，普遍采用机械连接的节点，在铝合金单层网壳结构中应用最多的 Temcor 板式节点。如图 3-1 所示，Temcor 板式节点形式为若干工字形截面杆件交汇于同一个中心，两块圆形盖板通过螺栓分别与上下翼缘固定。Temcor 板式节点构造简洁、荷载传递方式明确，绝大多数国内建成的铝合金单层网壳结构均采用该节点体系。

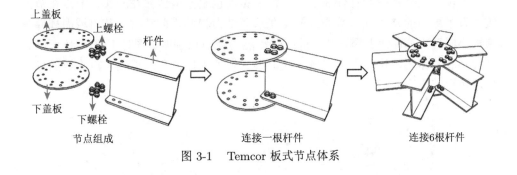

上盖板　上螺栓　杆件

下盖板　下螺栓

节点组成　　　　　连接一根杆件　　　　　连接6根杆件

图 3-1　Temcor 板式节点体系

3.2　新型铝合金结构节点研发

Temcor 板式节点在节点板范围内杆件腹板不连续导致节点抗剪性能较弱，为此，本节研发了铝合金柱板式节点 (AHP 节点)、铝合金贯通式节点 (AAP 节点) 及 BOM 螺栓铝合金节点。

3.2.1 铝合金柱板式节点

针对板式节点抗剪性能差的缺点，本节在板式节点的基础上进行改进，研发出了铝合金柱板式节点。柱板式节点是在板式节点杆件交汇中心增加一个空心六棱柱，并在杆件前端焊接前端板，中间空心六棱柱与杆件通过前端板螺栓连接，再通过上下螺栓连接上下盖板和杆件上下翼缘，如图 3-2 所示。柱板式节点前端板螺栓可以增大节点域的抗剪性能。

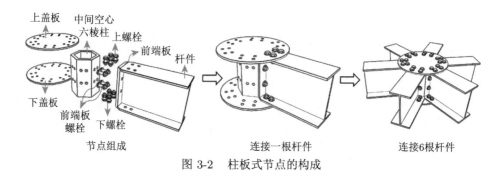

图 3-2   柱板式节点的构成

3.2.2 铝合金贯通式节点

新型的铝合金贯通式节点如图 3-3 所示，其在板式节点的基础上，将其中一对对角杆件在节点中心区域贯通，同时增加 U 型件的设计，这样使得节点域内的连接不仅只依靠盖板和杆件翼缘的连接，腹板也紧密地连接在一起，节点在节点域内有了更高的整体性，贯通式节点在承受轴力和弯矩荷载时，节点域内杆件与盖板协同受力，有助于提升节点的抗转动能力及节点刚度。同时 U 型件还可以起到加劲肋的作用，这使得节点域的腹板得到有效支撑，可以提高节点腹板的稳定性，防止节点腹板发生大面积的屈曲。

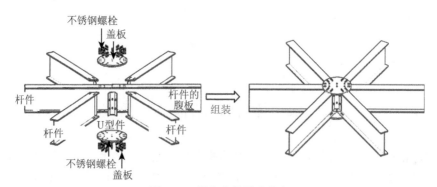

图 3-3   铝合金贯通式节点

3.2.3 BOM 螺栓铝合金节点

新型 BOM(Blind Oversize Mechanically) 螺栓铝合金节点由矩形截面杆件、圆形盖板 (上盖板和下盖板) 和 BOM 螺栓构成, 杆件和盖板为铝合金材料, 螺栓采用碳钢材料, 其安装前后的构造形式如图 3-4 所示。在新型节点中需要使用 BOM 单边螺栓的原因是, 矩形截面杆件是四周闭合的, 不在杆件上开孔则无法进入到杆件内部拧紧螺栓。如果在杆件上预留操作空间充足的安装孔, 就会破坏闭口截面形式, 杆件强度和稳定性会明显降低, 失去了使用闭口截面杆件的意义。由此, 可以实现单侧安装、单侧拧紧的 BOM 单边螺栓顺势出现, 实现在不破坏闭口截面形式的前提下完成螺栓的安装。如图 3-4 所示, BOM 单边螺栓由螺栓杆和套筒两部分构成。新型节点在保留传统 Temcor 板式节点构造简单、传力路径明确的优点的同时, 扩大了杆件截面形式的选择范围, 使板式节点更加适合在大跨度铝合金单层网壳结构中使用。

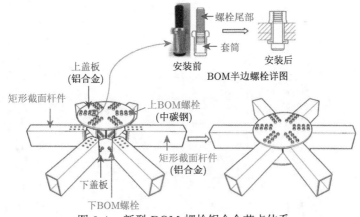

图 3-4 新型 BOM 螺栓铝合金节点体系

3.3 铝合金柱板式节点静力性能

为了更好地说明柱板式节点的受力性能较传统板式节点的提升, 本节对两种节点平面外抗弯性能进行了一系列的试验及数值模拟研究, 得到了两种节点在平面外纯弯荷载、压弯荷载和拉弯荷载下的完整转角–弯矩曲线, 并拟合出了柱板式节点在平面外弯矩荷载下的转角–弯矩曲线预测公式, 为将柱板式节点应用到实际工程中提供了理论支持。

3.3.1 节点抗弯性能试验

(1) 试件设计

柱板式节点在平面外弯矩作用下的抗转动静力性能试验试件尺寸如图 3-5 所示。为与板式节点受力性能进行对比研究, 同时开展了相同尺寸的板式节点试验,板式节点试件尺寸如图 3-6 所示。在柱板式节点中，上下盖板、杆件、前端板均采用高强铝合金 6061-T6；中间空心六棱柱、前端板螺栓、上下螺栓均采用不锈钢 A4-70。板式节点相同构件处所用材料与柱板式节点所用材料相同，如图 3-7 所示。

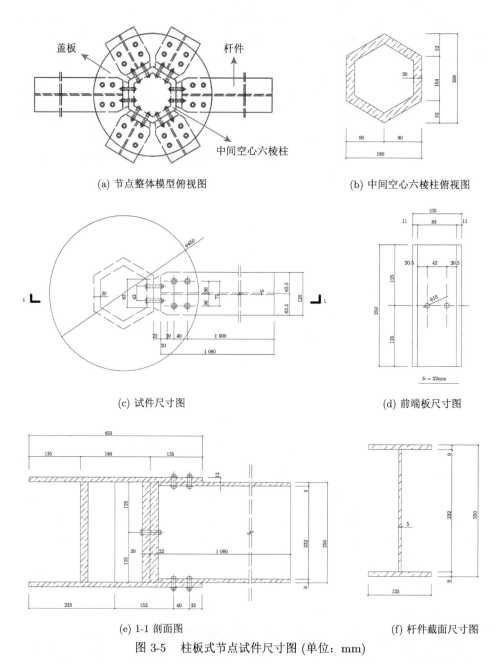

(a) 节点整体模型俯视图

(b) 中间空心六棱柱俯视图

(c) 试件尺寸图

(d) 前端板尺寸图

(e) 1-1 剖面图

(f) 杆件截面尺寸图

图 3-5　柱板式节点试件尺寸图 (单位：mm)

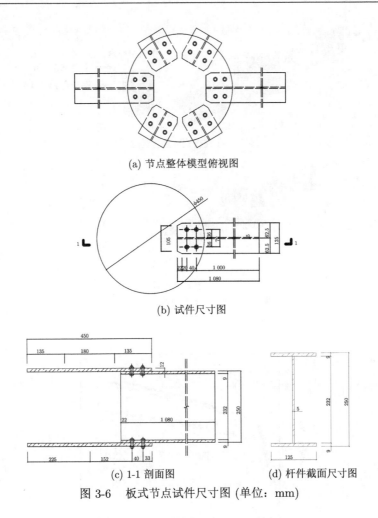

(a) 节点整体模型俯视图

(b) 试件尺寸图

(c) 1-1 剖面图　　　　　　(d) 杆件截面尺寸图

图 3-6　板式节点试件尺寸图 (单位：mm)

(2) 试验结果

柱板式节点与板式节点试件分两组，每组 2 根，共 4 根试件。由于安装误差，试验过程中试件节点域两侧受力不平衡，出现节点域两侧变形程度有所差别的情况，此情况下节点域处所受荷载并不是理想情况下的纯弯荷载，而是弯剪荷载。经过误差计算可知试验过程中节点域内所受剪力较小 (小于 0.5kN)，对试验数据及结果的影响可以忽略不计。

柱板式节点 2 根试件的试件编号按试验加载顺序分别命名为 ZX-1 与 ZX-2，板式节点 2 根试件的试件编号按试验加载顺序分别命名为 BX-1 与 BX-2。经过对试验数据的处理分析，得到节点转角–弯矩曲线如图 3-8 所示。两种节点破坏模式如图 3-9 和图 3-10 所示。

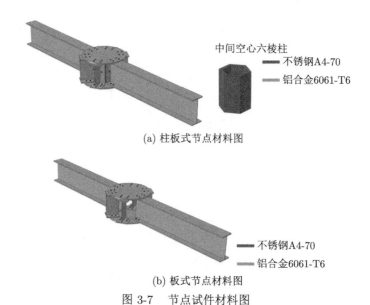

(a) 柱板式节点材料图

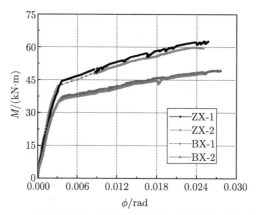

(b) 板式节点材料图

图 3-7   节点试件材料图

图 3-8   柱板式节点平面外抗弯性能试验转角–弯矩曲线

(a) 柱板式节点破坏前后整体对比

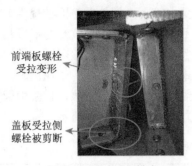

前端板螺栓
受拉变形

盖板受拉侧
螺栓被剪断

(b) 柱板式节点破坏模式   (c) 柱板式节点盖板螺栓剪断图

图 3-9   柱板式节点破坏模式示意图

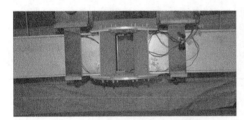

(a) 板式节点破坏前后整体对比

盖板受拉侧
螺栓被剪断

(b) 板式节点破坏模式   (c) 板式节点盖板螺栓剪断图

图 3-10   板式节点破坏模式示意图

对转角–弯矩曲线进行进一步分析,得到柱板式节点与板式节点受力性能各主要参数如表 3-1 所示。柱板式节点与板式节点相比,在平面外纯弯受力状态下,弹塑性区间相近,节点初始转动刚度提高了 49.44%、塑性屈服弯矩提高了 14.72%,有明显提升,受力性能显著优于板式节点。

柱板式节点的破坏模式为:前端板螺栓受拉严重变形,盖板受拉侧螺栓被剪断。板式节点的破坏模式如图 3-10 所示,破坏模式为:盖板螺栓被剪断。

对节点的传力路径进行分析可知,柱板式节点承受平面外弯矩作用时,杆件受压区荷载由前端板传递至中间空心六棱柱,由中间空心六棱柱承担大部分荷载,杆件翼缘与盖板相对滑移量较小，盖板螺栓受力较小，杆件受拉区荷载由前端板螺栓与盖板螺栓共同承担，中间空心六棱柱不承担荷载，杆件翼缘与盖板相对滑移量较大，使得螺栓受力与变形均较大，导致盖板螺栓受剪屈服断裂，前端板螺栓严重变形，传力简图如图 3-11a 所示；板式节点承受平面外弯矩作用时，杆件受压区与受拉区荷载均由盖板螺栓承担，导致盖板螺栓全部屈服，试验中因安装误差的影响，盖板受拉区螺栓先被剪断，传力简图如图 3-11b 所示。

表 3-1　平面外抗转动静力性能试验各试件主要参数

试件编号	刚度/(kN·m/rad)		弯矩/(kN·m)		弹塑性区间 KR/ (kN·m)
	$S_{j,\text{ini}}$	$S_{j,p-1}$	M_{inf}	M_{sup}	
ZX-1	22 184	2 218	16.16	47.09	30.93
ZX-2	21 901	2 190	16.30	46.26	29.96
AVG	22 043	2 204	16.23	46.68	30.45
BX-1	14 852	1 485	11.83	40.76	28.93
BX-2	14 647	1 465	12.47	40.62	28.15
AVG	14 750	1 475	12.15	40.69	28.54

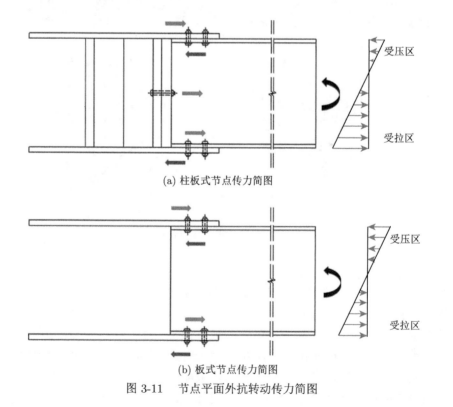

(a) 柱板式节点传力简图

(b) 板式节点传力简图

图 3-11　节点平面外抗转动传力简图

3.3.2 节点数值模型

(1) 节点数值模型参数

柱板式节点模型的实体单元选用 ABAQUS 中的减缩积分单元 C3D8R 单元。为得到更加精确的计算结果,在柱板式节点模型中,在盖板螺栓、前端板螺栓、上下盖板螺栓孔处、杆件上下翼缘螺栓孔处、前端板螺栓孔处、中间空心六棱柱螺栓孔处、中间空心六棱柱与前端板接触表面等应力集中的地方,网格划分较为精细;在板式节点中,在盖板螺栓、上下盖板螺栓孔处、杆件上下翼缘螺栓孔处等应力集中的地方,网格划分较为精细;柱板式节点与板式节点模型的其他部分,为提高计算效率,网格划分尺寸较大,如图 3-12 所示。

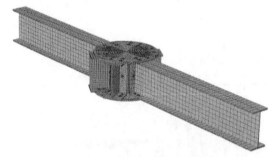

图 3-12　数值模型网格划分图

接触类型如图 3-13 所示。在柱板式节点模型中共设置有 320 个接触对,其中螺帽与螺栓杆之间共 60 个接触对,采用绑定接触,其余 260 个接触对均采用面与面接触。由于模型接触对数量较大,为使计算易于收敛,在正式施加荷载之前先施加一较小荷载,使得接触关系得以平稳建立,后续计算过程易于收敛。本节中柱板式节点模型与板式节点模型接触面主从面设置见表 3-2。

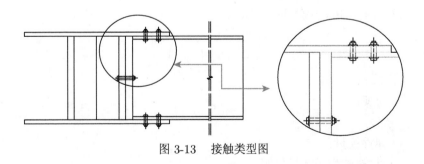

图 3-13　接触类型图

在两个杆件端部施加平移约束和平面外转动约束,将模型模拟为两端铰支状态。于距离两根杆件端部 1m 处分别设置两处加载面,并在两处加载面处设置刚

体作为加载体 (为方便与试验结果对比分析，尺寸与本章试验的传力装置尺寸相同)，通过在两个刚体上施加相同大小的剪力荷载，可将模型节点域内模拟为平面外纯弯受力状态，受力简图如图 3-14 所示。

表 3-2　节点接触设置

编号	接触类型	主面	从面
1	面与面接触	盖板	杆件翼缘
2	面与面接触	盖板	螺栓杆
3	面与面接触	盖板	螺帽
4	面与面接触	杆件翼缘	螺栓杆
5	面与面接触	杆件翼缘	螺帽
6	面与面接触	中间空心六棱柱	前端板
7	面与面接触	盖板	中间空心六棱柱
8	面与面接触	中间空心六棱柱	螺栓杆
9	面与面接触	前端板	螺栓杆
10	面与面接触	前端板	螺帽
11	面与面接触	中间空心六棱柱	螺帽
12	绑定接触	螺栓杆	螺帽

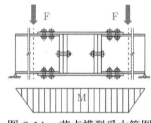

图 3-14　节点模型受力简图

(2) 材料本构模型

R-O 模型的形式简洁且便于计算，所以本节采用该模型描述 6061-T6 铝合金的应力应变关系，R-O 模型的具体形式为

$$\varepsilon = \frac{\sigma}{E} + \varepsilon_0 \left(\frac{\sigma}{f_{\varepsilon_0}} \right)^{n_d} \tag{3-1}$$

式中　ε——应变；

　　　σ——应力；

　　　E——弹性模量；

　　　f_{ε_0}——材料的惯用弹性极限；

　　　ε_0——f_{ε_0} 对应的塑性应变；

　　　n_d——材料的应变强化指数。

如果 f_{ε_0} 分别取塑性应变为 0.1% 和 0.2% 时对应的应力值 $f_{0.1}$ 和 $f_{0.2}$，则式 (3-1) 的形式变为

$$\varepsilon = \frac{\sigma}{E} + 0.001 \left(\frac{\sigma}{f_{0.1}}\right)^{n_d} \tag{3-2}$$

$$\varepsilon = \frac{\sigma}{E} + 0.002 \left(\frac{\sigma}{f_{0.2}}\right)^{n_d} \tag{3-3}$$

由式 (3-2) 和式 (3-3) 可以推导出铝合金为应变强化指数 n_d 的计算公式：

$$n_d = \frac{\ln 2}{\ln (f_{0.2}/f_{0.1})} \tag{3-4}$$

然而规范通常不会给出 $f_{0.1}$ 的数值，若每次进行试验均获得残余应力为塑性应变 0.1% 对应的应力，求得本构关系的难度和成本会明显提高。学者基于大量铝合金材性试验数据提出了一种简化公式来处理这一问题，应变强化指数 n_d 简化公式的形式为

$$n_d = 0.1 f_{0.2} \tag{3-5}$$

该公式所需参数均为规范提供的常用参数，公式形式简洁易懂，且模拟铝合金材料本构关系的准确性满足工程使用要求，在铝合金结构设计中得到普遍应用。本节后续有限元分析中的铝合金材性模型同样基于式 (3-3) 和式 (3-5) 及材性试验数据。

在本数值模型中，不锈钢 A4-70 的本构模型采用 $f_{0.2}$=450MPa 的理想弹塑性模型，弹性模量 E=200000MPa，泊松比 ν=0.3，密度 ρ=7800kg/m^3。

(3) 数值模型验证

由数值分析得到的柱板式节点与板式节点转角–弯矩曲线如图 3-15 所示，进一步对转角–弯矩曲线进行分析，得出各主要参数如表 3-3 所示。与试验结果对比可知，数值模拟结果与试验结果较为接近，误差较小，可以认为结果拟合较好，本数值模型准确有效。

为验证节点的破坏模式，对节点破坏时的应力云图进行分析。柱板式节点盖板受拉侧螺栓受剪屈服，前端板螺栓受拉屈服，同时盖板及杆件螺栓孔附近应力集中处出现部分截面屈服现象，前端板与中间空心六棱柱受压区应力较大，如图 3-16 所示；板式节点盖板受拉侧螺栓与受压侧螺栓全部受剪屈服，螺栓孔附近应力集中处出现部分截面屈服现象。故柱板式节点破坏模式为：前端板螺栓受拉屈服，盖板受拉侧螺栓受剪屈服。板式节点破坏模式为：盖板螺栓受剪屈服。数值模拟所得结论与试验结论相同，进一步验证了柱板式节点与板式节点在平面外纯弯受力状态下的破坏模式，如图 3-17 所示。

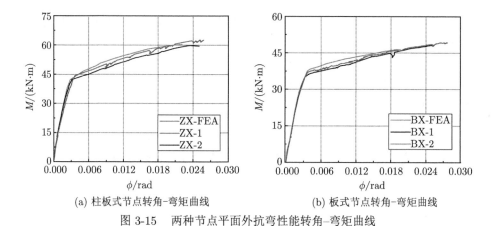

(a) 柱板式节点转角-弯矩曲线　　　　　　　　(b) 板式节点转角-弯矩曲线

图 3-15　两种节点平面外抗弯性能转角-弯矩曲线

表 3-3　试验试件与数值模型平面外抗弯性能主要参数

节点类型		刚度/(kN·m/rad)		弯矩/(kN·m)		弹塑性区间 KR/(kN·m)	屈服弯矩误差
		$S_{j,ini}$	$S_{j,p-1}$	M_{inf}	M_{sup}		
柱板式节点	Test(平均)	22 043	2 204	16.23	46.68	30.45	5.18%
	FEA	22 036	2 204	16.63	49.10	32.47	
板式节点	Test(平均)	14 750	1 475	12.15	40.69	28.54	5.58%
	FEA	15 720	1 572	11.08	42.96	31.88	

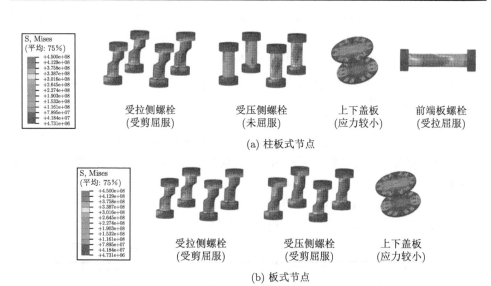

图 3-16　两种节点平面外纯弯作用下破坏应力云图

　　综上所述，结合试验与数值模拟结果可得如下结论：节点在平面外纯弯受力状态下，柱板式节点破坏模式为前端板螺栓受拉屈服并严重变形，盖板受拉侧螺栓被剪断，板式节点破坏模式为盖板螺栓被剪断；柱板式节点初始转动刚度较板式节点增大 44.66%，塑性屈服弯矩较板式节点增大 14.50%，弹塑性区间与板式节点相差不大，柱板式节点受力性能优于板式节点。

前端板螺栓受拉屈服对比   受拉侧螺栓剪切破坏对比

(a) 柱板式节点

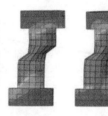

盖板螺栓受剪屈服   受拉侧螺栓剪切破坏对比

(b) 板式节点

图 3-17 节点试验与数值模拟破坏模式对比图

3.3.3 不同工况下节点抗弯性能

(1) 轴心力作用下节点受力性能

(a) 轴心压力作用

柱板式节点和板式节点在受到轴心压力作用下的位移–力曲线如图 3-18a 所示。

图 3-18a 所示为两种节点的位移–力曲线，提取两种节点在曲线最后一点的螺栓应力图和杆件应力图，如图 3-18b 和图 3-18c 所示。通过对比发现，板式节点螺栓全截面屈服，破坏模式为螺栓破坏；柱板式节点连接处螺栓应力和连接处杆端区域，应力都很小，说明此时上下盖板与翼缘之间没有滑移，但由于杆件末端受力较大，在加载面附近应力集中，杆件先于节点破坏。柱板式节点中，轴力首先通过中间空心六棱柱与杆件前端板的接触面传递，而中间空心六棱柱及前端板厚度较大，所以柱板式节点在轴心压力作用下的塑性屈服弯矩很大。如果杆件不加强，那么杆件的末端的全截面屈服就会先于节点部分。为了更准确地得到节点连接的塑性屈服弯矩，对柱板式节点阴影部分的杆件材料属性进行加强，如图 3-18d 所示，其他条件均不变，得到如图 3-18a 中加强杆件的位移–力曲线。提取

节点杆件节点域部分和上部螺栓应力云图,如图 3-18e 所示,发现节点连接处杆端区域全截面屈服,螺栓表面进入屈服,破坏模式为杆件在节点域处全截面屈服。

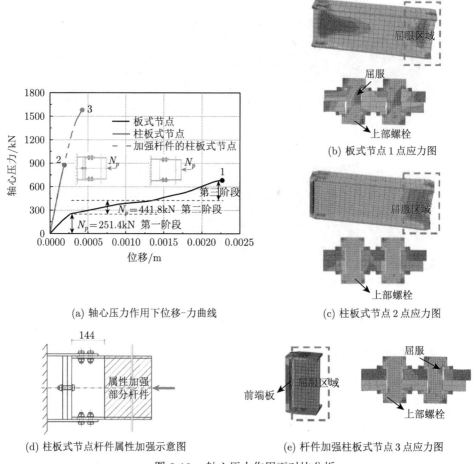

(a) 轴心压力作用下位移-力曲线

(b) 板式节点 1 点应力图

(c) 柱板式节点 2 点应力图

(d) 柱板式节点杆件属性加强示意图

(e) 杆件加强柱板式节点 3 点应力图

图 3-18　轴心压力作用下对比分析

经过以上分析,得到柱板式节点在轴心压力作用下塑性屈服弯矩为 1 578.4kN,破坏模式是杆件在节点域处全截面屈服,板式节点塑性屈服弯矩为 681.8kN,破坏模式为螺栓剪切破坏。由于盖板与杆件翼缘之间的滑移,从图 3-18a 可以看出,板式节点的最终位移是柱板式节点的 5 倍左右。柱板式节点在轴心压力作用下受力性能远优于板式节点。在之后的研究中,柱板式节点承受压力作用时均进行杆件材料属性局部加强。

(b) 轴心拉力作用

柱板式节点和板式节点在受到轴心拉力作用下的位移–力曲线如图 3-19a 所

示。柱板式节点和板式节点在轴心拉力作用下的位移–力曲线相近。螺栓预紧力为上下盖板和杆件上下翼缘之间提供摩擦力，节点传力机理与摩擦力有很大关系。基于柱板式节点和板式节点传力机理和位移–力曲线的特点，将节点在轴心拉力作用下得到的位移–力曲线分为 3 个阶段。

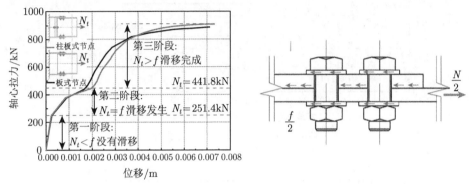

(a) 轴心拉力作用下位移-力曲线   (b) 螺栓传力机理示意图

图 3-19　轴心拉力作用下对比分析

第一阶段：弹性阶段，当 $N_{t(p)}<251.4$kN 时，轴心拉力小于上下盖板与杆件上下翼缘之间的摩擦力 f，盖板与翼缘之间没有滑移。

第二阶段：滑移阶段，当 251.4kN$<N_{t(p)}<441.8$kN 时，轴心拉力克服盖板与上下翼缘之间的摩擦力，盖板与翼缘之间发生滑移。当轴心拉力达到 441.8kN 时，滑移达到最大。

第三阶段：弹塑性阶段，当 $N_{t(p)}>441.8$kN 时，上下盖板与杆件上下翼缘之间的滑移结束，轴心拉力通过螺栓杆与孔壁传递。

(2) 恒定轴心力下承受弯矩作用的节点受力性能

前文将柱板式节点和板式节点在承受轴心拉力时的位移–力曲线分为了 3 个阶段，本节在施加恒定轴心力时，分别取位于 3 个阶段中的 3 个恒定轴心力，如图 3-20 所示。$N_{t1(p1)}=126$kN 位于第一阶段中，没有滑移；$N_{t2(p2)}=315$kN 位于第二阶段中，正在滑移；$N_{t3(p3)}=504$kN 位于第三阶段中，滑移结束。本节分两个荷载步施加荷载，第一个荷载步施加恒定轴心力，第二个荷载步施加弯矩。

(a) 恒定轴压力下承受弯矩

柱板式节点和板式节点在不同恒定轴压力下承受弯矩作用的转角–弯矩曲线如图 3-21 所示，转角–弯矩曲线的主要参数如表 3-4 所示。

在图 3-21 中，虚线曲线代表柱板式节点，实线曲线代表板式节点，相同颜色曲线代表相同受力状态 (之后的转角–弯矩曲线图中的表示方法与此相同)。分别对比相同受力状态的曲线发现，不同恒定轴压力下，柱板式节点的抗弯性能远远优于板式节点。

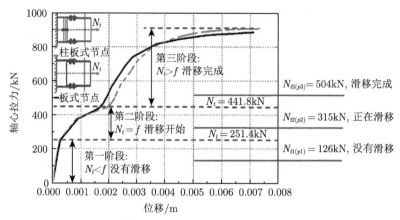

图 3-20　恒定轴心力大小和所处阶段

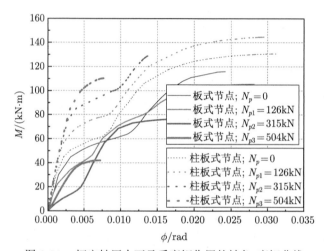

图 3-21　恒定轴压力下承受弯矩作用的转角–弯矩曲线

表 3-4　恒定轴压力下承受弯矩作用的转角–弯矩曲线的主要参数

轴压力		刚度/(kN·m/10^3rad)		弯矩/(kN·m)		转角/10^{-3}rad	
		$S_{j,ini}$	$S_{j,p-1}$	M_{inf}	M_{sup}	ϕ_{inf}	ϕ_{sup}
板式节点	$N_p=0$	20.71	2.07	29.93	115.56	1.4	23.1
	$N_{p1}=126$kN	19.67	1.97	14.96	103.94	0.8	23.1
	$N_{p2}=315$kN	6.34	0.63	1.97	75.53	0.3	15.0
	$N_{p3}=504$kN	10.28	1.03	22.44	41.61	2.2	6.1
柱板式节点	$N_p=0$	27.26	2.73	29.93	121.87	1.1	18.4
	$N_{p1}=126$kN	32.64	3.26	14.96	133.98	0.5	18.4
	$N_{p2}=315$kN	33.54	3.35	33.67	128.73	1.0	13.6
	$N_{p3}=504$kN	33.10	3.31	22.44	108.84	0.7	6.7

板式节点在压弯作用下的转角–弯矩曲线如图 3-22 所示。对于板式节点来说，它的初始转动刚度、初始屈服弯矩和塑性屈服弯矩随着轴压力的增大而减小。研究发现，初始转动刚度和初始屈服弯矩的变化规律与图 3-19a 中轴心力所处的阶段是相关的。在板式节点中，轴心压力通过上下盖板与杆件上下翼缘之间的摩擦力传递。当轴心压力 $N_{p1}=126\text{kN}<251.4\text{kN}$ 时，位移–力曲线位于图 3-19a 中第一阶段，没有滑移，轴心压力小于上下盖板与杆件翼缘之间的摩擦力 f，此时，得到的转角–弯矩曲线的初始转动刚度与纯弯作用下的初始转动刚度相同。当轴心压力 $251.4\text{kN}<N_{p2}=315\text{kN}<441.8\text{kN}$ 时，位移–力曲线位于图 3-19a 中的第二阶段，正在滑移，得到的转角–弯矩曲线的初始转动刚度很小，与纯弯作用下的滑移刚度相同，相应的初始屈服弯矩也较小。当轴心压力 $N_{p3}=504\text{kN}>441.8\text{kN}$ 时，位移–力曲线位于图 3-19a 中的第三阶段，滑移结束，节点初始转动刚度增大。

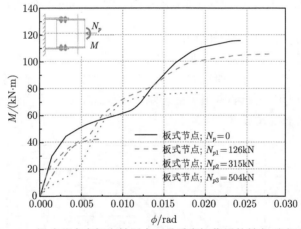

图 3-22   板式节点在恒定轴压力下承受弯矩作用的转角-弯矩曲线

对于柱板式节点而言，为了防止杆件在节点破坏前先破坏，对部分杆件进行了材料属性的加强，加强区域如图 3-18d 所示。柱板式节点在恒定轴压力下承受弯矩作用的转角–弯矩曲线如图 3-23 所示，与板式节点不同的地方在于，柱板式节点的初始转动刚度和初始屈服弯矩随着恒定轴心压力的增大而增大。在柱板式节点中，轴心压力是通过前端板与中间空心六棱柱之间的接触面传递的，因此，不管轴心压力多大，上下盖板与杆件翼缘之间都是没有相对滑动的。柱板式节点的极限弯矩，在 $N_{p1}=126\text{kN}$ 和 $N_{p2}=315\text{kN}$ 时是增大的，但当轴心力增加到 504kN 时，极限弯矩减小。合适的轴心压力可以延迟盖板与杆件翼缘之间在受拉一端的滑移，并且增大节点的初始转动刚度、初始屈服弯矩和塑性屈服弯矩。然而，当节点承受较大的轴心压力和弯矩时，节点连接处的前端板和杆件末端容易屈服，塑性屈服弯矩会减小。

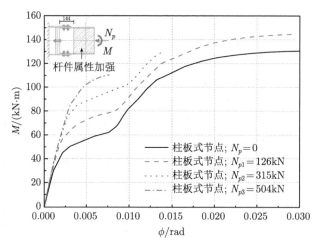

图 3-23   柱板式节点在恒定轴压力下承受弯矩作用的转角–弯矩曲线

(b) 恒定轴拉力下承受弯矩作用

柱板式节点和板式节点在不同恒定轴拉力下承受弯矩作用的转角–弯矩曲线如图 3-24 所示,转角–弯矩曲线的主要参数如表 3-5 所示。轴心拉力对柱板式节点和板式节点的力学性能都有很大的影响。柱板式节点在不同恒定轴心拉力作用下的力学性能优于板式节点。

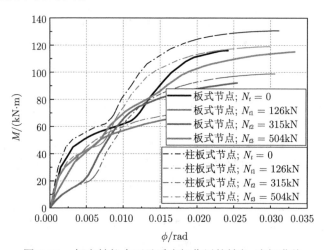

图 3-24   恒定轴拉力下承受弯矩作用的转角–弯矩曲线

对于柱板式节点和板式节点来说,初始转动刚度、初始屈服弯矩和塑性屈服弯矩随着轴心力的增大而减小。柱板式节点和板式节点在轴心力下承受弯矩作用的传力机理是相同的。柱板式节点的初始转动刚度、初始屈服弯矩和塑性屈服弯矩在恒定轴心压力下承受弯矩作用的变化规律与板式节点的变化规律基本相同。

表 3-5 恒定轴拉力下承受弯矩作用的转角–弯矩曲线的主要参数

轴拉力		刚度/(kN·m/10^3rad)		弯矩/(kN·m)		转角/(10^{-3}rad)	
		$S_{\mathrm{j,ini}}$	$S_{\mathrm{j,p-1}}$	M_{inf}	M_{sup}	ϕ_{inf}	ϕ_{sup}
板式节点	$N_t=0$	20.71	2.07	29.93	115.56	1.4	23.15
	$N_{t1}=126$kN	20.75	2.08	16.83	104.41	0.8	20.8
	$N_{t2}=315$kN	6.76	0.68	4.43	89.98	0.7	22.4
	$N_{t3}=504$kN	12.08	1.21	6.65	64.97	0.6	15.5
柱板式节点	$N_t=0$	27.26	2.73	29.93	121.87	1.1	18.4
	$N_{t1}=126$kN	24.38	2.44	14.96	111.267	0.6	18.7
	$N_{t2}=315$kN	8.72	0.87	2.96	95.93	0.3	23.2
	$N_{t3}=504$kN	14.01	1.40	6.65	65.30	0.5	12.9

(3) 偏心力作用下节点受力性能

(a) 偏心压力作用

本节中计算了偏心距为 70mm 和 135mm 两种情况下节点的受力性能, 偏心距示意图如图 3-25 所示。柱板式节点和板式节点在偏心压力作用下的转角–弯矩曲线如图 3-26 所示, 转角–弯矩曲线的主要参数如表 3-6 所示。随着偏心压力的增大, 节点承受的轴力和弯矩随加载缓慢增大。

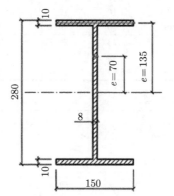

图 3-25 偏心距示意图 (单位: mm)

从图 3-26 中可以看出, 柱板式节点在偏心压力作用下的力学性能远远优于板式节点的力学性能。板式节点的初始转动刚度随偏心距的改变而变化很小, 但是初始屈服弯矩和塑性屈服弯矩随着偏心距的增加而明显减小。与板式节点不同, 柱板式节点在偏心压力作用下的初始转动刚度比纯弯下的初始转动刚度提高了 26%, 但是初始屈服弯矩和塑性屈服弯矩随着偏心距的增加而明显增大。

(b) 偏心拉力作用

柱板式节点和板式节点在偏心拉力作用下的转角–弯矩曲线如图 3-27 所示, 转角–弯矩曲线的主要参数如表 3-7 所示。

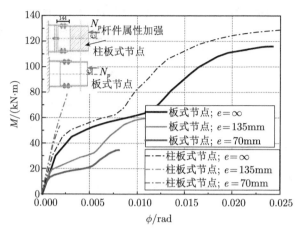

图 3-26　偏心压力作用下的转角-弯矩曲线

表 3-6　偏心压力作用下的转角-弯矩曲线的主要参数

算例		刚度/(kN·m/10^3rad)		弯矩/(kN·m)		转角/(10^{-3}rad)	
		$S_{j,ini}$	$S_{j,p-1}$	M_{inf}	M_{sup}	ϕ_{inf}	ϕ_{sup}
板式节点	$e=\infty$	20.71	2.07	29.93	115.56	1.4	23.15
	$e=135$mm	21.57	2.16	12.73	59.09	0.6	10.5
	$e=70$mm	21.98	2.20	5.86	34.41	0.3	7.9
柱板式节点	$e=\infty$	27.26	2.73	29.93	121.8	1.1	18.4
	$e=135$mm	34.32	3.43	46.03	78.95	1.3	2.7
	$e=70$mm	34.56	3.46	29.64	53.37	0.9	1.9

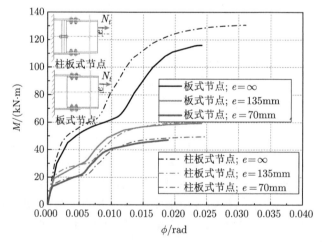

图 3-27　偏心拉力作用下的转角-弯矩曲线

从图中可以看出,柱板式节点和板式节点在偏心拉力作用下的转角-弯矩曲线相当接近。板式节点的初始转动刚度随着不同的偏心距改变很小,但是柱板式节点在偏心拉力作用下的初始转动刚度比在纯弯作用下的初始转动刚度下降了 11%。不管是柱板式节点还是板式节点,初始屈服弯矩和塑性屈服弯矩都随着偏心距的增大而明显地减小。

表 3-7　偏心拉力作用下的转角–弯矩曲线的主要参数

算例		刚度/(kN·m/10^3rad)		弯矩/(kN·m)		转角/(10^{-3}rad)	
		$S_{j,ini}$	$S_{j,p-1}$	M_{inf}	M_{sup}	ϕ_{inf}	ϕ_{sup}
板式节点	$e=\infty$	20.71	2.07	29.93	115.56	1.4	23.15
	$e=135mm$	20.66	2.07	12.73	56.39	0.6	14.5
	$e=70mm$	20.69	2.07	8.80	50.59	0.4	10.0
柱板式节点	$e=\infty$	27.26	2.73	29.93	121.8	1.1	18.4
	$e=135mm$	24.41	2.44	12.73	54.68	0.5	13.0
	$e=70mm$	24.91	2.49	6.61	41.88	0.3	11.1

3.3.4　节点理论模型

本节对柱板式节点平面外抗弯性能进行了理论分析,采用三折线模型给出了柱板式节点平面外受弯的转角–弯矩曲线预测公式,并与试验结果和数值模拟结果进行了拟合,验证了预测公式的准确性与有效性,为工程设计应用提供了理论依据。

(1) 初始转动刚度计算

节点在平面外弯矩作用下的变形可以分解为 3 个分量,即盖板中心区域的变形、盖板与杆件之间相对滑动的变形及杆件自身的变形,如图 3-28 所示。

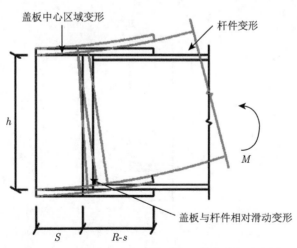

图 3-28　柱板式节点平面外受弯下节点域变形分析

其中 M —— 杆端弯矩;

　　　h —— 杆件截面高度;

s —— 杆件端部至盖板中心距离节点截面高度；

R —— 盖板半径；

故节点初始转动刚度可表示为

$$S_{\mathrm{j,ini}} = \cfrac{1}{\cfrac{1}{K_1} + \cfrac{1}{K_2} + \cfrac{1}{K_3}} \tag{3-6}$$

式中 K_1—— 盖板中心区域变形刚度；

　　K_2—— 盖板与杆件之间变形刚度；

　　K_3—— 杆件自身变形刚度。

(a) 盖板中心区域变形刚度 K_1 计算

对盖板中心区域进行分析可知，平面外纯弯作用下盖板中心区域受力为沿杆件方向的拉压力，如图 3-29 所示。故盖板单侧变形 δ_1 可通过式 (3-7) 计算。

$$\delta_1 = \frac{M}{E_{\mathrm{g}}sh\delta_{t_{\mathrm{m}}}} \tag{3-7}$$

$$K_1 = \frac{Mh}{2\delta_1} \tag{3-8}$$

式中 E_{g}—— 盖板的弹性模量；

　　$\delta_{t_{\mathrm{m}}}$—— 盖板厚度。

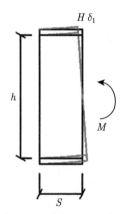

图 3-29　盖板变形示意图

结合式 (3-7)、式 (3-8) 可得 K_1 计算公式 (3-9)。

$$K_1 = \frac{E_{\mathrm{g}}sh^2\delta_{t_{\mathrm{m}}}}{2} \tag{3-9}$$

(b) 盖板与杆件之间变形刚度 K_2 计算

盖板与杆件之间的变形刚度由三部分组成,分别是盖板与杆件之间的摩擦刚度 K_{2f}、前端板螺栓的抗拉刚度 K_{2t}、盖板螺栓的抗剪刚度 K_{2v}。根据摩擦力的基本原理,摩擦面的切向刚度和接触面积及摩擦系数成正比,和盖板总厚度成反比,得到 K_{2f} 计算公式 (3-10) 如下

$$K_{2f} = \frac{\gamma_{2f}\mu_s A_f}{\delta_t} \tag{3-10}$$

式中 μ_s —— 摩擦系数,铝合金摩擦系数取 1.0;

δ_t —— 盖板与杆件翼缘总厚度;

A_f —— 接触面积,如图 3-30 所示;

γ_{2f} —— 摩擦刚度修正系数。

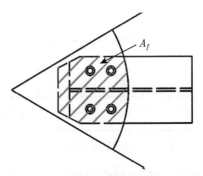

图 3-30　盖板与杆件接触面积示意图

前端板螺栓的抗拉刚度 K_{2t} 与盖板螺栓的抗剪刚度 K_{2v} 可由式 (3-11) 和式 (3-12) 得出,由于在弯矩较小时柱板式节点杆件受压区荷载由杆件前端板与中间空心六棱柱承担,盖板受压区螺栓几乎不承担荷载,故计算节点初始转动刚度时仅考虑盖板受拉区螺栓提供的抗剪刚度。

$$K_{2t} = \frac{2E_l A_{1t}}{l_x} \tag{3-11}$$

$$K_{2v} = \frac{2E_l A_{1v}}{1+\nu} \tag{3-12}$$

式中 E_l —— 螺栓的弹性模量;

A_{1t} —— 前端板单螺栓抗拉截面面积;

A_{1v} —— 盖板单螺栓抗剪截面面积;

l_x —— 前端板螺栓杆长度;

ν—— 泊松比，取 0.3。

结合式 (3-10)、式 (3-11)、式 (3-12) 可得 K_2 计算公式如下

$$K_2 = \cfrac{1}{\cfrac{\delta_t}{\gamma_{2f}\mu_s A_f} + \cfrac{l_x}{2E_l A_{lt}} + \cfrac{1+\nu}{2E_l A_{lv}}} \tag{3-13}$$

(c) 杆件自身变形刚度 K_3 计算

考虑到杆件前端板对杆件受弯变形时的约束，见图 3-31，可将杆件受力情况简化为一端固定的悬臂梁，则杆件自身变形刚度即为悬臂梁抗弯刚度，故有

$$K_3 = E_j I_j \tag{3-14}$$

式中 E_j—— 杆件的弹性模量；

　　　I_j—— 杆件截面惯性矩。

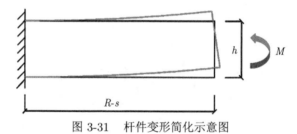

图 3-31　杆件变形简化示意图

结合式 (3-9)、式 (3-13)、式 (3-14) 可知节点初始转动刚度 $S_{j,ini}$ 的计算公式如下：

$$S_{j,ini} = \cfrac{1}{\cfrac{2}{E_g s h^2 \delta_{t_m}} + \cfrac{\delta_t}{\gamma_{2f}\mu_s A_f} + \cfrac{l_x}{2E_l A_{lt}} + \cfrac{1+\nu}{2E_l A_{lv}} + \cfrac{1}{E_j I_j}} \tag{3-15}$$

(2) 节点塑性屈服弯矩计算

根据前文的结论，柱板式节点平面外纯弯作用下的破坏模式为前端板螺栓受拉屈服与盖板受拉侧螺栓被剪断，故可通过式 (3-16)、式 (3-17) 计算节点塑性屈服弯矩。

$$Q_{sup} = \pi f_v^b d_0^2 + \frac{1}{4}\pi f_t^b d_0^2 \tag{3-16}$$

$$M_{sup} = Q_{sup} h = \pi f_v^b d_0^2 h + \frac{1}{4}\pi f_t^b d_0^2 h \tag{3-17}$$

式中 Q_{sup} —— 节点塑性屈服剪力；

　　　f_v^b —— 螺栓抗剪强度；

d_0—— 螺栓杆直径；

f_t^b—— 螺栓抗拉强度。

(3) 预测公式的确定与验证

通过对大量的数值模拟结果及试验数据进行分析，取刚度修正系数 γ_{2f} 为 0.87，取刚度衰减系数 η 为 1.15。采用完整的预测公式计算出柱板式节点平面外纯弯作用下的转角-弯矩曲线，并与试验及数值模拟结果进行对比如图 3-32 所示。可以看到三条转角-弯矩曲线吻合较好，预测公式准确有效，可为铝合金柱板式节点的工程应用提供理论依据，减小工程计算工作量并提高工作效率。

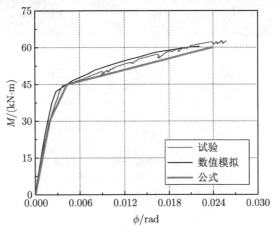

图 3-32　公式与试验及数值模拟转角-弯矩曲线对比图

3.4　铝合金贯通式节点静力性能

3.4.1　节点抗弯性能试验

(1) 试件设计

本实验使用 H 型铝合金构件 (250×125×5×9) 进行试验，上下盖板均采用 6061-T6 的铝合金材料，螺栓连接则使用工程中常用的铝合金板件环槽铆钉连接。铝合金盖板和杆件翼缘腹板的螺栓孔均使用数控床精加工而成，精度高。在每根非贯通杆件上下侧翼缘各设计 6 个螺栓孔，而贯通杆件则在每一侧上下翼缘均设计 6 个螺栓孔。为防止中间部位螺栓间距过大，在贯通杆中心处设计一组共两个螺栓孔，螺栓直径为 9.66mm，螺栓孔的直径设置为 10mm，以确保节点安装过程的顺利进行。同时在每根杆件的腹板均设计了两个螺栓孔，每个 U 型件与三根杆件通过腹板螺栓连接。本试验主要研究盖板对节点整体刚度和极限承载能力的影响，因此试验在保证杆件与节点连接方式一致的情况下，设计三种盖板——12mm 圆形盖板、6mm 圆形盖板和 12mm 蝴蝶形盖板。12mm 蝴蝶形盖板在原有 12mm

圆形盖板的基础上，减少低应力区域节点盖板用料。参数对比如下图 3-33 所示，试件规格的具体尺寸见表 3-8，试验将 6 个节点进行分别编号以方便后文的叙述，节点编号具体情况见表 3-9。试件包括圆形盖板节点和蝴蝶形盖板节点，其杆件尺寸基本一致而盖板节点尺寸并不完全相同，节点构件的具体尺寸如图 3-34 所示。

(a) $\delta_{t1} = 12$mm 圆形盖板　　　　　　　　　(b) $\delta_{t2} = 6$mm 圆形盖板

(c) $\delta_{t1} = 12$mm 蝴蝶形盖板

图 3-33　贯通式节点参数对比

表 3-8　试验构件的规格

名称	厚度/mm	规格	数量/个
圆形盖板 a	12	直径 450mm	4
圆形盖板 b	6	直径 450mm	4
蝴蝶形盖板	12	外接圆直径 450mm	4
贯通型工字梁	-	$250 \times 125 \times 5 \times 9$	6
非贯通型工字梁	-	$250 \times 125 \times 5 \times 9$	24
U 型件	5	$60 \times 66 \times 60$	12
盖板螺栓	-	虎克螺栓	456
腹板螺栓	-	虎克螺栓	60

表 3-9　试件的编号

试件名称	盖板形状	盖板厚度/mm	铝合金梁规格/mm	螺栓直径/mm
JD1	圆形	12	$250 \times 125 \times 5 \times 9$	9.66
JD2	圆形	12	$250 \times 125 \times 5 \times 9$	9.66
JD3	圆形	6	$250 \times 125 \times 5 \times 9$	9.66
JD4	圆形	6	$250 \times 125 \times 5 \times 9$	9.66
JD5	蝴蝶形	12	$250 \times 125 \times 5 \times 9$	9.66
JD6	蝴蝶形	12	$250 \times 125 \times 5 \times 9$	9.66

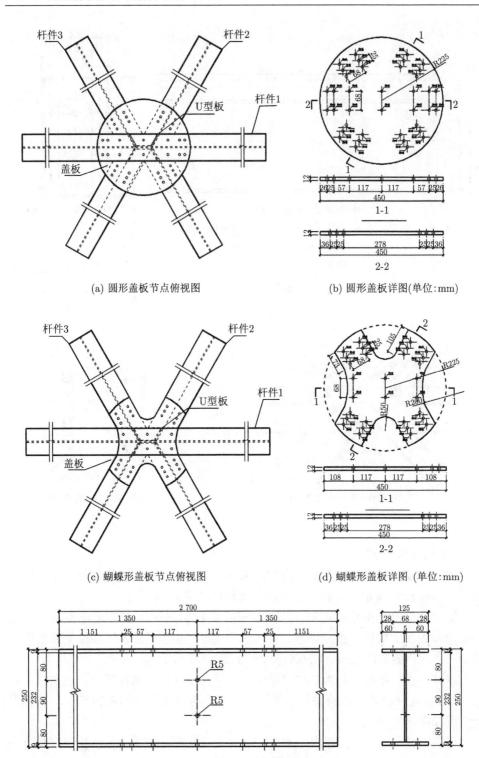

(a) 圆形盖板节点俯视图

(b) 圆形盖板详图(单位:mm)

(c) 蝴蝶形盖板节点俯视图

(d) 蝴蝶形盖板详图 (单位:mm)

(e) 贯通杆件详图(单位:mm)

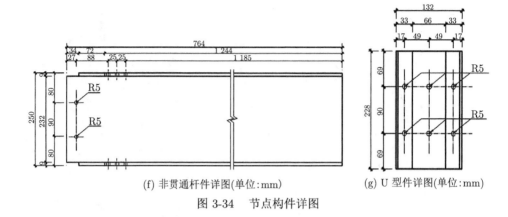

(f) 非贯通杆件详图(单位:mm)　　　　(g) U 型件详图(单位:mm)

图 3-34　节点构件详图

为测量节点域附近构件的应力变化,试验在节点上下盖板近最外侧螺栓孔位置、近节点杆件及 U 型件上等易屈服位置布置应变片。应变片布置如图 3-35 所示。

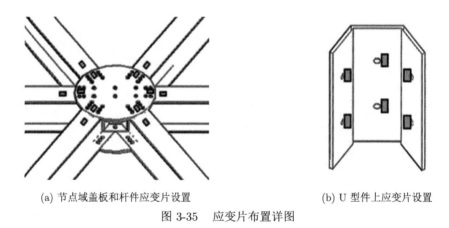

(a) 节点域盖板和杆件应变片设置　　　　(b) U 型件上应变片设置

图 3-35　应变片布置详图

(2) 构件材性试验

为更准确地了解和研究本批次节点试件的材料性能并为后期数值模拟的研究做准备,需要对 6061-T6 铝合金材料开展材性试验。

材性试验的试件分别从 6mm 和 12mm 盖板切割剩余材料和 H 型铝合金梁的翼缘和腹板上取样,根据国家标准 GB/T228.1-2010《金属材料拉伸试验第 1 部分:室温试验方法》,具体的试件尺寸如图 3-36 所示。

本试验在哈尔滨工业大学材料学院开展。利用夹具将试件两端固定加持,以 2mm/min 速度拉伸,试验采用引伸计测得位移并利用传感器获得荷载,试验现场情况如图 3-37 所示。

材性试验得到了不同厚度下 6061-T6 铝合金材料屈服强度、抗拉强度和弹性模量平均值等相关指标见表 3-10, 材性曲线如图 3-38 所示。

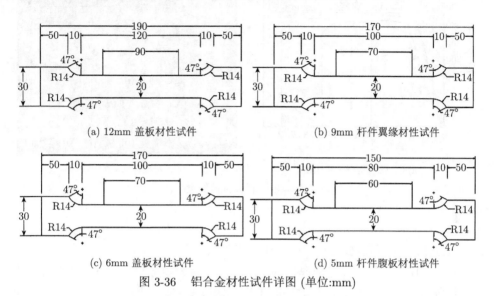

(a) 12mm 盖板材性试件   (b) 9mm 杆件翼缘材性试件

(c) 6mm 盖板材性试件   (d) 5mm 杆件腹板材性试件

图 3-36 铝合金材性试件详图 (单位:mm)

图 3-37 材性试验现场照片

表 3-10 材性试验结果

厚度/mm	屈服强度 $f_{0.2}$/MPa	抗拉强度/MPa	断后伸长度 /%
5	301.7	310.3	8.3
6	319.5	325.5	8.5
9	298.5	305.5	12
12	308.5	314.4	16.2

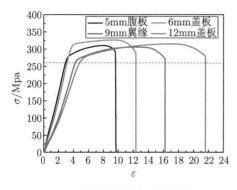

(a) 材性试验应变-应力曲线

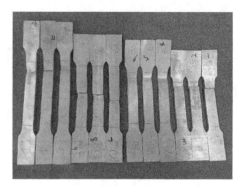

(b) 标准件试验后照片

图 3-38　材性试验结果

(3) 节点试验结果

(a) 12mm 圆形盖板节点——JD1、JD2

JD1、JD2 试件节点盖板厚度为 12mm，盖板为圆形盖板。试验加载过程中，前期每隔 5kN 持荷 2min，在此期间采集一次应变数据，同时记录支座处百分表数据。在 50kN 时，百分表数据基本保持稳定，往后便不再记录百分表数据。在试验的加载过程中，节点随着荷载的不断增大，节点位移也不断增加，当平均弯矩增加到 442kN·m 时，爆发一声巨响，此时节点变形剧烈，荷载开始急剧下降，直至荷载下降到 100kN·m，停止继续加载。加载的最终情况如图 3-39b 所示。此时由于铝合金上下盖板的厚度较大，因此盖板并无明显的屈曲变形，但也有轻微的弯曲，节点域附近的杆件则发生明显的撕裂破坏，同时 U 型件附近腹板也发生了屈曲现象，破坏模式如图 3-39c 和图 3-39d 所示。

(b) 6mm 圆形盖板节点——JD3、JD4

本组试验的贯通式节点盖板厚度为 6mm，盖板为圆形盖板。加载过程中节点中心位移随施加荷载先呈线性增加，随着节点逐渐进入屈服，位移快速增加，而荷载增速减慢，直到达到节点极限荷载 427.8kN m。几分钟后，荷载开始下降，当

(a) 试验加载前

(b) 试验加载后现场图

(c) 杆件撕裂破坏

(d) 腹板的局部屈曲

图 3-39 JD1 与 JD2 试件破坏模式

荷载下降至 100kN·m 时，停止加载并保存采集数据。试验发现 JD3 和 JD4 极限承载能力基本相同，但两者发生了不同的破坏模式。两个节点的盖板都发生明显的屈曲，但不同的是只有一个贯通式节点的盖板发生撕裂破坏，除此以外，节点均发生贯通杆的撕裂破坏和腹板的局部屈曲，破坏模式如下图 3-40 所示。

(a) 盖板撕裂破坏

(b) 盖板屈曲

(c) 贯通杆件撕裂

(d) 腹板屈曲

图 3-40 JD3 和 JD4 试件破坏模式

(c) 12mm 蝴蝶形盖板节点——JD5、JD6

JD5 和 JD6 在同等尺寸圆形盖板的基础上，减少铝合金盖板的用料，使用 12mm 厚的蝴蝶形盖板。试验过程中随着节点承受荷载的增加，节点中心位移不断增大，当加载至 428kN·m 时，节点发生一声脆响，荷载开始下降，待荷载降低到 100kN·m 时，停止加载，保存采集数据，记录节点破坏模式。试验发现该参数下节点的整体刚度较大，因此盖板和圆形盖板同样发生轻微的屈曲，主要的破坏模式依然是节点域附近杆件撕裂和腹板的屈曲，破坏模式如图 3-41 所示。

(a) 试验前盖板　　　　　　　　　　　　　　(b) 试验后盖板

(c) 腹板局部屈曲　　　　　　　　　　　　　(d) 杆件撕裂破坏

图 3-41　JD5 和 JD6 试件破坏模式

综上，三类节点由于盖板形状和厚度的不同，其受力特点和破坏模式也不完全相同，极限承载能力也存在一定的差距。当盖板厚度较大时，节点破坏主要表现为杆件的撕裂破坏和腹板的屈曲；而当节点盖板厚度较小时，盖板率先进入屈服，主要表现为盖板的屈曲和撕裂，同时随着节点位移的继续增大，节点域附近杆件也发生断裂。

(4) 试验结果

节点的转角–弯矩曲线是衡量节点受力性能的重要指标，本节将重点分析 6 根杆件的转角–弯矩曲线，节点所受的弯矩取由每根杆件传至节点域所形成的弯矩，单位为 kN·m，具体按式 (3-18) 计算

$$M = PL/6 \tag{3-18}$$

式中，P 取千斤顶施加给节点的集中合力，由力传感器测得；L 为支座耳板螺栓孔中心位置到分配梁与节点接触位置的距离，具体到本节取 1.115m。

节点的转角 θ 定义为节点域杆件中心轴线在荷载作用与无荷载作用时的变化

值，单位为 rad。在本节计算节点转角时，具体按式 (3-19) 计算

$$\theta = \arctan(\Delta/L_0) \tag{3-19}$$

$$\Delta = l_2 - l_1 \tag{3-20}$$

式中，Δ 为消除支座位移后两根水平位移计之间的位移差，由式 (3-20) 计算得出，L_0 表示两根水平位移计在水平方向上的距离。

(a) 贯通杆件与非贯通杆件的对比

如图 3-42 所示为盖板厚度为 12mm 的节点的贯通杆件与非贯通杆件转角–弯矩曲线的对比。在该厚度的盖板形式下，节点整体刚度较大，由贯通杆件与非贯通杆件的转角–弯矩曲线可以看出，两者在节点初始抗转动刚度及塑性屈服弯矩上均无太大差别，同时对比此参数下节点的破坏模式如图 3-43，贯通杆件和非贯通杆件存在同时撕裂现象，而此时节点盖板只有轻微屈曲，因此可以得出此时盖板与贯通杆件和非贯通杆件均具有较强连接。加载过程中，节点处贯通杆件与节点盖板紧密连接，将大部分的力传递给盖板共同受力，而贯通区域受力较小导致两者转角–弯矩曲线几无差距。此时节点域内整体刚度非常大，整体性非常好。

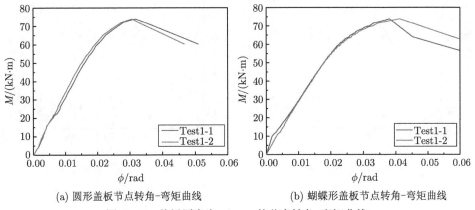

(a) 圆形盖板节点转角–弯矩曲线　　　　(b) 蝴蝶形盖板节点转角–弯矩曲线

图 3-42　盖板厚度为 12mm 的节点转角–弯矩曲线

图 3-44 为盖板厚度为 6mm，盖板形状为圆形盖板时节点贯通杆件与非贯通杆件的转角–弯矩曲线对比图。由图可知，初始线弹性阶段，随着节点施加荷载的增大，两种类型杆件基本均在 60kN·m 时进入弹塑性阶段，而贯通杆在转角到达 0.035rad 时，该杆件弯矩达到极限弯矩 75.03kN·m，此时贯通杆件撕裂破坏；随后非贯通杆件弯矩也达到极值，此时节点可承受荷载减小，但节点位移依然在增加，节点破坏。由此可以分析出，盖板厚度为 6mm 时，该节点贯通杆件与非贯通杆件受力存在一定的差别，这是因为，贯通杆件相比于非贯通杆件，在节点域内与节点连接更加地紧密，因此整个杆件方向的刚度相比非贯通杆件更大，破坏

时亦先于非贯通杆件。当杆件向节点域传来纯弯荷载时，盖板与杆件翼缘协同受力，但此时盖板厚度较小，贯通杆件由于刚度大于非贯通杆件，因此在同样位移下承受更多弯矩，因此贯通杆件也会先于非贯通杆件断裂。图 3-45 为节点的破坏模式照片。

图 3-43   盖板厚度为 12mm 的节点试验破坏模式

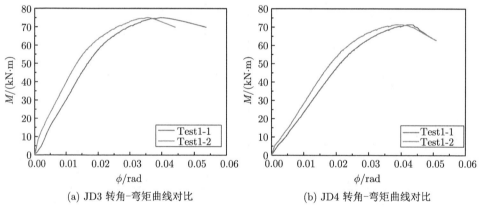

(a) JD3 转角–弯矩曲线对比   (b) JD4 转角–弯矩曲线对比

图 3-44   盖板厚度为 6mm 的节点转角–弯矩曲线

图 3-45   盖板厚度为 6mm 的节点试验破坏模式

图 3-46 为节点盖板厚度为 12mm，但盖板形状为蝴蝶形盖板贯通杆件与非贯通杆件转角–弯矩曲线。在这种参数条件下发现贯通杆件与非贯通杆件转角–弯矩曲线也无太大差别，节点承受平面外荷载弯矩达到 5kN·m 时，节点进入弹塑性阶段，此时节点转角为 0.22rad，而节点转角达到 0.42rad 时，该杆件达到极限弯矩 71.32kN·m。而此时贯通杆件和非贯通杆件均发生了撕裂破坏，裂缝从杆件翼缘向腹板逐渐延伸，如图 3-47 所示。这说明该盖板厚度下，虽然盖板形状有所不同，但贯通杆件与非贯通杆件受力性能差距不大，两种类型构件杆件都与节点盖板建立紧密连接，同时由于杆件贯通的缘故，抵消了贯通方向上螺栓连接较少的问题，使节点在贯通方向亦具有同样的刚度。

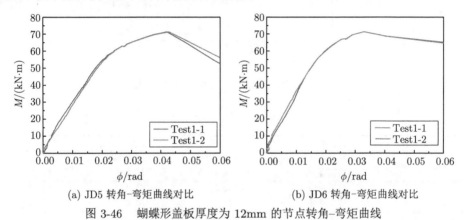

(a) JD5 转角-弯矩曲线对比　　(b) JD6 转角-弯矩曲线对比

图 3-46　蝴蝶形盖板厚度为 12mm 的节点转角-弯矩曲线

图 3-47　蝴蝶形盖板厚度为 12mm 的节点试验破坏模式

(b) 盖板厚度的影响

厚度为 12mm 与 6mm 的圆形盖板贯通式节点转角-弯矩曲线对比如图 3-48 所示，这里的转角-弯矩曲线包括贯通杆件和非贯通杆件两种类型。对比两组曲线可以得到特征参数如表 3-11 所示。试验发现当盖板厚度为 12mm 时，节点的破坏模式表现为节点域附近杆件腹板的屈曲和翼缘的撕裂，如图 3-49 所示；而盖板厚度为 6mm 时，节点的破坏模式不仅产生上述节点破坏模式，同时伴随着节点盖板的撕裂和盖板的屈曲，如图 3-50 所示。

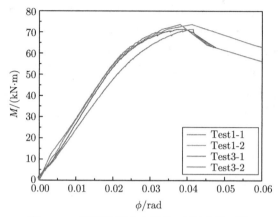

图 3-48　圆形盖板节点转角-弯矩曲线对比

表 3-11　节点特征参数

盖板厚度	杆件类型	$S_{j,ini}/(kN·m/rad)$	$M_{inf}/(kN·m)$	$M_u/(kN·m)$
$\delta_{t_m}=6$ mm	贯通杆件	3 163.6	53.1	71.42
	非贯通杆件	2 766.3	56.2	71.42
$\delta_{t_m}=12$ mm	贯通杆件	3 182.2	55.2	73.76
	非贯通杆	3 177.5	55.2	73.76

(a) 腹板屈曲　　　　　　　　(b) 翼缘撕裂

图 3-49　圆形盖板厚度为 12mm 节点破坏模式

进一步分析转角-弯矩曲线得到的数据特征可以发现，盖板厚度增加了 6mm，极限弯矩提升了 3%，贯通杆件的初始转动刚度变化不大，非贯通杆件初始转动刚度则提升了 15%，提升节点盖板厚度，非贯通杆件能与节点板更好地协同受力，在同等弯矩荷载作用条件下，位移变形量降低。同时对比两种盖板厚度的破坏模式，6mm 圆形盖板节点出现节点盖板的局部屈曲和破坏，这是因为加载后期，随着螺栓和板件的错动，各螺栓的栓杆和孔壁陆续接触顶紧，螺栓进入"扣紧"状态，荷载通过螺栓孔壁承压传递给板件，板件厚度较薄时，盖板屈曲撕裂，而盖板厚度较大时，弯曲变形程度减小，表现为杆件断裂失效。

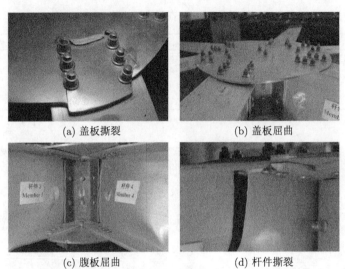

(a) 盖板撕裂 (b) 盖板屈曲

(c) 腹板屈曲 (d) 杆件撕裂

图 3-50 圆形盖板厚度为 6mm 时节点破坏模式

(c) 盖板形状的影响

圆形盖板与杆件间存在较大错开区域，实际上这些区域在节点受荷载破坏时受力较小，因此在圆形盖板的基础上，减少错开区域的面积，既节省了铝合金材料的使用量，也减少了贯通杆上螺栓的使用，本试验的目的在于对比蝴蝶形盖板与圆形盖板节点在纯弯荷载下的区别。本节将两种形状盖板节点的贯通杆件与非贯通杆件转角–弯矩曲线放在同一张图中对比，由图 3-51 可以分析出一些节点的基本

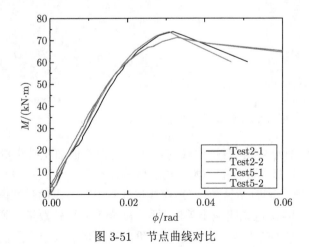

图 3-51 节点曲线对比

特征如表 3-12。同时通过试验现象的对比，发现两种形式下节点的破坏模式均表现为腹板屈曲和杆件断裂，如图 3-52、图 3-53 所示。

表 3-12　节点特征参数

盖板形状	杆件类型	$S_{j,ini}/(kN\cdot m/rad)$	$M_{inf}/(kN\cdot m)$	$M_u/(kN\cdot m)$
蝴蝶形盖板	贯通杆件	3 185.6	50.1	67.20
	非贯通杆件	3 180.5	50.1	67.20
圆形盖板	贯通杆件	3 182.2	55.2	73.76
	非贯通杆件	3 177.5	55.2	73.76

(a) 腹板屈曲　　　　　　　　　　　　　(b) 杆件撕裂

图 3-52　圆形盖板厚度为 12mm 时节点破坏模式

(a) 腹板屈曲　　　　　　　　　　　　　(b) 杆件撕裂

图 3-53　蝴蝶形盖板厚度为 12mm 时节点破坏模式

　　进一步分析节点转角–弯矩曲线的特征发现当盖板面积减小成为蝴蝶形盖板后，贯通杆件与非贯通杆件的初始转动刚度并没有存在太大的差别，但节点的极限弯矩降低了 9%。同时由转角–弯矩曲线也能看出，节点的弹性段降低，其初始屈服弯矩下降了 9%，这说明减小盖板面积，减少盖板螺栓数量在弹性阶段的初始阶段并没有产生太大的影响，以至于在该阶段蝴蝶形盖板节点刚度与圆形盖板节点的刚度差距极小。但随着弯矩荷载的不断增加，蝴蝶板形式下的节点相对而言更快地进入弹塑性阶段，在相同荷载作用下，节点的位移相对较大，这是因为该形式下节点盖板与杆件连接相对不够紧密，节点整体性能下降。随着荷载的继续增加，此时节点刚度快速下降，在 67.20kN·m 时节点达到其最大弯矩，节点破坏。

3.4.2 节点数值模型

(1) 节点数值模型参数

为实现贯通式节点数值模拟结果与试验结果的对比研究，在建立数值模型各个部件时，其几何尺寸与试验试件尺寸完全一致。但与试验不同的是，数值模拟过程中，增加了两种类型的板件，一种为端板，端板与节点杆件端部绑定连接，实现边界条件中的铰接连接；另一种为加力板，将加力板与杆件绑定连接后，在板上施加体力，防止集中荷载造成的杆件局部屈曲。在试件装配过程中，如遇到像盖板螺栓一样角度完全相同、仅位置不同的同试件组装时，可采用线性阵列快速装配；当遇到像非贯通杆件一样构件尺寸完全相同的部件时，可使用环形阵列设置环绕中心轴线位置、角度、数量进行快速装配。装配过程中考虑了试验装配过程中方便安装所设计的安装缝隙，如螺栓孔直径 D_b=10mm，螺栓杆直径 D_h=9.66mm，安装缝隙为 0.34mm，因此保证螺栓杆轴线与螺栓孔轴线在装配过程中重合。装配好的模型如图 3-54 所示。

图 3-54 有限元模型

(a) 面与面接触设置

铝合金贯通式节点共设置了 386 组接触对，接触类型如下表 3-13 所示。接触对除了来源于盖板与杆件翼缘的接触外，还主要来源于螺栓和 U 型件，如图 3-55 所示。

表 3-13　接触对分布

编号	接触类型	主面	从面	数量/个
1	面与面接触	盖板	杆件翼缘	10
2	面与面接触	盖板	螺栓杆	76
3	面与面接触	盖板	螺帽	76
4	面与面接触	杆件翼缘	螺栓杆	76
5	面与面接触	杆件翼缘	螺帽	76
6	面与面接触	U 型件	螺栓杆	12
7	面与面接触	U 型件	螺帽	12
8	面与面接触	杆件腹板	螺栓杆	10
9	面与面接触	杆件腹板	螺帽	8
10	面与面接触	U 型件	杆件翼缘	4
11	面与面接触	U 型件	杆件腹板	6
12	面与面接触	贯通杆件	非贯通杆件	20
合计	面与面接触	-	-	386

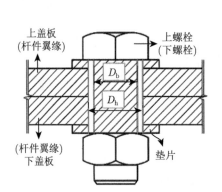 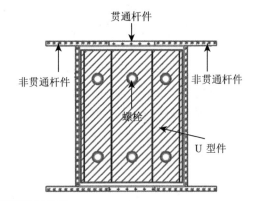

图 3-55　接触对示意图

按照接触面滑移量的大小可以分为有限滑移和小滑移,有限滑移相比于小滑移计算代价会增加,但计算结果也相应更准确。为保证模拟的准确度,本节滑移公式选取有限滑移,有限滑移两个接触面之间允许存在相对滑动。

当两个面发生接触的时候,接触面之间会传递切向力和法向力。在分析中要考虑阻止表面之间相对运动的摩擦力。切向作用采用"罚"摩擦,综合《铝合金结构设计规范》(GB50429–2007) 对铝合金摩擦面抗滑移系数的相关规定,本节中"罚"摩擦的摩擦因素取 0.3。

贯通式节点数值模型的 12 对接触对绑定接触,一半来自端板与杆件端部绑定,实现铰接连接设置;另一半来自加力板与杆件翼缘绑定,将体力施加于加力板进而全部传递给节点,以避免集中荷载产生局部屈曲破坏。

(b) 螺栓预紧力

数值模型计算中考虑到螺栓存在的预紧力,邓华 [93] 在铝合金板件环槽铆钉连接受剪试验研究中，利用压力传感器测试螺栓预紧力发现，固定螺栓枪的工作气压与工作行程，可以使其对各铆钉施加的预紧力基本一致。因此本节螺栓均采用其试验所得预紧力平均值进行研究，预紧力取 18.85kN，螺栓预紧力加载后螺栓模型如下图 3-56 所示。

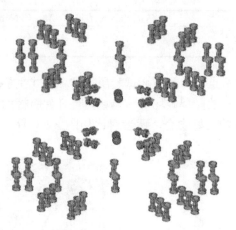

图 3-56   螺栓施加预紧力后有限元模型

(2) 数值模型验证

(a) 12mm 圆形盖板节点数值模拟与试验结果对比

将节点贯通杆件的试验和数值模拟转角–弯矩曲线放在一起进行对比如图 3-57 所示，得到数据特征如下表 3-14 所示。进一步分析节点的转角–弯矩曲线特征可以发现，数值模拟的初始转动刚度与弹性极限刚度均略小于试验所得结果，误差也在 2% 以内。而从对比结果也可以看出来，节点在达到屈服状态时，二者的转角–弯矩曲线产生了较大的变化，这是因为数值模拟过程中所采用的本构

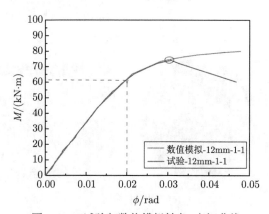

图 3-57   试验与数值模拟转角–弯矩曲线

模型为双折线本构模型，其加载导致节点进入大面积屈服，而试验中，节点在屈服后不久便发生了断裂破坏，无法进入大面积屈服。因此两种方式测得的转角–弯矩曲线在节点进入塑性阶段后产生了一定的差异。

表 3-14　节点特征参数

研究方式	杆件类型	$S_{j,ini}/(kN \cdot m/rad)$	$M_{inf}/(kN \cdot m)$	$M_u/(kN \cdot m)$
试验	贯通杆件	3 182.2	55.2	73.76
数值模拟	贯通杆件	3 175.5	54.7	75.21

该参数下贯通式节点抗转动破坏试验所得破坏模式主要表现为节点域贯通杆最外侧螺栓孔附近杆件的撕裂破坏及节点域附近杆件腹板的屈曲破坏，数值模拟最终的破坏模式与试验很好吻合，两者对比如图 3-58 所示。同时该参数下，节

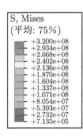

(a) 节点腹板对比

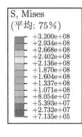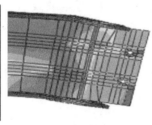

(b) 节点翼缘对比

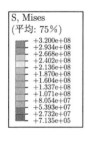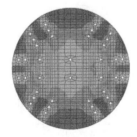

(c) 节点盖板对比

图 3-58　试验与数值模拟破坏模式对比

点板孔壁承受来自螺栓传来的压力, 当盖板厚度较大时, 孔壁的应力值较小, 这也使得此时节点盖板的变形很小, 从数值模拟的结果也可以清晰地看出节点板的应力值与变形均不大。除此之外, 节点的转角–弯矩曲线在弹性、弹塑性及初期塑性阶段都能良好地吻合均证明了该参数下数值模拟的准确性。

(b) 6mm 圆形盖板节点数值模拟与试验结果对比

如图 3-59 所示, 将盖板厚度为 6mm 时节点贯通杆件与非贯通杆件转角–弯矩曲线进行对比, 分析节点转角–弯矩曲线可得节点特征参数如表 3-15 所示, 对比发现试验结果与数值模拟结果拟合较好。进而对比试验与数值模拟的破坏模式发现, 在试验中, 节点的破坏模式主要表现为节点盖板的撕裂、屈曲、节点域盖板的撕裂和局部屈曲, 这与数值模拟的结果也能充分地对应起来, 图 3-60 展示了节点试验与数值模拟破坏模式的对比。

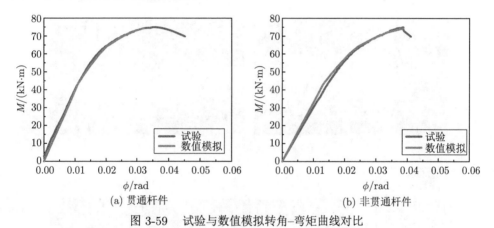

(a) 贯通杆件   (b) 非贯通杆件

图 3-59 试验与数值模拟转角–弯矩曲线对比

表 3-15 节点特征参数

模拟方式	杆件类型	$S_{j,ini}/(kN·m/rad)$	$M_{inf}/(kN·m)$	$M_u/(kN·m)$
试验	贯通杆件	3 163.6	53.1	71.42
	非贯通杆件	2 766.3	56.2	71.42
数值模拟	贯通杆件	3 158.5	55.2	72.48
	非贯通杆件	2 755.2	56.3	72.48

(c) 12mm 蝴蝶形盖板节点数值模拟与试验结果对比

为验算该参数情况下数值模拟的准确性, 将 12mm 蝴蝶形盖板节点的试验和数值模拟杆件转角–弯矩曲线进行对比如图 3-61 所示, 得到节点的数据特征如表 3-16 所示。进一步分析节点的转角–弯矩曲线的特征可以发现, 数值模拟所得节点的初始转动刚度为与试验所得误差为 0.2%, 同时屈服刚度数值模拟的结果比试验结果高 4%。同时对比试验和数值模型的破坏模式发现该参数情况下节点的主要破坏形态为杆件的撕裂，同时节点域杆件与盖板的空隙也能较好地模拟出来，如图 3-62 所示。从本节的数值计算模型及试验结果数据曲线和数据特征结果对比的情况来看，两者差别很小，具有很高的吻合度，这也说明本节的数值模型计算能够合理有效地模拟铝合金贯通式节点纯弯矩状态下的抗转动情况。综上，本节对蝴蝶形盖板铝合金贯通式节点提出的数值模拟方法是合理的。

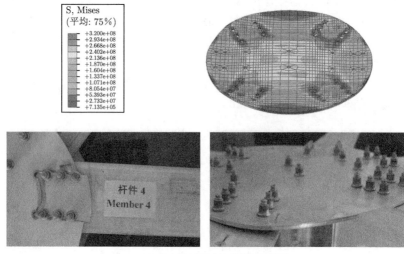

(a) 节点盖板试验与数值模拟对比

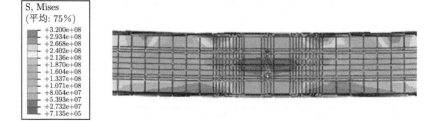

(b) 节点杆件试验与数值模拟对比

图 3-60　试验与数值模拟破坏模式对比

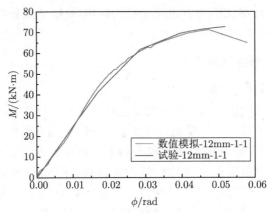

图 3-61 试验与数值模拟转角–弯矩曲线

表 3-16 节点特征参数

研究方式	杆件类型	$S_{\mathrm{j,ini}}/(\mathrm{kN \cdot m/rad})$	$M_{\mathrm{inf}}/(\mathrm{kN \cdot m})$	$M_{\mathrm{u}}/(\mathrm{kN \cdot m})$
试验	贯通杆件	3 183.5	54.8	72.15
数值模拟	贯通杆件	3 190.5	53.9	74.28

图 3-62 试验与数值模拟破坏模式对比

在 40~60 kN 区间数值模拟所得节点转角–弯矩曲线与试验所得结果存在一定的差距,这是由于 ABAQUS 分析软件在加载时,初期加载及最终加载至屈服两个阶段加载数值的变化幅度很低,这也意味着在这两个阶段加载速度很慢,因此数值模拟所得的转角–弯矩曲线更加平滑,与试验结果的吻合度也是非常高的。但由于 ABAQUS 力加载过程中期加载速度是比较快的,再加上节点安装过程及测量误差的影响，使得试验与有限元结果的转角–弯矩曲线在中期存在一定的差别，二者总体上的变化趋势是一致的。

3.4.3　不同工况下节点抗弯性能

(1) 拉弯荷载下抗弯性能

贯通式节点在承受拉弯荷载作用时节点所能承受的最大轴向拉力值为 600kN，且贯通式节点的贯通杆件与非贯通杆件在节点处的组成方式也不一样，因此本节将贯通式节点在承受 0~600kN 轴向拉力后的抗弯性能进行研究，得到贯通式节点贯通杆件 (1) 与非贯通杆件 (2) 转角–弯矩曲线如图 3-63 所示，进而分析节点的转角–弯矩曲线可以得到关于节点性能的特征参数如表 3-17 所示。将节点的相关参数放在绘制成曲线图 3-64 可以得出更加清晰明显的结论，研究发现：①随轴向拉力增大，节点初始转动刚度、塑性屈服弯矩逐渐减小，节点承载能力降低。②贯通杆件与非贯通杆件相比，随着轴向拉力的增大，初始转动刚度区别逐渐增大而塑性屈服弯矩区别不大。③随着节点承受轴向拉力的增加，节点初始转动刚度下降速度先慢后快，当轴向拉力为 200kN 时仅下降 1%；当轴向拉力为 400kN 时，下降 16%；当轴向拉力达到最大值 600kN 时，则下降 33%。④节点的塑性屈服弯矩下降速度基本保持线性速度，轴向拉力每增加 200kN，节点的塑性屈服弯矩约下降 20%。

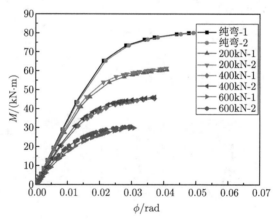

图 3-63　受轴向拉力作用下转角–弯矩曲线

选取节点在承受 600kN 轴力时节点的应力变化过程如图 3-65 所示，可以发现，在节点承受轴向拉力荷载后再施加弯矩荷载，节点受拉力侧应力持续增大，并率先进入屈服阶段，而受压力侧的节点盖板和杆件翼缘经历了一个应力先减小后增大的过程。同时对于受拉力侧螺栓而言，应力值也是一直在增大的，因此在弯矩荷载施加的最终时刻，受拉力侧螺栓也进入屈服。应力云图的变化过程如图 3-65 所示。

表 3-17   受轴向压力作用下节点特征参数

节点参数	轴向拉力			
	0kN	200kN	400kN	600kN
直杆初始转动刚度/(kN·m/rad)	3 181	3 161	2 679	2 139
斜杆初始转动刚度/(kN·m/rad)	3 179	3 042	2 554	1 822
直杆塑性屈服弯矩/(kN·m)	75.6	60.18	44.73	29.57
斜杆塑性屈服弯矩/(kN·m)	75.6	60.18	44.73	29.57

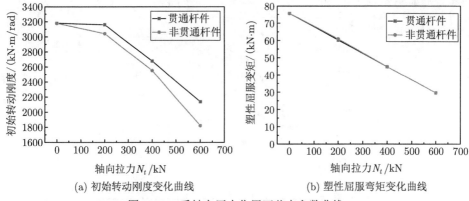

(a) 初始转动刚度变化曲线   (b) 塑性屈服弯矩变化曲线

图 3-64   受轴向压力作用下节点参数曲线

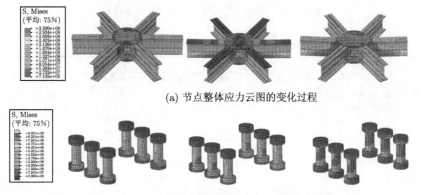

(a) 节点整体应力云图的变化过程

(b) 受拉侧盖板螺栓应力云图的变化过程

图 3-65   受轴向压力作用下应力云图变化

(2) 压弯荷载下抗弯性能

本节开展了压弯荷载下节点的受力性能研究，将节点在受轴向压力作用下的转角–弯矩曲线绘制如图 3-66 所示，可以发现节点承受的最大轴向压力与最大轴向拉力相比有了明显增加，最大轴向压力可以达到 900kN，但此时节点的抗弯性能与纯弯状态相比下降也十分明显。进一步分析节点转角–弯矩曲线，得到节点特征参数如表 3-18 所示。同时将节点初始转动刚度和塑性屈服弯矩随轴力变化情况绘成曲线如图 3-67 所示，可以得到以下结论：①随着轴向压力的增加，节点的初始转动刚度和塑性屈服弯矩在轴向压力 N_p 小于 200kN 时略有提升，随着轴向压力继续增大，两者均呈现明显下降。②贯通杆件 (1) 相比于非贯通杆件 (2)，随着轴向压力的增大，初始转动刚度和塑性屈服弯矩下降速度均较慢。③节点在轴向压力小于 800kN 时，节点刚度与纯弯状态下相比下降 8%，而塑性屈服弯矩则下降了 10%，但随着节点轴向压力的继续增大达到 900kN 时，节点刚度下降 17%，而塑性屈服弯矩则下降 40%，是一个非常剧烈的下降。

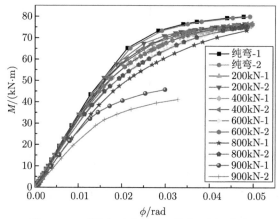

图 3-66　受轴向压力作用下转角–弯矩曲线

表 3-18　受轴向压力作用下节点特征参数

节点参数	轴向压力					
	0kN	200kN	400kN	600kN	800kN	900kN
直杆初始转动刚度/(kN·m/rad)	3 181	3 280	3 169	3 049	2 953	2 666
斜杆初始转动刚度/(kN·m/rad)	3 179	3 277	3 152	2 994	2 850	2 223
直杆塑性屈服弯矩/(kN·m)	75.6	74.8	71.9	69.8	68.3	44.0
斜杆塑性屈服弯矩/(kN·m)	75.6	74.6	70.5	68.8	65.6	39.6

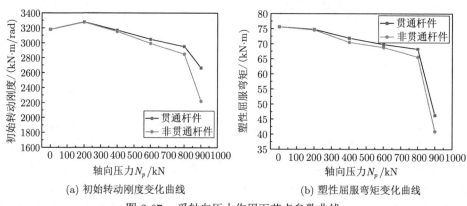

(a) 初始转动刚度变化曲线　　　　　　　(b) 塑性屈服弯矩变化曲线

图 3-67　受轴向压力作用下节点参数曲线

选取节点在承受 800kN 轴力时节点的应力变化过程如图 3-68,可以发现,在节点承受轴压荷载后再施加弯矩荷载,节点受压力侧应力持续增大,而受拉力侧的节点盖板和杆件翼缘经历了一个应力先减小后增大的过程。同时对于受压力侧螺栓而言,应力值也是一直在增大的,因此在弯矩荷载施加的最终时刻,受压力侧螺栓也进入屈服。应力云图的变化过程如下图所示。

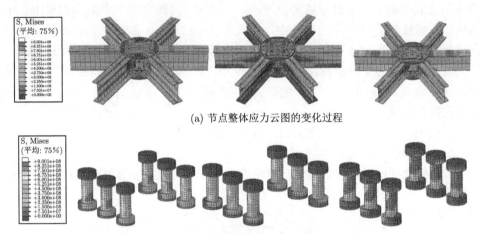

(a) 节点整体应力云图的变化过程

(b) 受压侧盖板螺栓应力云图的变化过程

图 3-68 受轴向压力作用下应力云图变化

3.5 BOM 螺栓铝合金节点静力性能

3.5.1 节点抗弯性能试验

本节试验从研究组成节点的构件尺寸变化对新型 BOM 螺栓铝合金节点体系受力性能影响的角度出发,设计制作了 3 组共计 6 个节点试件,具体参数设置见表 3-19。试验研究的主要变量有两个:铝合金盖板厚度和每根杆件的螺栓数量。根据试验的参数设置,6 个试件按“GxBy-i”的方式命名。其中,“Gx”代表盖板厚度,“By”代表单根铝合金杆件单侧翼缘上的螺栓数量,“i”代表相同参数的试件序号。

表 3-19 节点抗转动试验参数设置

试件编号	截面尺寸/mm	螺栓直径 d/mm	盖板厚度 δ_{t_m}/mm	螺栓数量 n_b/个
G10B8-1	$150 \times 100 \times 7$	13.6	10	8
G10B8-2				
G6B8-1	$150 \times 100 \times 7$	13.6	6	8
G6B8-2				
G6B4-1	$150 \times 100 \times 7$	13.6	6	4
G6B4-2				

每个试件均由 2 个圆形盖板、6 根矩形截面杆件和 BOM 螺栓构成，整个试件的外部直径为 2 530 mm，杆件的末端均预留 Φ10 mm 螺栓孔，用以连接反力架上的支座，试件尺寸详图如图 3-69 所示。本次实验中圆形盖板和矩形截面杆件选用 6061-T6 铝合金，杆件长度为 1 200 mm，横截面尺寸为 150 mm×100 mm×7 mm(长 × 宽 × 壁厚)，螺栓直径为 13.6 mm，螺栓孔直径为 14 mm，螺栓边距和间距的取值参考《铝合金结构设计规范》(GB 50429-2007) 中的构造要求。单侧翼缘上螺栓数量为 8 个的试件中，盖板直径 460 mm，如图 3-69a~c 所示；单侧翼缘上螺栓数量为 4 个的试件中，盖板直径 320 mm，如图 3-69d~f 所示。

材性试件的力学性能指标列于表 3-20 中。E 为试验测得的弹性模量；$f_{0.2}$ 是残余应力为 0.2% 时的应力值，也被认为是铝合金的屈服强度；f_u 是铝合金材料的极限抗拉强度。

新型 BOM 螺栓铝合金节点抗弯性能试验结果如下。

(a) 节点转角-弯矩曲线的定义

试件抗弯性能试验在加载前后试件变形情况的对比如图 3-70 和图 3-71 所示。

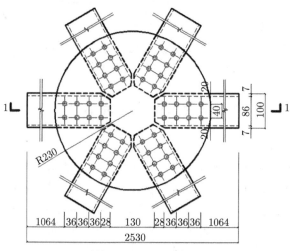

(a) 试件 G10B8 和 G6B8 俯视图

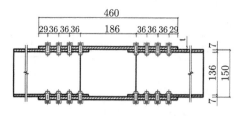

(b) 试件 G10B8 和 G6B8 的 1-1 剖面图

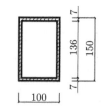

(c) 试件 G10B8 和 G6B8 杆件横截面图

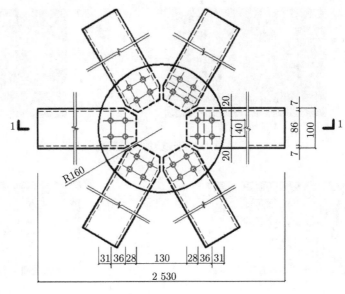

(d) 试件 G6B4 俯视图

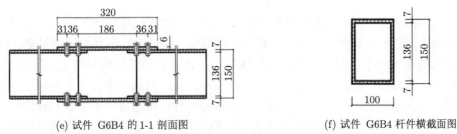

(e) 试件 G6B4 的 1-1 剖面图　　　　　　　(f) 试件 G6B4 杆件横截面图

图 3-69　新型 BOM 螺栓铝合金节点试件尺寸图 (单位：mm)

荷载通过分配装置均匀施加在每根杆件上，节点域范围内的弯矩大小相等，节点试件上的上下盖板分别承受拉力和压力，BOM 螺栓受到剪力作用，并将荷载传递至 6 根杆件上，使杆件受到弯矩作用。在平面外 (绕矩形杆件截面强轴) 弯矩 M_x 作用下，6 根杆件末端绕着支座发生旋转，试件的节点域沿外荷载方向发生位移，直至构件端部应力达到极限强度，构件端部发生破坏。

表 3-20　铝合金试件力学性能指标

试件部件名称	参数规格	弹性模量 E/ MPa	屈服强度 $f_{0.2}$/ MPa	抗拉强度 f_u/ MPa	$f_{0.2}/f_u$
盖板	$\delta_{t_{m1}} = 6$ mm	7.03×10^4	247.38	298.06	0.83
	$\delta_{t_{m2}} = 10$ mm	7.00×10^4	254.77	306.39	0.83
杆件	$\delta_{t_c} = 7$ mm	6.84×10^4	166.26	219.96	0.81

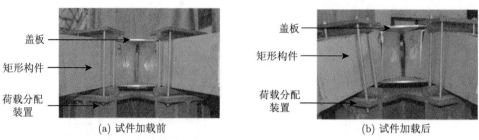

(a) 试件加载前　　　　　　　　　　　　　　　(b) 试件加载后

图 3-70　节点试验加载前后整体变形照片

(a) 杆件加载前　　　　　　　　　　　　　　　(b) 杆件加载后

图 3-71　节点试验现象照片

　　节点的转角–弯矩曲线是定量评价节点抗弯性能的最重要的依据之一，节点试验的主要目的之一是获得节点转角的试验数据。由于节点自身的转动程度较小，直接测量难度较大且精度不高，本试验采用了计算杆件的转动角度 ϕ_m 来替代节点转角 ϕ 的方法。该方法的适用前提是杆件本身在加载过程中产生的变形可以忽略不计，为了验证这一假定是否成立，本试验在杆件上布置了应变片来检测杆件上的应力变化，根据如图 3-72 所示的构件的应力测量值，加载过程中构件的最大应力值不超过 50 MPa，明显低于杆件材料的屈服应力 166 MPa，因此可认为构件在加载过程中的自身变形可以忽略不计。

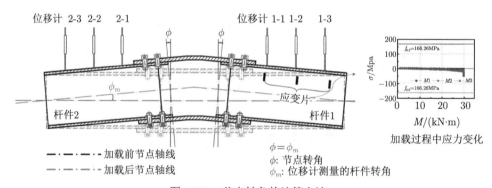

图 3-72　节点转角的计算方法

作用在每根杆件上的弯矩值 M_x 计算公式为：

$$M_{\mathrm{x}} = \frac{1}{6}PL_{\mathrm{m}} \tag{3-21}$$

式中 P——力传感器测量的千斤顶对试件施加的荷载值；

L_{m}——杆件上的加载点到支座的距离。

本节提出的 BOM 螺栓铝合金节点不同于刚接节点或铰接节点，是一种在具有抗弯刚度的同时，也有一定转动能力的半刚性节点。国内学者经过数十年的研究，提出了多种形式的数学模型用来拟合半刚性节点的转角–弯矩曲线，本节采用了三折线模型来模拟 BOM 螺栓铝合金节点的转角和弯矩之间的关系，以便在工程设计中能更简单高效地计算节点承载力。为了确定节点的三折线模型，需要从试验转角 (ϕ)–弯矩 (M) 曲线中得到 4 个主要特征参数，如图 3-73 所示。根据节点在到达极限弯矩后 ϕ-M 曲线变化趋势曲线分为两类。

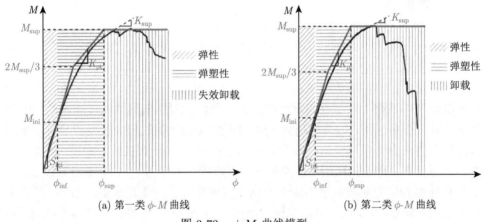

(a) 第一类 ϕ-M 曲线   (b) 第二类 ϕ-M 曲线

图 3-73 ϕ-M 曲线模型

第一类 ϕ-M 曲线的形式如图 3-73a 所示，ϕ-M 曲线可以分为 3 个阶段，每个阶段曲线的变化趋势可以描述为：

➤ 弹性阶段：在该阶段内节点的转角和弯矩呈线性关系，节点尚处于弹性受力状态。弹性阶段结束的点所对应的转角和弯矩为节点的初始屈服弯矩 M_{inf} 和初始屈服转角 ϕ_{inf}，曲线在该点的切线刚度为节点的初始转动刚度 $S_{\mathrm{j,ini}}$。

➤ 弹塑性阶段：弯矩超过屈服弯矩以后，节点进入弹塑性阶段。随着弯矩的增加，节点刚度逐渐减小。当节点的切线刚度下降至初始转动刚度的 10% 时，认为节点完全进入塑性。此时 ϕ-M 曲线的切线刚度定义为节点的塑性转动刚度 K_{sup}，对应的弯矩为塑性屈服弯矩 M_{sup}。

➤ 失效和卸载阶段：在这一阶段，由于节点中某一根杆件的腹板发生屈曲，承载力降低，曲线出现了第一个下降段。此时其他杆件可以继续承受弯矩，所以曲线再次出现上升段。当有其他杆件的腹板再次发生屈曲，弯矩承载力第二次达到峰值。随后，杆件翼缘从螺栓孔发生撕裂，节点开始卸载，$\phi\text{-}M$ 曲线开始迅速下降。

第二类 $\phi\text{-}M$ 曲线的形式如图 3-87b 所示，$\phi\text{-}M$ 曲线亦可分为 3 个阶段，每个阶段曲线的变化趋势可以描述为：

➤ 弹性阶段：类似于第一类曲线弹性阶段，在此阶段曲线近似为直线，斜率为初始转动刚度 $S_{j,\mathrm{ini}}$。

➤ 弹塑性阶段：与第一类曲线的弹塑性阶段相似，节点完全进入塑性时的弯矩为塑性屈服弯矩 M_{sup}。

➤ 卸载阶段：与第一类曲线的第三阶段不同，当弯矩达到塑性屈服弯矩后，由于某一根杆件翼缘撕裂，$\phi\text{-}M$ 曲线陡然下降。在此阶段，节点的其他杆件翼缘逐个断裂，转角–弯矩曲线出现阶梯状的下降段；节点的弯矩承载力不断减小，直至整个节点破坏。

(b) 节点试验结果

➤ G10B8-1 和 G10B8-2 试验结果

图 3-74 是试件 G10B8-1 和 G10B8-2 的转角–弯矩曲线，图 3-74a 和图 3-74b 中的 6 条曲线转角分别由 6 根杆件 (M1 至 M6) 上的位移测量值计算得到，而弯矩均由力传感器测得的数据根据式 (3-21) 计算得到，6 条 $\phi\text{-}M$ 曲线的弹性和弹塑性阶段几乎重合，在节点屈服后，由于各个杆件发生破坏的先后次序不同曲线的下降阶段有所区别，但总体趋势一致。图 3-75 为加载过程中盖板和节点域范围内杆件上的应力随弯矩变化曲线。从图中曲线变化可知，在加载的初期，试件处于弹性受力状态，弯矩和转角呈线性关系，初始转动刚度 $S_{j,\mathrm{ini}}$ 约为 900 kN·m/rad；盖板和杆件的应力随弯矩增加线性变化，盖板最大应力不超过 30 MPa，杆件上最大应力不超过 60 MPa。当加载至弯矩约为 10 kN 时，试件进入弹塑性状态，随着弯矩的增加，节点刚度逐渐减小；盖板的应力仍然处于弹性阶段，杆件受拉侧翼缘应力增大的速率不断增加并逐渐超过杆件材料的屈服强度。当加载至弯矩约为 30 kN 时，试件达到弯矩承载力的峰值，节点刚度降低至 90 kN·m/rad，约为初始转动刚度的 10%；此时盖板仍处于弹性阶段，但杆件上的应力已经普遍超过材料抗拉强度，杆件前端靠近螺栓孔的位置第一次出现屈曲现象。此后，其余 5 根杆件逐个发生屈曲或撕裂破坏，试件逐渐失去承载能力，弯矩承载力不断下降。试件 G10B8-1 和 G10B8-2 的转角–弯矩曲线属于第一类 $\phi\text{-}M$ 曲线，即在弯矩达到最大值后，曲线由于某一个杆件发生屈曲而下降；屈曲后，其他杆件继续承受荷载的增加，曲线再次上升，直到杆件发生撕裂破坏导致曲线急剧下降。

图 3-76 是试件 G10B8-1 和 G10B8-2 的破坏模式，试验最终结果表明，G10B8 组试件的破坏主要集中出现在节点域范围内的杆件端部，具体破坏模式为杆件前端腹板发生屈曲，杆件翼缘上最外侧螺栓孔处发生撕裂破坏，裂缝从翼缘向腹板延伸，两个试件中均有多个杆件发生破坏，试件承载力亦随着破坏的发生而不断

降低;上下盖板均未出现明显变形,BOM 单边螺栓未出现明显变形。相同参数的两个试件会出现相同的破坏模式,但屈曲和撕裂的位置和数量在每个试件中都具有一定的随机性。在试件 G10B8-1 和 G10B8-2 中,与第一个破坏杆件相邻的杆件比其他杆件更容易发生破坏。

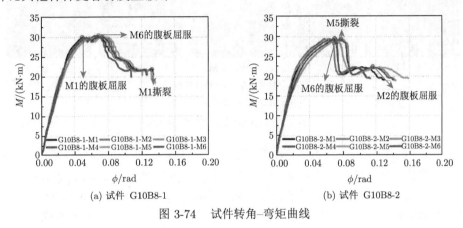

(a) 试件 G10B8-1   (b) 试件 G10B8-2

图 3-74 试件转角-弯矩曲线

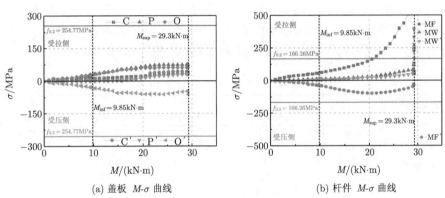

(a) 盖板 M-σ 曲线   (b) 杆件 M-σ 曲线

图 3-75 试件 G10B8 M-σ 曲线

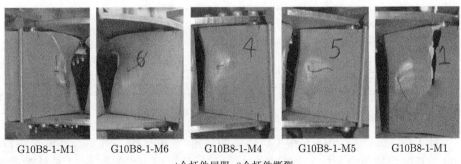

G10B8-1-M1   G10B8-1-M6   G10B8-1-M4   G10B8-1-M5   G10B8-1-M1

4个杆件屈服, 2个杆件撕裂

(a) 试件 G10B8-1 破坏现象

G10B8-2-M2　　　　G10B8-2-M6　　　　G10B8-2-M5　　　　G10B8-2-M2　　　　G10B8-2-M6

2个杆件屈服, 3个杆件撕裂

(b) 试件 G10B8-2 破坏现象

图 3-76　G10B8 组试件破坏模式

表 3-21 列出了试件 G10B8-1 和 G10B8-2 的 ϕ-M 曲线的主要特征, 并计算了每个参数的平均值。平均初始转动刚度 $S_{\text{j,ini}}$ 为 923.00 kN·m/rad, 平均初始屈服弯矩 M_{inf} 为 10.00 kN·m、节点塑性转动刚度 $S_{\text{j,p-1}}$ 为 92.30 kN·m/rad, 平均塑性屈服弯矩 M_{sup} 为 29.83 kN·m。由表可知, 对于几何参数设置相同的试件, 依据不同杆件的转角计算得到的 4 个主要特征中, 约有 95% 的试验结果差值小于 2%, 这证明了试验数据取自不同的杆件不会改变试件的 ϕ-M 曲线, 从相同参数试件的任一杆件计算所得的 ϕ-M 曲线均可代表该类试件的抗弯性能。

表 3-21　试件 G10B8-1 和 G10B8-2 转角–弯矩曲线的主要特征

试件编号	杆件编号	$S_{\text{j,ini}}$/ (kN·m/rad)	M_{inf}/ (kN·m)	$S_{\text{j,p-1}}$/ (kN·m/rad)	M_{sup}/ (kN·m)
	G10B8-1-M1	927.02	10.16	92.70	30.31
	G10B8-1-M2	924.63	10.14	92.46	30.39
G10B8-1	G10B8-1-M3	913.78	10.08	91.38	30.33
	G10B8-1-M4	927.89	10.14	92.79	30.31
	G10B8-1-M5	928.42	10.16	92.84	30.31
	G10B8-1-M6	930.82	10.16	93.08	30.42
	G10B8-2-M1	915.25	9.85	91.53	29.33
	G10B8-2-M2	922.27	9.85	92.23	29.33
G10B8-2	G10B8-2-M3	917.81	9.85	91.78	29.28
	G10B8-2-M4	913.19	9.85	91.32	29.33
	G10B8-2-M5	941.45	9.86	94.15	29.33
	G10B8-2-M6	913.12	9.85	91.31	29.33
平均值		923.00	10.00	92.30	29.83

➤ G6B8-1 和 G6B8-2 试验结果

图 3-77 是试件 G6B8-1 和 G6B8-2 的转角–弯矩曲线, 图 3-77a 和图 3-77b 中的 6 条曲线转角分别由 6 根杆件的试验数据计算得到, 6 条 ϕ-M 曲线的弹性和弹塑性阶段几乎重合, 在节点屈服后, 由于各个杆件发生破坏的先后次序不同

曲线的下降阶段有所区别，但总体趋势一致。图 3-78 为加载过程中盖板和节点域范围内杆件上的应力随弯矩变化曲线。由图可知，在加载的初期，试件处于弹性受力状态，弯矩和转角呈线性关系，初始转动刚度 $S_{j,ini}$ 约为 840 kN·m/rad；盖板和杆件的应力变化幅度较小，盖板最大应力不超过 40 MPa，杆件上最大应力不超过 85 MPa。当加载至弯矩约为 10 kN 时，随着弯矩的增加，节点刚度逐渐减小；盖板中心区域的应力仍然处于弹性阶段，但盖板螺栓孔附近应力增大的速率不断增加，且逐渐超过杆件材料的屈服强度；杆件受拉侧翼缘应力增大的速率明显大于腹板上应力增大速率，在试件尚未完全进入塑性之前，杆件翼缘已达到屈服状态。当加载至弯矩约为 29 kN 时，试件达到弯矩承载力的峰值，节点刚度降低至 80 kN·m/rad，约为初始转动刚度的 10%；此时除盖板中心仍处于弹性阶段外，盖板螺栓孔附近和杆件上的应力均已达到甚至超过材料屈服强度；杆件腹板应力在此时有突增的现象，表明腹板发生撕裂。此后，其余 5 根杆件逐个发生屈曲或撕裂破坏，试件逐渐失去承载能力，弯矩承载力不断下降。试件 G6B8-1 和 G6B8-2 的转角–弯矩曲线属于第一类 ϕ-M 曲线，即在弯矩达到最大值后，曲线由于某一个杆件发生屈曲而下降；但屈曲后曲线会再次上升，直到杆件发生撕裂破坏导致曲线急剧下降。

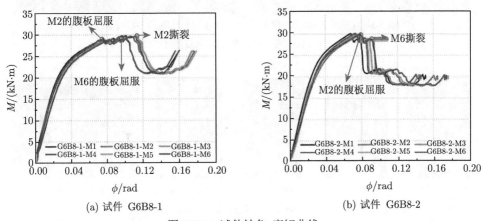

(a) 试件 G6B8-1　　　　　　　　　　　　　　　(b) 试件 G6B8-2

图 3-77　试件转角–弯矩曲线

图 3-79 是试件 G6B8-1 和 G6B8-2 的破坏模式，试验最终结果表明，G6B8 组试件的破坏集中出现在节点域范围内的杆件端部，此外盖板最外侧螺栓孔附近会发生翘曲。具体破坏模式为杆件前端腹板发生屈曲，杆件翼缘上最外侧螺栓孔处发生撕裂破坏，裂缝从翼缘向腹板延伸，两个试件中均有多个杆件发生破坏；BOM 单边螺栓未出现明显变形。相同参数的两个试件会出现相同的破坏模式，但屈曲和撕裂的位置和数量在每个试件中都具有一定的随机性。在试件 G6B8-1 和 G6B8-2 中，与第一个破坏杆件相邻的杆件比其他杆件更容易发生破坏。

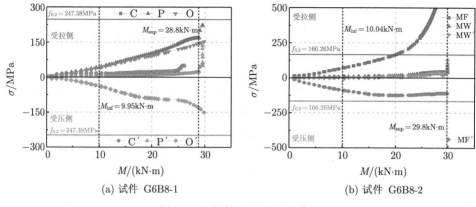

图 3-78　试件 G6B8M-σ 曲线

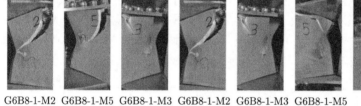

G6B8-1-M2　G6B8-1-M5　G6B8-1-M3　G6B8-1-M2　G6B8-1-M3　G6B8-1-M5　　　G6B8-1-盖板

3个杆件屈服, 3个杆件撕裂, 盖板边缘翘曲

(a) 试件 G6B8-1 破坏现象

G6B8-2-M2　　　G6B8-2-M6　　　G6B8-2-M5　　　G6B8-2-M2　　　　G6B8-2-盖板

1个杆件屈服, 3个杆件撕裂, 盖板边缘翘曲

(b) 试件 G6B8-2 破坏现象

图 3-79　G6B8 组试件破坏模式

　　表 3-22 列出了试件 G6B8-1 和 G6B8-2 的 ϕ-M 曲线的主要特征, 并计算了每个参数的平均值。试件平均初始转动刚度 $S_{\mathrm{j,ini}}$ 为 827.00 kN·m/rad, 平均初始屈服弯矩 M_{inf} 为 10.00 kN·m, 平均节点塑性屈服刚度 $S_{\mathrm{j,p-1}}$ 为 82.70 kN·m/rad, 平均塑性屈服弯矩 M_{sup} 为 29.31 kN·m。由表可知, 对于几何参数设置相同的试件, 依据不同杆件的转角计算得到的 4 个主要特征中, 约有 95% 的试验结果差值小于 2%, 这证明了从相同参数试件的任一杆件计算所得的 ϕ-M 曲线均可代表

该类试件的抗弯性能。

表 3-22 试件 G6B8-1 和 G6B8-2 转角–弯矩曲线的主要特征

试件编号	杆件编号	$S_{j,ini}/$ (kN·m/rad)	$M_{inf}/$ (kN·m)	$S_{j,p-1}/$ (kN·m/rad)	$M_{sup}/$ (kN·m)
G6B8-1	G6B8-1-M1	842.33	9.95	84.23	28.79
	G6B8-1-M2	845.84	9.95	84.58	28.79
	G6B8-1-M3	836.23	9.96	83.62	28.79
	G6B8-1-M4	846.25	9.96	84.63	28.79
	G6B8-1-M5	827.34	9.95	82.73	28.79
	G6B8-1-M6	822.68	9.95	82.27	28.79
G6B8-2	G6B8-2-M1	849.17	10.04	84.92	29.85
	G6B8-2-M2	792.96	10.04	79.30	29.78
	G6B8-2-M3	842.10	10.04	84.21	29.85
	G6B8-2-M4	826.56	10.04	82.66	29.85
	G6B8-2-M5	872.33	10.04	87.23	29.85
	G6B8-2-M6	720.25	10.04	72.03	29.85
平均值		827.00	10.00	82.70	29.31

➤ G6B4-1 和 G6B4-2 试验结果

图 3-80 是试件 G6B4-1 和 G6B4-2 的转角–弯矩曲线，图 3-80a 和图 3-80b 中的 6 条曲线转角分别由 6 根杆件的试验数据计算得到，6 条 ϕ-M 曲线的弹性和弹塑性阶段几乎重合，在节点屈服后，由于各个杆件发生破坏的先后次序不同曲线的下降阶段有所区别，但总体趋势一致。图 3-81 为加载过程中盖板和节点域范围内杆件上的应力随弯矩变化曲线。从图中曲线变化可知，在加载的初期，试件处于弹性受力状态，弯矩和转角呈线性关系，初始转动刚度 $S_{j,ini}$ 约为 650 kN·m/rad；盖板和杆件的应力变化幅度较小，盖板最大应力不超过 42 MPa，杆件上最大应力不超过 100 MPa。当加载至弯矩约为 6 kN 时，试件进入弹塑性状态随着弯矩的增加，节点刚度逐渐减小；盖板中心和杆件腹板的应力仍然处于弹性阶段，盖板和杆件翼缘的螺栓孔附近应力增大的速率不断增加，其中，受拉侧杆件翼缘的应力增速最大，且在试件破坏之前已进入塑性阶段。当加载至弯矩约为 17 kN 时，试件达到弯矩承载力的峰值，节点刚度降低至 60 kN·m/rad，约为初始转动刚度的 10%；此时受拉侧杆件翼缘的应力已超过铝合金材料的抗拉强度，此处发生断裂导致试件破坏，而节点域内其他部分的应力状态仍未超过屈服强度。此后，其余 5 根杆件的翼缘逐个发生断裂破坏，试件逐渐失去承载能力，弯矩承载力不断迅速下降。试件 G6B4-1 和 G6B4-2 的转角–弯矩曲线属于第二类 ϕ-M 曲线，即当弯矩达到塑性屈服弯矩后，由于某一根杆件翼缘断裂，ϕ-M 曲线陡然下降。随后，节点的其他杆件翼缘逐个断裂，转角–弯矩曲线出现阶梯状的下降段。

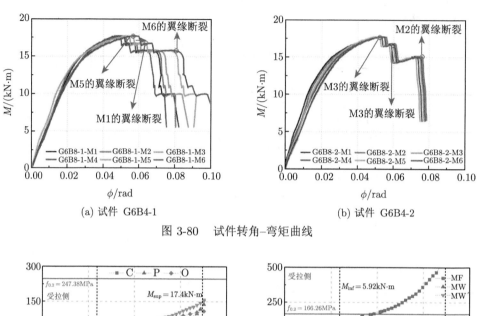

(a) 试件 G6B4-1　　　　　　　　　　(b) 试件 G6B4-2

图 3-80　试件转角–弯矩曲线

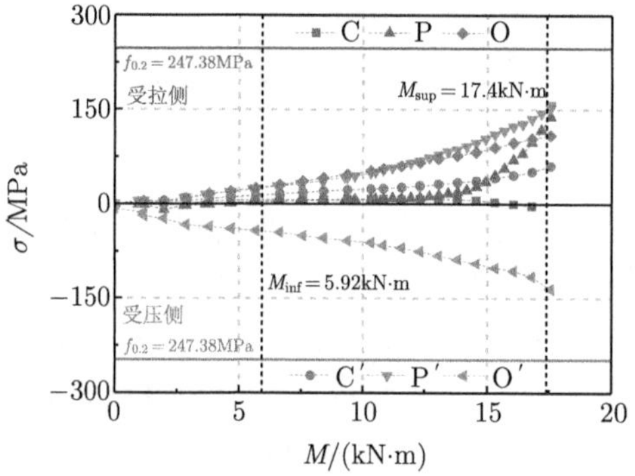

(a) 试件 G6B4-1 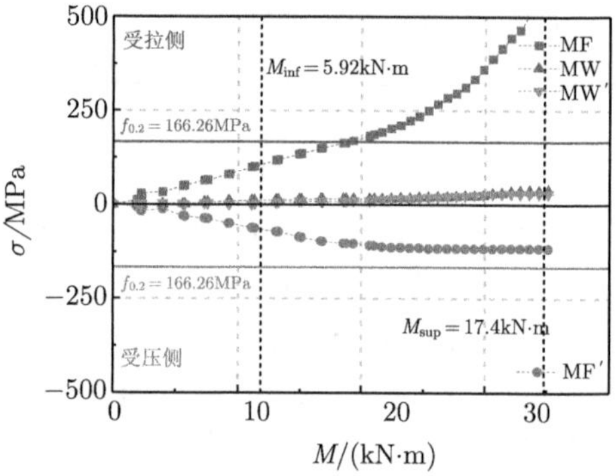　　　　　　　　　　(b) 试件 G6B4-2

图 3-81　试件 G6B4M-σ 曲线

图 3-82 是试件 G6B4-1 和 G6B4-2 的破坏模式, 试验最终结果表明, G6B4 组试件的破坏主要出现在节点域范围内的杆件端部, 具体破坏模式为杆件前端翼缘断裂, 两个试件中均有多个杆件翼缘发生破坏, 试件承载力亦随着破坏的发生呈阶梯式下降趋势; 上下盖板均未出现明显变形, BOM 单边螺栓未出现明显变形。相同参数的两个试件破坏模式相同, 但断裂的位置和数量在每个试件中都具有一定的随机性。在试件 G6B4-1 和 G6B4-2 中, 与第一个破坏杆件相邻的杆件比其他杆件更容易发生破坏。

表 3-23 列出了试件 G6B4-1 和 G6B4-2 的 ϕ-M 曲线的主要特征, 并计算了每个参数的平均值。平均初始转动刚度 $S_{j,ini}$ 为 648.41 kN·m/rad, 平均初始屈服弯矩 M_{ini} 为 5.92 kN·m, 平均节点塑性屈服刚度 K_{sup} 为 64.54 kN·m/rad, 平均塑性屈服弯矩 M_{sup} 为 17.44 kN·m。由表可知, 对于几何参数设置相同的试件, 依据不同杆件的转角计算得到的 4 个主要特征中, 约有 95% 的试验结果差值小

于 2%，这证明了试验数据取自不同的杆件不会改变试件的 ϕ-M 曲线，从相同参数试件的任一杆件计算所得的 ϕ-M 曲线均可代表该类试件的抗弯性能。

G6B4-1-M1　　　　　G6B4-1-M5　　　　　G6B4-1-M6

3个杆件翼缘断裂

(a) 试件 G6B4-1 破坏现象

G6B4-2-M2　　　　　G6B4-2-M3　　　　　G6B4-2-M5

3个杆件翼缘断裂

(b) 试件 G6B4-2 破坏现象

图 3-82　G6B4 组试件破坏模式

表 3-23　试件 G6B4-1 和 G6B4-2 转角–弯矩曲线的主要特征

试件编号	杆件编号	$S_{\mathrm{j,ini}}/$ (kN·m/rad)	$M_{\mathrm{inf}}/$ (kN·m)	$S_{\mathrm{j,p-1}}/$ (kN·m/rad)	$M_{\mathrm{sup}}/$ (kN·m)
	G6B4-1-M1	643.42	5.92	64.34	17.42
	G6B4-1-M2	647.96	5.92	64.80	17.42
G6B4-1	G6B4-1-M3	648.67	5.93	64.87	17.42
	G6B4-1-M4	636.99	5.92	63.70	17.42
	G6B4-1-M5	649.66	5.92	64.97	17.42
	G6B4-1-M6	637.92	5.94	63.79	17.42
	G6B4-2-M1	649.14	5.92	64.91	17.46
	G6B4-2-M2	654.50	5.92	65.45	17.46
G6B4-2	G6B4-2-M3	646.55	5.92	64.66	17.46
	G6B4-2-M4	640.08	5.92	64.01	17.46
	G6B4-2-M5	645.44	5.93	64.54	17.46
	G6B4-2-M6	644.57	5.92	64.46	17.46
平均值		648.41	5.92	64.54	17.44

(c) 盖板厚度对节点抗弯性能的影响

从 3.4.2 节的 3 组试件的试验结果中, 对于几何参数设置相同的试件, 通过计算共得 12 条 ϕ-M 曲线, 相同参数的试件有多组试验数据相互对照, 能够消除偶然误差对试验结果的干扰, 更准确地反映节点的力学性能。在这 12 条 ϕ-M 曲线中, 约有 95% 的试验结果差值小于 2%, 这证明了试验数据取自不同的杆件不会改变试件的 ϕ-M 曲线, 从相同参数试件的任一杆件计算所得的 ϕ-M 曲线均可代表该类试件的抗弯性能。因此, 下文在分析不同的构件几何参数对节点抗弯性能的影响时, 每组参数设置相同的曲线中选取平均值来进行对比, 以便更加突出地反映不同参数影响程度的大小。

图 3-83 和图 3-84 分别是 G10B8 组和 G6B8 组试件的转角-弯矩曲线及节点应力随弯矩变化曲线和不同破坏模式的对比, 主要考察盖板厚度对节点抗弯性能的影响规律, 试验中采用的上下盖板厚度分别为 10 mm(G10B8) 和 6 mm (G6B8)。对比分析不同盖板厚度的节点的 ϕ-M 曲线可发现: 不同的盖板厚度下, 节点域内杆件腹板均出现明显塑性变形, 表现为腹板屈曲及从翼缘至腹板撕裂的现象, 杆件撕裂均属于脆性破坏; 盖板为 6 mm 厚的节点, 除杆件破坏以外, 盖板上最外侧螺栓孔处出现翘曲变形。盖板厚度为 10 mm 和 6 mm 的试件在弯矩达到节点塑性屈服弯矩 M_{sup} 后, 随着转角的增大, 节点所承载的弯矩先经过一个大小约为 $10\%M_{\text{sup}}$ 的降低再增大至 M_{sup} 的波动, 随后弯矩不断下降。表 3-24 列出了两种试件 ϕ-M 曲线的主要特征的平均值。不同盖板厚度下, 节点的初始屈服弯矩和塑性屈服弯矩几乎不随盖板厚度的增加而发生变化。随着盖板厚度的增加, 初始转动刚度和塑性转动刚度均有所增加。盖板厚度增加了 67%, 试件 G10B8 的初始转动刚度和塑性转动刚度比试件 G6B8 增大了 9.7%。

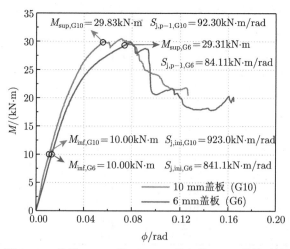

图 3-83　盖板 6 mm 和 10 mm 节点的 ϕ-M 曲线对比

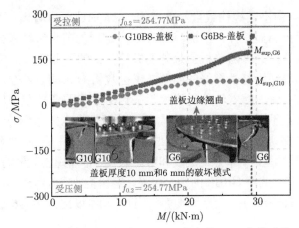

图 3-84 盖板 6 mm 和 10 mm 节点的 M-σ 曲线对比

表 3-24 盖板 6 mm 和 10 mm 节点转角–弯矩曲线的主要特征

试件编号	$S_{j,ini}/$ (kN·m/rad)	$M_{inf}/$ (kN·m)	$S_{j,p-1}/$ (kN·m/rad)	$M_{sup}/$ (kN·m)
G10B8	923.00	10.00	92.30	29.83
G6B8	841.08	10.00	84.11	29.13

从节点的节点应力随弯矩变化曲线和破坏模式的对比 (如图 3-84) 中可知, 在加载过程中试件 G10B8 的盖板应力水平始终低于试件 G6B8。弯矩达到塑性屈服弯矩 M_{sup} 时, 试件 G10B8 的盖板应力并未达到屈服强度。对试件 G10B8 而言, 导致其破坏的原因不是盖板的强度破坏, 而是杆件的突然屈曲和撕裂。试件 G6B8 中盖板的最外侧螺栓孔处应力在弯矩达到 M_{sup} 时几乎已经达到屈服强度。对于试件 G6B8 来说, 导致其破坏的原因仍是杆件的突然屈曲和撕裂, 但盖板变薄导致了节点刚度降低。

由以上对比可知, 增大盖板的厚度能够增大节点的刚度, 但塑性屈服弯矩无明显变化。对此现象的解释是, 节点的塑性屈服弯矩由杆件强度控制, 在盖板发生强度破坏之前杆件已经发生局部屈曲和撕裂破坏, 因此增大盖板厚度不会影响节点的抗弯承载力。这说明了在 BOM 螺栓铝合金节点中, 单纯增大盖板厚度并不一定能起到提高节点承载力的作用, 并且容易导致节点发生脆性破坏。为了使节点具有较高的刚度、抗弯承载力和延性, 应按适当几何尺寸比例来确定盖板的厚度和杆件的截面尺寸。

(d) 螺栓数量对节点抗弯性能的影响

图 3-85 和图 3-86 分别是为 G6B8 组和 G6B4 组试件的转角–弯矩曲线及节点应力随弯矩变化曲线和不同破坏模式的对比, 主要考察单侧翼缘螺栓数量对节点抗弯性能的影响规律, 试验中采用的 BOM 单边螺栓数量分别为 8 个 (G6B8)

和 4 个 (G6B4)。由不同螺栓数量的节点的 ϕ-M 曲线可以看出：不同的螺栓数量下，节点模式存在明显差异；单侧翼缘有 8 个螺栓的节点破坏模式为腹板屈曲及从翼缘至腹板撕裂，并伴随盖板上最外侧螺栓孔处的翘曲变形；单侧翼缘有 4 个螺栓的节点破坏表现为杆件翼缘的断裂。螺栓数量为 8 的试件在弯矩达到节点塑性屈服弯矩 M_{sup} 后，随着转角的增大，节点所承载的弯矩在经历一个先增大后减小的波动后弯矩不断下降；螺栓数量为 4 的试件在弯矩达到 M_{sup} 后，弯矩随转角的增大呈阶梯状下降趋势。表 3-25 列出了两种试件 ϕ-M 曲线的主要特征的平均值。不同螺栓数量时，节点的刚度和弯矩承载力都随螺栓数量的增加而提高。螺栓数量增加了 1 倍，试件 G6B8 的初始屈服弯矩和塑性屈服弯矩比试件 G6B4 增大了约 70%，试件 G6B8 的初始转动刚度和塑性转动刚度比试件 G6B4 增大了 30%。

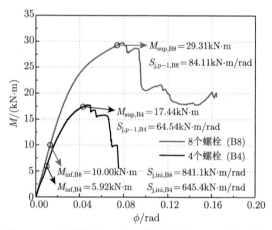

图 3-85 螺栓数量 4 和 8 的节点的 ϕ-M 曲线对比

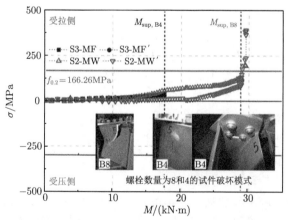

图 3-86 螺栓数量 4 和 8 的节点的 ϕ-M 曲线对比

表 3-25 螺栓数量 4 和 8 的节点转角–弯矩曲线的主要特征

试件编号	$S_{j,ini}/$ (kN·m/rad)	$M_{inf}/$ (kN·m)	$S_{j,p-1}/$ (kN·m/rad)	$M_{sup}/$ (kN·m)
G6B8	841.08	10.00	84.11	29.13
G6B4	645.40	5.92	64.54	17.44

从节点的节点应力随弯矩变化曲线和破坏模式的对比 (如图 3-86) 中可知，在加载过程中试件 G6B4 的杆件腹板应力水平始终低于试件 G6B8。弯矩达到塑性屈服弯矩 M_{sup} 时，试件 G6B8 的杆件腹板应力已经达到屈服强度。对于试件 G6B8 来说，导致其破坏的原因是杆件的突然屈曲和撕裂。弯矩达到塑性屈服弯矩 M_{sup} 时，试件 G6B4 的杆件腹板应力尚处于弹性阶段，杆件翼缘断裂导致了试件 G6B4 的破坏。由以上对比可知，增加螺栓的数量能够显著提高节点的刚度和塑性屈服弯矩。对此现象的解释是，在外荷载相等的情况下，增加螺栓的数量能降低铝合金材料在螺栓孔处的承压应力，因此提高了节点的弯矩承载能力。

本节的试验结果表明 BOM 螺栓铝合金节点的破坏模式取决于螺栓的抗剪承载力与铝合金构件承载力之间的强弱关系。当螺栓的抗剪强度明显大于铝合金的承压强度时，节点的破坏发生在铝合金杆件上；随着盖板厚度的增加，节点的破坏由翼缘螺栓孔的承压破坏转变为构件的撕裂破坏。增加盖板厚度、构件杆件截面尺寸和螺栓数量可以提高节点的刚度和抗弯承载力；同时，也会导致节点更容易发生脆性破坏。在工程设计中，不宜以提高节点承载力为唯一目的而使用过多的螺栓和过厚的盖板，应综合考虑节点的承载力和可能发生的破坏模式，合理设计节点中各种构件之间的尺寸关系。

3.5.2 节点数值模型

(1) 节点数值模型参数

(a) 基于 ABAQUS 标准非线性方法的节点建模方法

BOM 螺栓铝合金节点的抗弯性能受力分析是一种典型的非线性问题，其非线性具体体现在材料、几何和接触 3 个方面。6061-T6 铝合金材料的本构关系呈非线性；节点在受力过程中可能出现的大变形、大转角和屈曲等现象体现了几何非线性；节点的各构件在变形过程中发生接触，使整个模型的边界条件发生变化，体现了接触非线性。采用非线性分析方法能够真实地模拟节点在经历荷载下转角–弯矩曲线的全过程变化，得到节点的变形发展过程及荷载传递路径。

为了便于对照有限元模拟结果与试验结果，同时更加准确地模拟节点在单层网壳结构中的受力状态，本节建立了两块盖板连接 6 根矩形截面杆件的节点模型。新型节点模型主要由 96 个螺栓 (包括螺栓杆和套筒两部分)、2 个圆形盖板和 6 根杆件构成，104 个实体部件均采用 C3D8R 减缩积分单元模拟，并根据构件的尺寸大小对其进行了不同尺度的网格划分，如图 3-87 所示。C3D8R 为六面体单元，螺栓的网格尺寸约为 2 mm×2 mm，盖板的网格尺寸约为 10 mm×10 mm，杆件前端有螺栓孔区域的网格尺寸约为 10 mm×10 mm，没有螺栓孔的区域网格尺寸放大为 20 mm×20 mm，采用不同尺度的网格划分以提高模型计算速度。模型的边界条件设置为约束 6 根杆件末端支座处沿 x、y、z 方向的平动，以及绕 y 轴方向的转动，该设置方式尽量还原了试验的约束条件。6 个加载区域位于距盖板边缘 50mm 处，与试验的加载点位置相同。

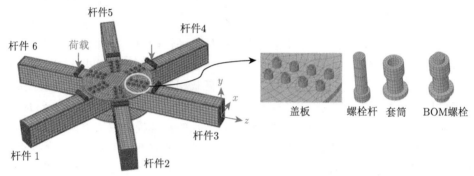

图 3-87　节点 ABAQUS 标准非线性建模方法

BOM 螺栓铝合金节点的上下盖板、矩形截面杆件采用 6061-T6 铝合金，其本构关系可用如公式 (3-3) 形式的 Ramberg-Osgood 模型来表达；BOM 螺栓的材料力学属性按美国规范 ASTM A325 和 BOM 产品说明书取值，具体取值如表 3-26 所示。

表 3-26　有限元模型材料属性

构件	材料	f_y $(f_{0.2})$/ (N/mm^2)	f_u/ (N/mm^2)	E/ (N/mm^2)	ρ/ (kg/m^3)	ν
盖板	铝合金	250	300	70 000	2 700	0.27
杆件	铝合金	170	220	70 000	2 700	0.27
BOM 螺栓	中碳钢	620	830	206 000	7 850	0.3

每个节点计算模型中设置了 564 对接触对，其中螺栓杆与套筒之间共 192 对接触对，设定为绑定约束；其他 372 对接触对设置为面与面接触。图 3-88 所示为模型接触对设置图，不同位置的接触用不同颜色表示。本模型接触单元中主从面的设定方式如表 3-27 所示。接触单元能覆盖 C3D8R 单元的表面，其形状与所覆盖的实体单元形状相同；接触单元被激活时，其表面会渗透到被覆盖实体的表面上。在设置接触对时首先要考虑的问题是定义主面 (master surface) 和从面 (slave surface)，一般选择刚度较大、网格尺寸较大的表面作为主面，其法线方向

即是接触方向。本模型中预估接触面滑移量大于接触单元的 20%，滑移公式选择有限滑移 (finite sliding)。有限滑移算法需不断判定从面与主面的接触位置，所以计算代价较大，但是计算结果更为精确。有限滑移的主面和从面之间可以任意地相对滑动。

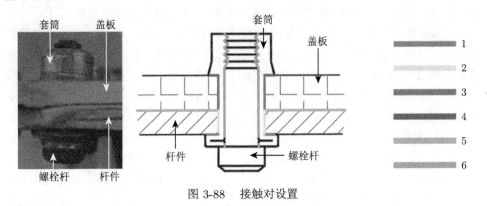

图 3-88   接触对设置

表 3-27   试件 G6B4-1 和 G6B4-2 转角–弯矩曲线的主要特征

接触对编号	接触类型	主面	从面	接触对数量
1	面与面接触	杆件翼缘	套筒	96
2	面与面接触	翼缘螺栓孔	套筒	96
3	面与面接触	盖板螺栓孔	套筒	96
4	面与面接触	盖板	套筒	96
5	面与面接触	杆件翼缘	杆件	12
6	绑定约束	套筒	螺栓杆	192

(b) 扩展有限元方法的研究现状

扩展有限元法 (extended finite element method，XFEM) 是基于有限元法 (finite element method，FEM) 发展而来的数值方法，通过在连续的位移场引入特定函数来模拟某一问题的不连续特性，是解决裂纹、孔洞等不连续问题简单高效的数值方法 [94]。该方法划分网格不依赖于结构的物理界面或内部几何，从而克服了裂纹尖端难以划分网格的问题，因此在解决连续区域中的间断问题上优势明显 [95,96]。

1996 年，Melenk 等 [97] 提出了单位分解有限元法 (Partition of unit finite element method, PUFEM) 的基本思想，介绍了其数学基础，并针对一个一维模型算例详细阐述了该方法的过程。模型算例说明了该方法的稳健性，从而表明了在这类问题上单位分解有限元法比经典有限元法更具有优越性。将单位分解有限元法应用于二维 Helmholtz 方程，证明了该法可以很好地处理高频振动问题。

Belytschko 等 [98] 基于单位分解有限元法，提出了一种富集有限元近似的扩展有限元法，能够用最少的网格划分解决二维裂纹问题。在该方法中，不需要根据裂纹的形状划分网格，裂纹扩展问题只需很少的网格划分甚至不需要网格就可以解决。该方法的主要特点是使用了不连续函数。这个不连续点沿着裂纹路径布置，在形函数中加入不连续函数，利用有限元法生成单元。该方法在解决二维裂缝问题上模拟结果与解析解的误差在 1% 左右，且适用于非线性材料。

Moës 等 [99] 进一步扩充了 XFEM 的应用范围，提出了一种包括渐近尖端场和 Haar 函数，在裂纹发展时不需要重新划分网格的裂纹扩展模拟方法。在远离裂纹尖端的位置引入 Haar 函数是对文献 [98] 方法的关键改进，这一改进让该模拟方法更容易推广到涉及非线性材料和三维的问题。该方法将裂纹视为一个完全独立的几何实体，其与网格的唯一联系在富集节点的选择。这种富集的准确性几乎与单元大小无关。此外，裂纹尖端单元应采用过渡单元，并且随着裂纹尖端附近单元尺寸的减小，该方法的准确度降低，且需要每个节点的自由度是可变的。

Dolbow[100] 采用扩展有限元法模拟裂纹和裂纹的发展过程，该方法包含不连续函数和近尖端函数，这使得裂纹的几何建模不依赖于有限元网格，有利于模拟裂纹的扩展。为了得到混合模式的应力强度因子，在 Mindlin-Reissner 板理论的条件下推导了相互作用积分的适当域形式。通过求解无限板和有限板中贯穿裂纹的几个基本问题，证明了新公式的准确性和实用性。

(c) 基于 ABAQUS 扩展有限元方法的节点建模方法

BOM 螺栓铝合金节点试验结果表明撕裂现象在节点的破坏模式中普遍存在，如果有限元模型能够模拟裂缝的出现和发展，研究其对结构的影响，有限元分析的准确性会显著提高。本节采用了基于 ABAQUS 扩展有限元法模拟节点的抗弯性能，该方法以 ABAQUS 标准非线性方法为基础，对连续区域采用标准有限元法；在包含不连续边界的小范围区域，引入位移函数来描述不连续的位移场，以保证单元之间对不连续界面的描述彼此协调。采用 XFEM 算法能够自行判断裂纹扩展方向，实现裂纹扩展的模拟。

节点采用 ABAQUS 扩展有限元方法建模方法如图 3-89 所示，具体建模过程可分为两大部分：①螺栓、盖板和构件的部件创建和网格划分均可采用 ABAQUS 标准非线性方法。有限元模型的几何尺寸、约束条件和加载方法见 4.2.1.1 中阐述。为了获得更精确的计算结果，在螺栓和螺栓孔区域网格划分得更精细。而在变形和应力相对较小的其他位置，网格尺寸显著增大，可以提高计算效率而不会产生精度误差。②在开裂可能性最大的位置预设基于 XFEM 的裂纹。XFEM 能够自动计算裂纹出现的位置，但预设裂纹能大幅度降低计算量，因此在本模型中，预设裂缝设置在杆件受拉侧的最外圈螺栓孔处，与试验中出现裂缝的位置一致。因为杆件是三维模型，所以预设裂缝以 2D shell 单元的形式插入到杆件横截面内。随后将预设裂缝与杆件的相互作用关系设置为基于 XFEM 的裂缝扩展方式，在模型非线性分析时就会自动调用 XFEM 算法。

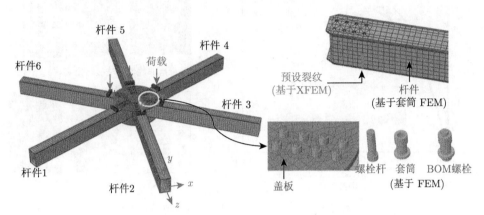

图 3-89 节点 ABAQUS 扩展有限元方法建模方法

(2) 两种数值模拟方法结果与试验结果对比

为了对比 ABAQUS 标准非线性方法和扩展有限元法 (XFEM) 模拟节点试验效果的优劣, 根据两种方法的数值模拟结果, 分别计算了节点的转角-弯矩曲线并提取了相应的应力云图, 有限元分析与试验的结果对比如图 3-90 至图 3-92 所示。有限元模型转角的定义和计算采用与试验相同的方法, 节点的破坏模式取自计算结束、模型破坏时刻。从 ϕ-M 曲线的对比结果可知, 标准非线性方法和 XFEM 法都能准确模拟节点的弹性节点, 获得与试验值接近的初始转动刚度结果。但是在节点的受力状态进入弹塑性之后, 标准方法的模拟结果与试验结果的差异越来越大, 而 XFEM 获得的 ϕ-M 曲线始终与试验结果拟合良好。此外由于标

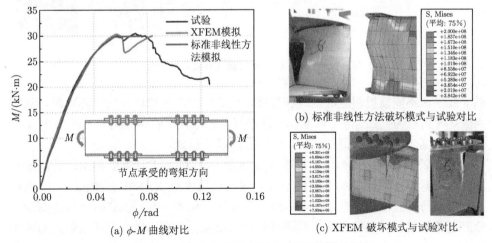

图 3-90 试件 G10B8 试验与有限元结果对比

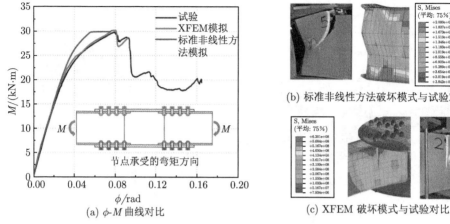

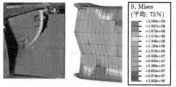

(b) 标准非线性方法破坏模式与试验对比

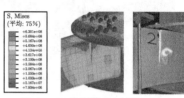

(a) φ-M 曲线对比

(c) XFEM 破坏模式与试验对比

图 3-91　试件 G6B8 试验与有限元结果对比

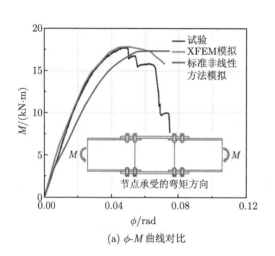

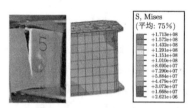

(b) 标准非线性方法破坏模式与试验对比

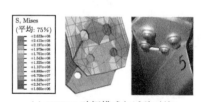

(a) φ-M 曲线对比

(c) XFEM 破坏模式与试验对比

图 3-92　试件 G6B4 试验与有限元结果对比

准非线性法不能模拟裂缝的出现和发展,该方法无法模拟曲线的下降阶段。从节点破坏时的应力云图分析,标准非线性法只能模拟杆件的屈服现象,而 XFEM 能够模拟裂缝的发展,获得与试验结果一致的破坏模式。

表 3-28 和表 3-29 列出了标准非线性方法和 XFEM 计算的初始转动刚度和塑性屈服弯矩与试验结果的对比情况。对比结果说明 XFEM 得到的 φ-M 曲线主要特征与试验值的误差均小于标准非线性法。因此,无论是从转角-弯矩曲线的角度,还是破坏模式的角度,扩展有限元法都能更加准确地模拟新型节点的抗弯性能。

通过上述的数值模拟结果，能够总结出采用标准非线性方法和 XFEM 模拟节点抗弯性能的各自的特点。两种方法的共同点是都能够考虑材料非线性、几何非线性及接触非线性。标准有限元法计算效率高，适合用于大规模参数分析，但是该方法无法模拟裂缝的出现及模型承载力的下降，因此通过标准非线性法获得的转角–弯矩关系的塑性段与试验结果差异较大。XFEM 能模拟裂缝的发生和发展过程，真实反映节点破坏模式，也能更真实地模拟构件破坏后承载力变化，同时也要付出计算收敛难度较大且计算耗时较长的代价。综合考虑两种方法的模拟结果和运算成本，XFEM 更适合模拟新型 BOM 螺栓铝合金节点的抗弯性能。

表 3-28　试验与数值模拟的初始转动刚度结果对比

试件编号	$S_{\text{j,ini,exp}}/(\text{kN·m/rad})$	$S_{\text{j,ini,anal}}/(\text{kN·m/rad})$		$\dfrac{S_{\text{j,ini,exp}} - S_{\text{j,ini,anal}}}{S_{\text{j,ini,exp}}}$	
		XFEM	标准非线性方法	XFEM	标准非线性方法
G10B8	923.00	920.81	944.87	0.24%	2.37%
G6B8	841.08	852.36	845.36	1.34%	0.51%
G6B4	645.40	650.75	643.75	0.83%	0.26%

表 3-29　试验与数值模拟的塑性屈服弯矩结果对比

试件编号	$M_{\text{sup,exp}}/(\text{kN·m/rad})$	$M_{\text{sup,anal}}/(\text{kN·m/rad})$		$\dfrac{M_{\text{sup,exp}} - M_{\text{sup,anal}}}{M_{\text{sup,exp}}}$	
		XFEM	标准非线性方法	XFEM	标准非线性方法
G10B8	30.47	30.34	29.72	0.43%	2.46%
G6B8	29.80	30.15	29.87	1.20%	0.23%
G6B4	17.76	17.90	17.35	0.79%	2.31%

第 4 章　半刚性节点滞回性能

4.1　引　　言

地震对结构的作用是一种能量的传递、转化与消耗过程。半刚性节点延性较好，结构变形增大，以其自身产生的可恢复变形能和非弹性变形能来消耗地震过程中所产生的能量，从而保证结构体系不发生倒塌。合理地利用半刚性节点延性，可以增加结构的耗能能力，控制地震过程中结构的破坏程度。

本章根据有无初始滑移现象，选取前文中的 C 型节点及齿式节点作为研究对象研究在弯剪荷载、定轴力弯剪荷载、螺栓预紧力等因素影响下节点的滞回性能、延性比、耗能能力和破坏模式的变化规律，利用试验及有限元方法对节点进行非线性弹塑性变形分析。通过滞回曲线、骨架曲线、延性比及能量耗散系数等评价一个构件或节点抗震性能优劣的指标，对节点的滞回性能进行评价，并采用理论分析方法对节点滞回曲线进行简化，得到了考虑节点刚度、强度不断退化、滑移不断增加的节点损伤模型，为半刚性节点抗震设计方法提供可靠性、安全性保障。

4.2　C 型节点滞回性能

4.2.1　节点滞回试验

(1) 试验方案

本试验主要测试了节点的承载力、破坏模式、空间滞回模型和骨架曲线等特性。在节点、钢柱体和杆件上均布置了应变片用以测量节点的应力发展情况，并采用水平位移计和力传感器测量杆件杆端的水平位移和荷载，百分表测量前端板与钢柱体之间的缝隙开展情况。试验过程中采用东华 DH5922 数据采集系统进行数据自动采集，并自动存入计算机。在拟静力试验的过程中，可以实时监测节点的位移–荷载、应变–荷载等相关曲线，以观察和控制试验荷载。通过这些试验测量仪器和应变片，可以测量节点在各个阶段的实际受力状态，得到节点的受力特点、传力机制、破坏过程、破坏形状、滞回及骨架曲线、耗能能力等抗震性能。进行了不同侧连接板厚度的 C 型节点滞回试验，将侧连接板厚度 δ_{t_2}=6mm，8mm，10mm 的试件标号为 C1~C3。试验采用位移控制，具体的加载制度如图 4-1 所示，其中Δ_y 是 C 型节点在承受平面内弯矩下锥头节点板边缘刚发生屈服时 (图

4-2) 所对应的杆端位移。每个荷载等级循环两次,直至试件产生明显的塑性变形或承载力急剧降低。

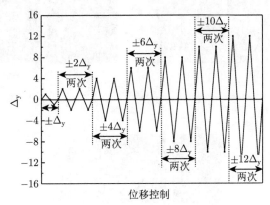

图 4-1 C 型节点平面内滞回试验加载制度

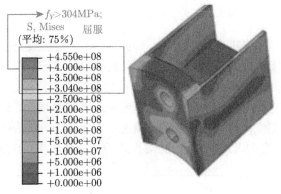

图 4-2 Δ_y 对应的应力云图

(2) 试验结果

图 4-3 是 C 型节点平面内滞回试验中锥头侧连接板和螺栓最终的变形情况。试验现象有:①当 $\delta_{t_2} = 6$ mm 时,节点破坏由锥头部分的双侧连接板屈曲引起。在荷载的前两个循环中,侧连接板的变形及锥头前端板与钢柱体之间的缝隙几乎不可见;随着荷载的增加,侧连接板发生屈曲变形且变形愈加明显,最终整个侧连接板发生屈服,节点承载力明显下降,而此时锥头前端板与钢柱体之间的缝隙依然很小,这表明螺栓的此时的塑性变形极小。②当 $\delta_{t_2} = 10$ mm 时,最终节点破坏由螺栓断裂引起,而侧连接板无明显变形,此时前端板与钢柱体之间产生了明显的缝隙。③当 $\delta_{t_2} = 8$mm 时,试件 C2 破坏模式介于 C1 与 C3 之间,螺栓与侧连接板的变形均随荷载循环的增加逐渐增大,最终节点破坏时,侧连接板发

生显著屈曲，螺栓发生微小变形，且锥头前端板与钢柱体之间产生了较小的缝隙。

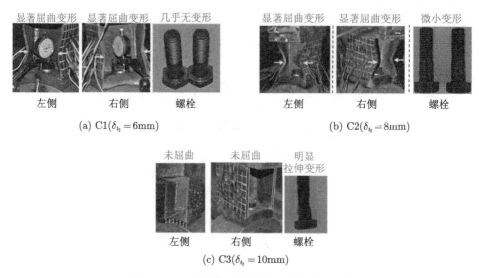

(a) C1($\delta_{t_2}=6\text{mm}$)   (b) C2($\delta_{t_2}=8\text{mm}$)

(c) C3($\delta_{t_2}=10\text{mm}$)

图 4-3 C 型节点平面内滞回试验破坏现象

  C 型节点平面内滞回试验所得的滞回曲线及骨架曲线如图 4-4 和图 4-5 所示，滞回曲线呈梭型且无明显捏缩，表明其耗能性能良好。当 $\delta_{t_2} \leqslant 8\text{mm}$ 时，节点表现出了弹性段、弹塑性段及塑性段；在加载的初始阶段，滞回曲线表现为线性，此时节点刚度及承载力不会衰减；之后随着荷载的增加，侧连接板发生屈曲，此时曲线进入弹塑性段，节点刚度不断降低；荷载循环继续增加，侧连接板屈曲变形不断增大，曲线进入塑性段，此时节点承载力开始下降。然而当 $\delta_{t_2}=10\text{mm}$ 时，

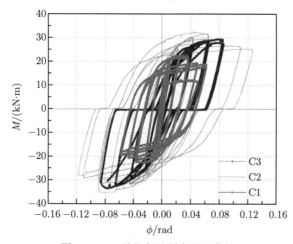

图 4-4 C 型节点平面内滞回曲线

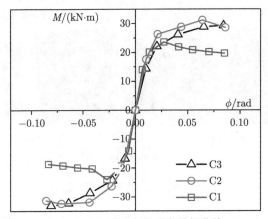

图 4-5   C 型节点平面内骨架曲线

节点不会出现塑性下降段，节点承载力随着节点转角的增加继续变大，此时螺栓变形不断增加，曲线滑移段不断变长，最终节点由螺栓断裂而破坏。

4.2.2   节点数值结果与滞回试验结果对比

C 型节点滞回有限元模型与第二章静力有限元模型相同，将荷载变成了往复荷载。图 4-6 至图 4-8 为 C 型节点平面内数值模拟 (FEA) 得到的滞回曲线、骨架曲线及破坏模式与试验结果 (Test) 的对比图，可以看到数值模拟滞回、骨架曲线与试验结果之间拟合较好，二者极限弯矩误差均不超过 10%(表 4-1)。从破坏模式上看：试件 C1(δ_{t_2}=6mm) 的主要破坏部位为侧连接板，全截面屈服进入屈服状态且发生明显屈曲变形，而此时高强螺栓应力适中保持在弹性范围内；试件 C3(δ_{t_2}=10mm) 的主要破坏部位为高强螺栓，应力达到屈服状态且发生了显著的受拉变形，导致钢柱体与锥头前端板之间产生了明显的缝隙，而此时侧连接板虽然发生屈服但并未

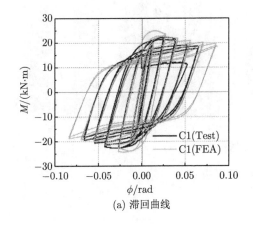

(a) 滞回曲线

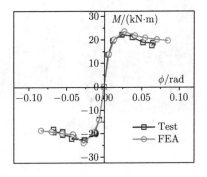

(b) 骨架曲线

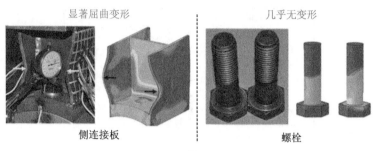

(c) 破坏模式

图 4-6　试件 C1 对比结果

发生屈曲变形；C2 试件的各部件变形及应力状态均在 C1 与 C3 之间。以上均表明此有限元模型可以有效地模拟 C 型节点的平面内滞回性能。

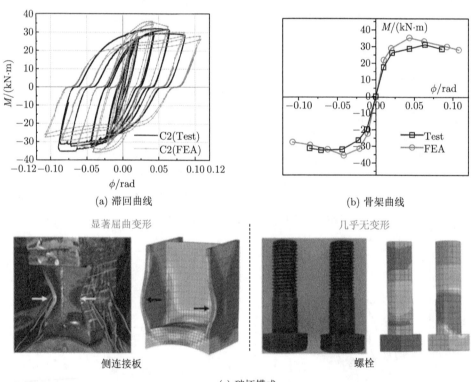

(a) 滞回曲线　　　　　　　　　　　　　　　　(b) 骨架曲线

(c) 破坏模式

图 4-7　试件 C2 对比结果

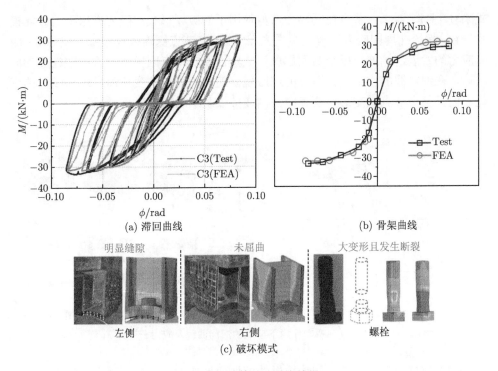

(a) 滞回曲线　　　　　　　　　　　　　　　　(b) 骨架曲线

(c) 破坏模式

图 4-8　试件 C3 对比结果

表 4-1　C 型节点平面内骨架曲线峰值对比

试件编号	$M_{u,anal}$/(kN·m)	$M_{u,exp}$/(kN·m)	$\dfrac{M_{u,exp} - M_{u,anal}}{M_{u,exp}}$
C1	22.29	24.03	7.24%
C2	28.01	30.66	8.64%
C3	31.67	33.05	4.18%

4.2.3　不同工况下节点滞回性能

(1) 纯剪作用下节点的滞回曲线

滞回曲线是研究抗震性能最基本的指标，其形状大小、饱满程度是评价节点抗震性能优劣的重要特征。滞回曲线上单个滞回环所包围的面积可以表示节点或构件在往复荷载作用下吸收的能量，即节点滞回耗能，它反映的是节点在往复荷载作用下能量耗散能力的大小。滞回耗能包括可恢复的弹性应变能和不可恢复的塑形应变能，以结构或构件的裂缝开展和塑性铰的形成为代价来吸收地震能量。

利用有限元软件计算得到了弯剪作用下节点的滞回曲线，如图 4-9a 所示。在低周往复荷载作用下，节点的滞回曲线呈纺锤形，强度退化、刚度退化引起的滞回环捏拢现象不甚严重，节点在弯剪作用下有良好的耗能性能。从节点的破坏模

式来看 (见图 4-9b)，节点在无轴力弯剪作用下的破坏形式和静力作用下的破坏模式一致。螺栓孔周围应力比较集中最先屈服，接着节点侧连接板边缘开始屈服；随着应力的发展，侧连接板全截面屈服形成塑性铰，节点因发生较大的塑性变形而破坏。在地震波的作用下，节点的屈服现象随动力荷载的变化而呈现周期性的变化，而且整个节点域变形主要集中在侧连接板及中间肋板处。

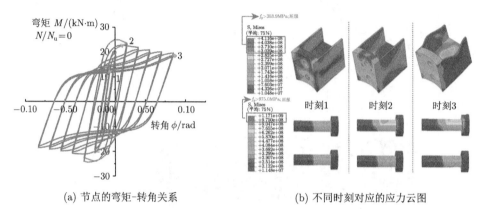

(a) 节点的弯矩-转角关系　　　　　　　　　(b) 不同时刻对应的应力云图

图 4-9　弯剪作用下节点的滞回曲线及应力云图

　　增大位移荷载值，节点侧连接板的塑性变形加大，吸收和耗散的地震能量也增多，节点的滞回耗能增大。节点滞回耗能的大小是与时间有关的，是随着时间逐渐积累的。有限元分析中，选取节点变形过程中的 3 个关键点，即节点边缘开始屈服时刻 1、节点塑性铰的形成时刻 2 及加载结束时刻 3，并将其进行比较分析：①当位移荷载较小时，时刻 1 之前 (见图 4-9a)，节点基本处于弹性阶段。滞回耗能主要以可恢复的弹性应变能为主，初期节点域边缘的屈服对节点的耗能性能几乎没有影响。②当节点由弹性状态逐渐过渡到弹塑性状态时，如图 4-9a 所示时刻 1 与时刻 2 之间，节点滞回耗能为可恢复的弹性变形能和不可恢复的非弹性变形能两部分。由于输入的位移峰值不同，滞回耗能中的弹性应变能所占的比例也不相同。随着输入位移峰值的增加，节点塑性性能在增加，不可恢复的变形在加大，相应的应变也在增加。③当卸载时节点弹性变形恢复，非弹性变形有残余，随位移荷载的增大，节点的残余变形逐渐增大。在节点出现塑性铰进入塑性阶段时，即如图 4-9a 所示时刻 2 之后，节点的承载力并未明显下降，这表明弯剪荷载作用下 C 型节点在形成塑性铰后可以稳定地耗能。

　　(2) 定轴力弯剪作用下节点的滞回曲线

　　为了更全面地认识节点的耗能能力，研究了定轴力弯剪作用下轴力对节点滞回性能的影响，分别对节点在轴向拉力和轴向压力作用下的滞回性能进行了数值模拟分析。根据数值模拟结果，得到了在不同轴力作用下节点的转角-弯矩曲线如图 4-10 和图 4-11 所示。对比分析定轴力不同时弯剪作用下节点的转角–弯矩曲线，我们可以看出：①恒定压力弯剪作用下，轴向压力对节点滞回性能的影响呈现规律性的变化。不同压力下，节点的滞回曲线均较为饱满；随轴向压力的增加，节点承载能力降低较为明显，节点滞回曲线所围成的面积逐渐减小，延性降低，节点承载能力降低，节点的滞回耗能能力呈降低趋势。②在恒定拉力弯剪作

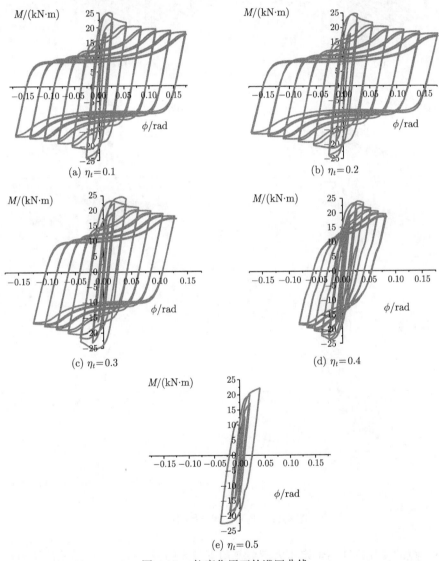

(a) $\eta_t = 0.1$ (b) $\eta_t = 0.2$

(c) $\eta_t = 0.3$ (d) $\eta_t = 0.4$

(e) $\eta_t = 0.5$

图 4-10   拉弯作用下的滞回曲线

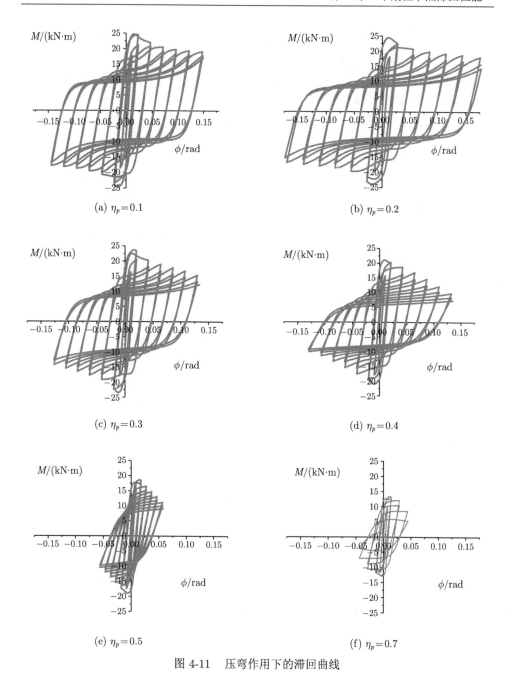

图 4-11 压弯作用下的滞回曲线

用下节点的变化规律与恒定压力弯剪作用下节点的受力性能相比，轴向拉力对节点弯承承载能力的影响相对较小，随轴向拉力的增加，节点滞回曲线所围成的面积不断减小，延性降低，节点的耗能能力降低。轴向拉力小于 318.97kN 时，节点的滞回曲线较为饱满,节点的耗能能力好;当轴向拉力大于 318.97kN 时,节点的滞回曲线饱满性较差,滞回环围成的面积减小,节点耗能能力较差,当荷载超过一定的分析步后,滞回环发生较大的突变,这主要是由于受拉螺栓应力过大、节点发生破坏造成的。

总体来说,随着轴向荷载的增加,节点的滞回耗能能力呈现降低趋势:轴向荷载较小时,节点的变形以弯曲变形为主,其耗能能力随轴向荷载的增加变化较小;当轴向荷载超过一定值之后,增加轴向荷载,节点的轴向变形所占比例逐渐增大,节点的滞回环所围成的面积不断减小,相应的节点耗能能力不断降低。不同轴力弯剪作用下,节点的刚度随循环荷载加载次数及荷载值的增加逐步降低,出现明显的节点刚度退化现象,在滞回曲线上表现出"捏缩"现象。

从应力云图 (见图 4-12) 中看出,在反复荷载作用下,节点侧连接板均全截面屈服形成塑性铰,出现了不同程度的"拱"的形状。对比分析螺栓应力云图知:①随轴向压力的增加,螺栓应力是呈减小趋势的,而且螺栓基本处于弹性变形阶段、应力较小,最终节点以其侧连接板出现较大的塑性变形而破坏。②在轴向拉力作用下,虽然轴向拉力对节点极限弯矩的不利影响相对较小,但对节点的塑性

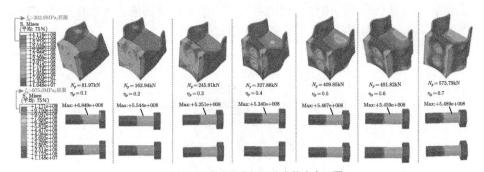

(a) 恒定压力弯剪作用下节点的应力云图

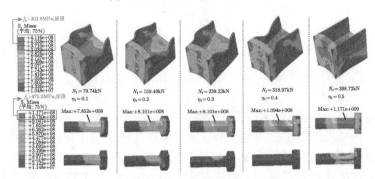

(b) 恒定拉力弯剪作用下节点的应力云图

图 4-12　定轴力弯剪循环荷载作用下的节点应力云图

极限应变、螺栓应力及节点的破坏模式影响较大。随轴向拉力的增加，螺栓应力不断增加，螺栓变形增加，节点的破坏模式由侧连接板强度破坏转为螺栓受拉破坏。对于 M24 的 C 型节点，轴向拉力小于 318.97kN 时，加载结束侧连接板塑性变形较大，出现了明显的"内凹"或"外凸"现象，而此时螺栓应力并没有达到极限状态，节点的破坏模式为侧连接板形成塑性铰、发生较大的塑性变形，节点不能继续承载。当轴向拉力大于 318.97kN 时，受拉螺栓应力达到极限值，螺栓破坏，此时侧连接板并没有出现明显的"内凹"或"外凸"现象，节点的破坏由受拉螺栓达到其极限承载力破坏所致。因此，应严格控制节点在低周反复荷载作用下的轴向拉力值，防止螺栓应力过大、节点发生脆性破坏。

(3) 不同螺栓预紧力作用下节点的滞回曲线

为研究不同螺栓预紧力作用下节点的滞回性能，分别考虑了弯剪作用下 $0.75P_{24}$、P_{24}、$1.25P_{24}$(P_{24} 为规范中规定的 M24 螺栓的预紧力)3 种预紧力的影响。利用 ABAQUS 软件，对 C 型节点施加不同的螺栓预紧力进行节点弯剪作用下的数值模拟分析，得到了不同螺栓预紧力下节点的转角–弯矩曲线如图 4-13 所示。从滞回曲线中我们知道，不同预紧力作用下节点的转角–弯矩曲线基本重合，螺栓预紧力对节点的转动刚度、极限承载能力基本没有影响。弯剪作用下，节点的滞回曲线均较为饱满，节点的耗能能力较好。

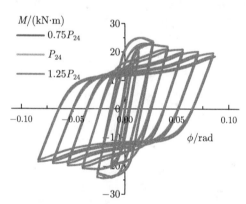

图 4-13　不同预紧力作用下转角–弯矩曲线

对比分析不同预紧力作用下节点的应力云图 (如图 4-14 所示) 发现，不同预紧力作用下，节点侧连接板均全截面屈服形成塑性铰，拉压循环荷载的作用下均出现了明显的"外凸"现象，节点侧连接板的破坏模式一致。但不同预紧力作用下节点的破坏模式略有不同，主要是螺栓的应力不同。不同预紧力对应的螺栓应力相差略大，增大节点螺栓预紧力，受拉螺栓应力不断增加。总体来看，尽管不同螺栓预紧力对节点的刚度和承载能力影响较小，但是不同预紧力对受拉螺栓的应力影响略大。螺栓预紧力过大易发生受拉螺栓破坏进而导致节点的脆性破坏。无论是过拧还是螺栓预紧力不足，一定程度上均不利于节点的滞回耗能，应避免过拧或螺栓预紧力不足的现象。但实际施工过程中，螺栓预紧力松弛或过拧的值比标准预紧力降低 25% 以上的情况出现较少，因此，可以忽略螺栓预紧力对节点滞回性能的影响。

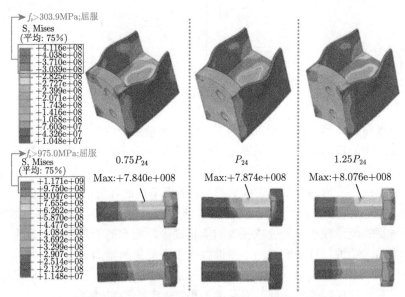

图 4-14　不同预紧力作用下节点及螺栓的应力云图

(4) 能量耗散系数

在衡量节点的抗震性能时，能量耗散系数是反映节点能量耗散能力与自身吸收地震能量关系的一个综合指标。用一个荷载循环中，节点耗散能量与吸收能量的比值来表示节点的能量耗散系数 E_c，节点能量耗散系数的计算简图如图 4-15 所示，具体的计算公式见式 (4-1)。能量耗散系数公式中分子的大小反映了节点在单个循环中耗能能力的大小，分母大小反映了节点滞回曲线中割线刚度的影响。在地震等往复荷载作用下，节点的刚度和变形与节点耗散的能量有关。节点的刚度越大，其吸收的地震等作用下的能量越大。

$$E_c = \frac{S_{(ABC+CDA)}}{S_{(OBE+ODF)}} \tag{4-1}$$

式中　$S_{(ABC+CDA)}$——滞回环所包围的面积；

　　　$S_{(OBE+ODF)}$——相应的三角形面积之和；

　　　E_c——能量耗散系数。

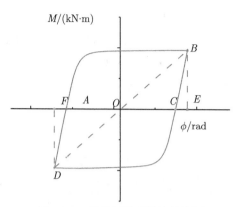

图 4-15　能量耗散系数计算简图

　　从节点弯剪作用下的能量耗散系数 E_c 与周期的曲线中 (见图 4-16) 可以看出，随着时间的增加，节点在低周反复位移荷载作用下的能量耗散系数呈现规律性变化，节点整体延性较好。前期轴力对节点能力耗散系数的影响较大，节点的耗能能力随塑性变形的发展呈增大的趋势；后期节点的耗能能力受轴力影响较小，逐渐趋于稳定，最后节点可以稳定地耗能，直至节点破坏。刚开始的屈服阶段，节点不可恢复的变形较小，塑性铰吸收的能量较少，相应的能量耗散系数小。随着循环的增加，塑性位移不断增加，塑性铰吸收的能量呈增大的趋势，相应的能量耗散系数也呈增大的趋势。由于节点的耗能能力是有限的，塑性铰吸收了较大的能量后，节点的耗能能力降低，最后趋于稳定，节点稳定耗能。

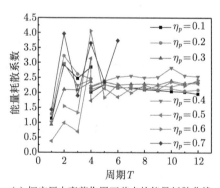

(a) 恒定压力弯剪作用下节点的能量耗散曲线　　　　　(b) 恒定拉力弯剪作用下节点的能量耗散曲线

图 4-16　周期与能量耗散系数的曲线

(5) 骨架曲线

　　骨架曲线可以用来定性地比较和衡量节点的抗震性能。骨架曲线由转角-弯矩滞回曲线各循环的峰值点相连得到，它反映了节点在往复荷载作用下的极限承载力和极限变形能力。螺栓直径为 24mm 的 C 节点试件的转角-弯矩骨架曲线如图 4-17 所示。节点的骨架曲线均呈 S 形，可以划分为弹性段、非线性的上升段及荷载峰值之后的软化阶段三个阶段，表明节点在低周反复荷载作用下经历了弹性、塑性、极限破坏三个阶段，而且骨架曲线在达到荷载峰值后都有较长的轻微下降段，说明节点的延性性能好，耗能能力好。

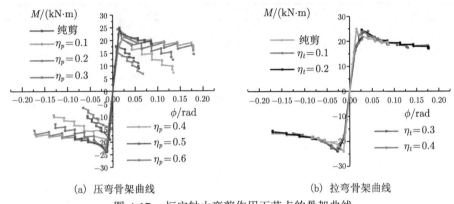

(a) 压弯骨架曲线　　　　　　　　　　　　(b) 拉弯骨架曲线

图 4-17　恒定轴力弯剪作用下节点的骨架曲线

　　在定轴力弯剪作用下，节点的极限承载力和变形呈现规律性的变化。节点屈服以前，节点模型的骨架曲线基本为直线；节点侧连接板屈服以后，随着位移荷载的增加，骨架曲线开始表现出节点的非线性特性，特别是侧连接板出现明显的"外凸"或"内凹"现象后，荷载的增加明显小于变形的增加。对比分析不同轴力作用下节点的骨架曲线可知：①恒定压力弯剪作用下，节点的初始转动刚度、弯矩承载力和延性均随轴向压力的增加而降低，相应的节点耗能能力也在不断降低。②恒定拉力弯剪作用下，节点的初始转动刚度和承载力受轴向拉力的影响较小，但是延性随轴向拉力的增加而不断减小，相应的节点的耗能能力也随拉力的增加不断降低。因此，骨架曲线也能反映出轴力对节点耗能能力的不利影响是不容忽视的。

　　(6) 延性比

　　为了进一步分析节点的耗能能力，本节采用了延性比 μ 来分析节点的延性，用节点极限位移 δ_u 与构件屈服位移 δ_y 的比值来表示。其中 δ_y 为构件屈服位移，取节点侧连接板边缘受拉或受压屈服时的转角位移；δ_u 为节点极限位移，取骨架曲线上承载力 M_u 所对应的转角位移。

　　节点的延性比受轴力的影响比较大 (见表 4-2)，轴向荷载作用下节点的延性呈一定的规律性变化。对比分析发现，节点在恒定轴力弯剪作用下的延性比随轴向荷载的增加呈降低的趋势，且其值基本低于无轴力弯剪作用下的延性比。节点的延性比越大，节点的延性越好，节点的变形能力越大，从而可以避免结构发生脆性破坏，维持结构的塑性状态。轴力较小时，弯剪荷载作用下节点的延性比均达到了 4.0 以上，满足节点抗震设计的要求，具有很好的延性；轴力较大时，弯剪荷载作用下节点的延性比很小，节点破坏模式以轴向变形为主，不利于节点的耗能，节点的抗震性能较低。因此，实际节点受力时，应避免节点轴力过大。

表 4-2　节点不同荷载下的延性比

组别	N/N_u	屈服位移 δ_y	极限位移 δ_u	延性比 /μ
恒拉力弯剪	0.1	0.027	0.18	6.59
	0.2	0.026	0.18	6.94
	0.3	0.020	0.13	6.61
	0.4	0.013	0.084	6.53
	0.5	0.020	0.039	1.96
恒压力弯剪	0.1	0.027	0.18	6.61
	0.2	0.027	0.18	6.63
	0.3	0.019	0.13	6.99
	0.4	0.020	0.14	6.65
	0.5	0.0086	0.058	6.78
	0.6	0.010	0.066	6.43
	0.7	0.014	0.044	3.21
剪弯	0	0.012	0.087	6.99

4.3　齿式节点滞回性能

4.3.1　节点滞回试验

(1) 试件方案

齿式节点滞回试验装置与齿式节点静力试验相同，根据不同齿式螺栓直径、齿高比、齿数进行了 7 组齿式节点平面内滞回试验，试验分组及试件参数变化如表 4-3 所示，本试验采用力-位移控制加载，其中 F_i 为节点刚刚进入屈服时所对应的水平力。之后以 $0.1\Delta_u$ 为一级进行加载，每级停留至示数稳定，其中 Δ_u 为节点极限弯矩所对应的水平位移。

表 4-3　齿式节点滞回试验分组

试件编号	杆件截面/mm	螺栓直径 d/mm	齿高比 t/d	齿数 n
H1-A	□180 × 100 × 20 × 20	50	1/3	4
H1-B	□180 × 100 × 20 × 20	50	1/3	6
H1-C	□180 × 100 × 20 × 20	50	1/3	8
H2-B	□180 × 100 × 20 × 20	40	1/3	4
H2-C	□180 × 100 × 20 × 20	60	1/3	4
H3-B	□180 × 100 × 20 × 20	50	1/4	4
H3-C	□180 × 100 × 20 × 20	50	1/6	4

(2) 试验结果

图 4-18 与图 4-19 为齿式节点试验滞回曲线及破坏模式，从图中可以看出：①齿式节点的滞回曲线存在明显的捏缩效应，滞回曲线的弹塑性段会出现明显的刚度退化现象，而且与承受静力荷载时相比齿式节点在受往复荷载时会出现更加明显的滑移现象；②齿数越大，节点延性与耗能能力越好，节点滑移及曲线的捏缩效应减小，其原因是随着齿数的增加，在相同的荷载下，单个齿的剪切变形增大，从而减小了齿式螺栓与孔槽之间的缝隙，使节点连接更紧密；③随着齿式螺栓直径和齿高比的增大，齿式节点承载力和耗能能力均提高，且齿高比越大节点滑移越小。

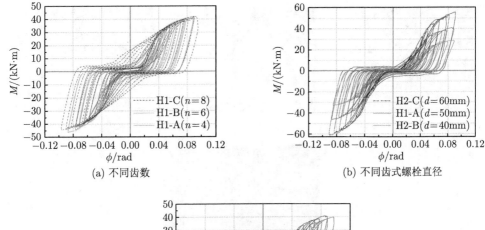

(a) 不同齿数

(b) 不同齿式螺栓直径

(c) 不同齿高比

图 4-18　齿式节点试验所得滞回曲线

从破坏现象上看，因试件采用了较大的空心球厚度，所以空心球均没有明显变形，而连接板上的齿均发生了明显的剪切变形。同时当齿数达到 8 时 (H1-C)，齿在发生剪切变形的同时还伴随了明显的弯曲变形，且发生了断裂。

齿式节点滞回试验所得的骨架曲线如图 4-20 所示，可以看出齿数对于节点初始刚度和极限承载力的影响很小；而增大齿式螺栓直径与齿高比，会使节点初始刚度和承载力显著提高。当齿式螺栓直径从 40mm(H2-B) 增大至 60mm(H2-C) 后，节点初始刚度与极限承载力分别提高了 78.8% 和 103.8%；相应地，当齿高比从 1/6 增加至 1/3 时，节点性能分别增加了 38.5% 与 9.9%。

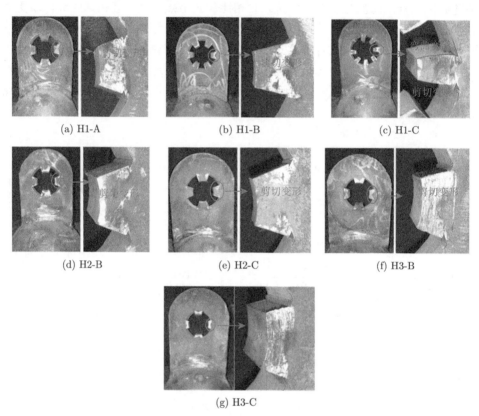

(a) H1-A   (b) H1-B   (c) H1-C

(d) H2-B   (e) H2-C   (f) H3-B

(g) H3-C

图 4-19   齿式节点滞回试验现象

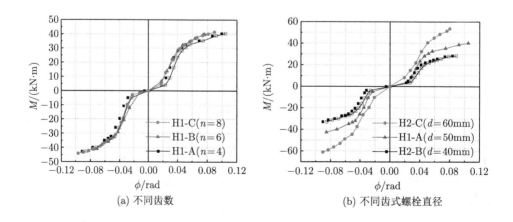

(a) 不同齿数   (b) 不同齿式螺栓直径

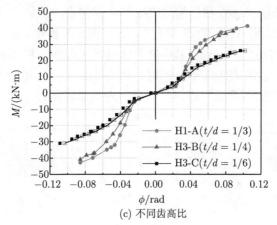

(c) 不同齿高比

图 4-20　齿式节点试验所得骨架曲线

4.3.2　节点数值结果与滞回试验结果对比

图 4-21 对比了齿式节点滞回试验 (Test) 与数值模拟 (FEA) 结果, 图中点 A 与点 B 分别为节点刚进入屈服阶段及齿处产生明显剪切变形时所对应的点。可以看出数值模拟结果略高于试验结果, 原因是试件存在焊接残余应力及微小的初始误差。表 4-4 列出了试验与数值模拟中点 A 与点 B 对应的弯矩与转角, 点 A 与点 B 分别对应节点刚发生屈服及齿根处发生剪切变形的点。由表可知, ϕ_A 变化不大, 其值在 0.020 至 0.026 之间变化, 而随着齿式螺栓直径和齿高比的提高 ϕ_B 降低, 而 M_A 和 M_B 提高; 齿数对两点坐标值的变化影响不大。

表 4-4　点 A 与点 B 坐标值

试件编号	$|M_A|/(\text{kN·m})$	$|\phi_A|/\text{rad}$	$|M_B|/(\text{kN·m})$	$|\phi_B|/\text{rad}$
H1-A	31.840	0.025	38.190	0.041
H1-B	34.790	0.024	40.580	0.043
H1-C	32.070	0.022	40.120	0.041
H2-B	23.210	0.022	30.880	0.053
H2-C	42.990	0.020	52.080	0.035
H3-B	25.810	0.026	36.560	0.051
H3-C	22.510	0.025	28.570	0.063

图 4-22 为点 B 对应的中间连接板截面 1 的应力分布情况, 截面 1 取自距离齿根 20mm 处, 基于齿不同的变形程度及连接板应力分布情况, 将齿式节点滞回破坏模式总结为如下 3 种: ① 破坏模式 I: 试件 H1-A、H1-B、H2-B、H2-C 和 H3-B 的连接板与齿均发生了屈服, 且连接板形成了倒 "U" 型贯通屈服面, 如图

4-22h)，节点耗能由连接板和齿的屈服变形共同完成，将其定义为整体贯通破坏；
② 破坏模式 II：试件 H1-C 的破坏模式与破坏模式 I 相似，但齿不仅发生剪切变
形还伴随明显的弯曲变形，同时其中某个齿会发生脆断，将其定义为齿断裂破坏；
③ 破坏模式 III：当齿高比低于 1/4 时，试件 (H3-C) 的应力分布集中在齿附近，
节点耗能仅由齿的剪切变形完成，将其定义为局部破坏。

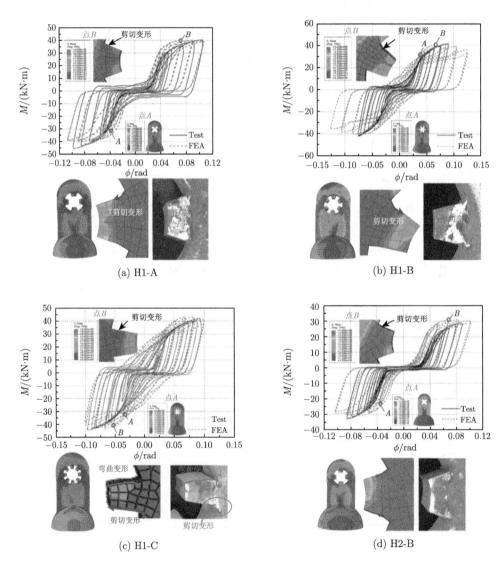

(a) H1-A

(b) H1-B

(c) H1-C

(d) H2-B

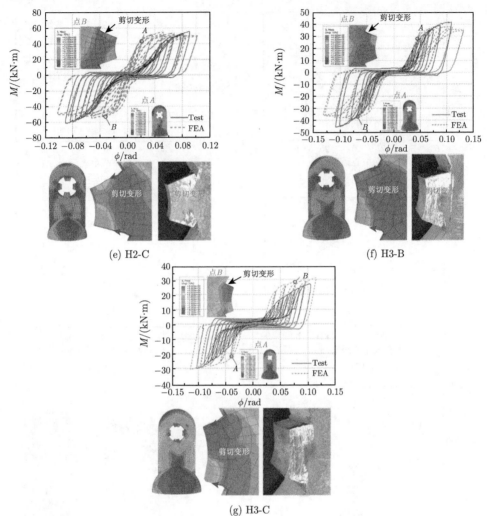

图 4-21　齿式节点滞回试验结果与数值结果对比

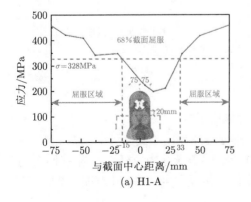

(a) H1-A

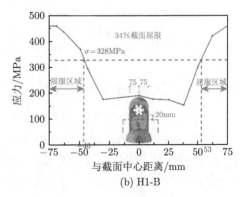

(b) H1-B

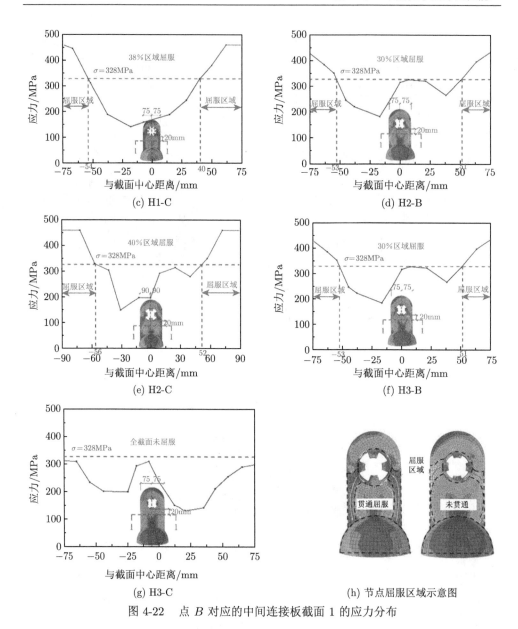

图 4-22　点 *B* 对应的中间连接板截面 1 的应力分布

4.3.3　不同工况下节点滞回性能

(1) 轴向压力对齿式节点平面内滞回性能的影响

在不同轴向压力作用下节点的平面内滞回曲线如图 4-23 所示,可以得到:①在 $\eta_p \leqslant 0.3$ 时, 节点滞回曲线的饱满程度略有增加, 但承载力及延性也略有下降, 节点破坏模式与节点受纯弯作用时类似, 中间连接板发生明显屈服 (图 4-24a), 节点整体表现为受弯破坏；②在$\eta_p \geqslant 0.4$时，承载力及延性急剧下降，节点破坏模式为整体失稳破坏，此时中间连接板屈服区域较小 (图 4-24b)；

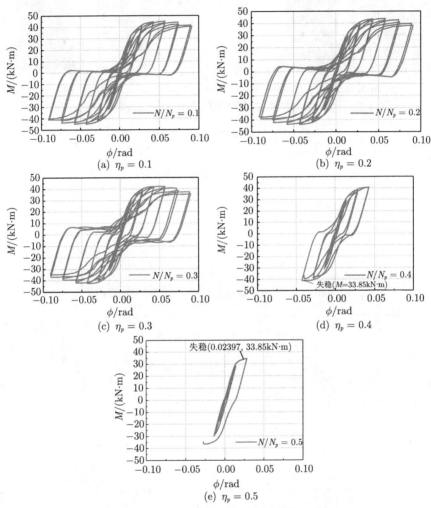

图 4-23　齿式节点在轴向压力作用下的平面内滞回曲线

(2) 轴向拉力对齿式节点平面内滞回性能的影响

图 4-25 为齿式节点在轴向拉力作用下的位移–力曲线，当轴向拉力达到 854.9kN 时，节点刚度下降为初始转动刚度的 10%，此时对应的轴向位移为$\Delta_t = 0.00119\text{m}$，节点受拉破坏。当节点承受弯矩及轴力联合作用时，若轴向位移超过Δ_t节点可视为受拉破坏，而轴向位移未超过Δ_t则节点为受弯破坏。齿式节点在不同轴向拉力作用下的平面内滞回曲线如图 4-26 所示。

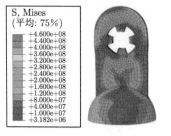

(a) $\eta_p \leqslant 0.3$

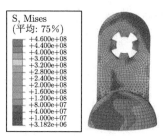

(b) $\eta_p \geqslant 0.4$

图 4-24   轴向压力和往复荷载作用下的齿式节点破坏时的应力云图

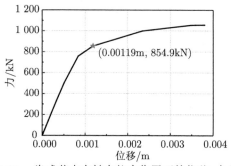

图 4-25   齿式节点在轴向拉力作用下的位移–力曲线

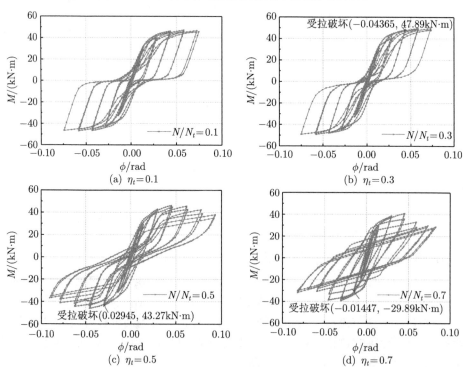

(a) $\eta_t = 0.1$

(b) $\eta_t = 0.3$

(c) $\eta_t = 0.5$

(d) $\eta_t = 0.7$

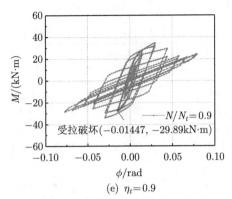

(e) $\eta_t = 0.9$

图 4-26 齿式节点在轴向拉力作用下的平面内滞回曲线

可以看出：①随着轴向拉力的增大，齿式节点在往复荷载作用下，破坏模式由受弯破坏 ($\eta_t = 0.1$) 变为受拉破坏 ($\eta_t \geqslant 0.2$)；②节点在受轴向拉力及往复弯矩荷载破坏时的应力云图应力分布如图 4-27 所示，在 $\eta_t \leqslant 0.3$ 时，中间连接板屈服区域形成倒 "U" 型贯通屈服面，滞回曲线峰值点略有上升，节点耗能能力略有增加；当 $\eta_t \geqslant 0.4$ 时，中间连接板不能形成倒 "U" 型贯通屈服面，滞回曲线面积减小，节点耗能能力下降；③节点受拉破坏点所对应的弯矩及转角随轴向拉力增大呈下降趋势。

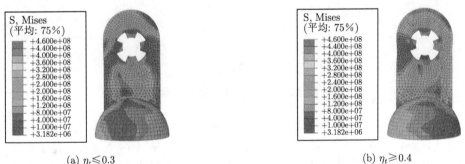

(a) $\eta_t \leqslant 0.3$ (b) $\eta_t \geqslant 0.4$

图 4-27 轴向拉力往复荷载作用下的齿式节点破坏时的应力云图

(3) 节点耗能系数与延性比

齿式节点各试件能量耗散系数 E_c 如图 4-28 所示，可以看出增加齿数及齿高比可以显著提高齿式节点的能量耗散系数，但齿式螺栓直径对其影响较小。同时统计了各试件的延性比 $\mu = \phi_y / \phi_u$，对于没有明显屈服点的节点曲线而言，延性比所采用的屈服转角 ϕ_y 与极限转角 ϕ_u 可以根据图 4-29 计算。图中 OH 为通过骨架曲线原点 O 斜率为初始刚度的直线，与曲线极限峰值点 E 向 y 轴的垂线交于点 H；再作 H 对 x 轴的垂线与骨架曲线交于点 C；最后连接 OC 交 EH 与点 H'，此时 H' 对 x 轴的垂线与骨架曲线的交点 D 即为屈服点，其横坐标即为屈服转角ϕ_y。

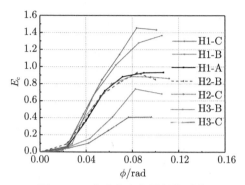

图 4-28　齿式节点能量耗散系数

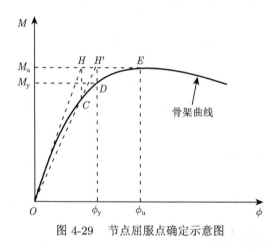

图 4-29　节点屈服点确定示意图

　　将计算所得的齿式节点延性比列入表 4-5 中，由表可知齿式节点的延性比均在 2.2 以下，表明其在屈服后变形能力有限；当齿数从 4 增至 6 时，延性比明显增加，但如果将齿数再次增加后，节点延性反而会由于齿的断裂而下降；节点延性随着齿式螺栓直径的增加与齿高比减小而增加。

表 4-5　齿式节点延性比

试件编号	H1-A	H1-B	H1-C	H2-B	H2-C	H3-B	H3-C
μ	1.57	2.06	1.95	1.46	2.07	1.66	2.20

4.4　半刚性节点动力损伤模型

　　上述得到的节点滞回曲线并不能直接应用于建立网壳模型，因此需对节点滞回曲线进行简化。本节采用了一种基于折减系数的半刚性节点滞回曲线理论简化方法，得到了无初始滑移节点与有初始滑移节点的损伤模型，该模型可以有效地考虑有初始滑移节点与无初始滑移节点在往复荷载作用下刚度强度的退化与滑移的发展，为半刚性节点网壳建模提供有力支持。

4.4.1　无初始滑移节点动力损伤模型

无初始滑移节点损伤模型如图 4-30 所示，图中黑色线为节点的骨架曲线，可以将其分为 3 段，OA 为弹性段、AB 为上升段、BC 为下降段，其中 A 点为节点刚进入屈服状态对应点，OA 段斜率 $K_y = M_y/\phi_y$，点 B 为骨架曲线峰值点，点 C 为失效点。

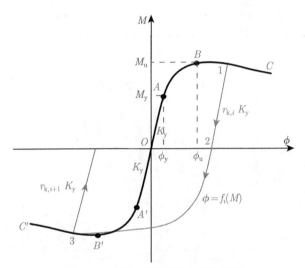

图 4-30　无初始滑移节点损伤模型

骨架曲线的转角–弯矩关系 $f_i(M)$ 可采用前文节点理论分析方法确定，根据不同节点形式采用幂函数、三折线或其他形式对其进行拟合。节点损伤过程如下：①当节点加载过程在 OA 与 OA' 段之间时，节点处于弹性阶段，节点刚度及节点承载力不发生退化，节点无损伤；②当节点加载至 AB 或 $A'B'$ 段时，节点中各部件开始发生屈服，此时节点刚度发生退化，节点进入轻度损伤状态；③当节点加载至 BC 或 $B'C'$ 段时，节点受力部件大范围屈服，刚度与承载力均发生退化，节点进入严重损伤状态。以 C 型节点试件 S1-A 为例：当节点加载至点 1 时，根据此时节点的塑性累积转角 ϕ_p 与顶点转角 ϕ_u 的比值可以确定刚度折减系数 r_k 和承载力折减系数 r_m，其具体数值如表 4-6 所示，此时节点卸载将按照折减后的节点刚度 $r_k K_y$ 卸载至点 2，当节点再次加载将按照折减后的曲线 $f_i(M)$ 加载至点 3，$f_i(M)$ 可采用公式 (4-2) 计算。由损伤模型得到的 C 型节点滞回曲线与试验结果如图 4-31 所示，可以看出该损伤模型可以较好地拟合出 C 型节点的滞回曲线。该损伤模型同样适用于其他无初始滑移节点，通过调节初始转动刚度、节点极限弯矩、形状系数 n_s 及折减系数等参数，即可实现对不同节点滞回曲线的拟合。

$$\phi = f_i(M) = \frac{M}{r_k S_{j,ini}} \frac{1}{[1 - (M/r_m M_u)^{n_s}]^{1/n_s}} \tag{4-2}$$

表 4-6 C 型节点 (S1-A) 折减系数表

试件	ϕ_p/ϕ_u	r_k	r_m	n_s
	0.25	0.88	1.00	3.0
	0.75	0.79	1.00	2.5
S1-A(δ_{t_2}=6mm)	1.26	0.59	0.95	2.0
	1.80	0.46	0.90	1.7
	2.33	0.40	0.82	1.5

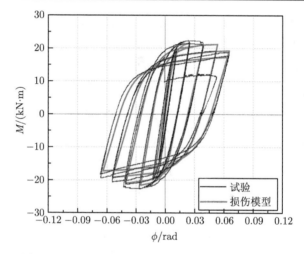

图 4-31 无初始滑移节点损伤模型与试验结果对比

4.4.2 有初始滑移节点动力损伤模型

有初始滑移节点损伤模型如图 4-32 所示，其形式大致与无初始滑移节点相类似，但此类节点骨架曲线有初始滑移段 OS，该滑移段斜率与长度需根据节点具体形式确定。以齿式节点 T4-B 为例，节点初始滑移段高度为弹性段的 25%，长度为原长度的 10 倍，节点损伤过程如下：当节点加载至点 1 时，根据此时节点的塑性累积转角 ϕ_p 与顶点转角 ϕ_u 的比值可以确定刚度折减系数 r_k 和承载力折减系数 r_m，其具体数值如表 4-7 所示，此时节点卸载将按照折减后的节点刚度 $r_k K_y$ 卸载至点 2；当节点再次加载，首先节点再次发生滑移，滑移段长度增加至 $\phi_{s,i}$，再按照折减后的曲线 $f_i(M)$ 加载至点 3，依此循环。由损伤模型得到的节点滞回曲线与试验结果如图 4-33 所示，可以看出该损伤模型可以较好地拟合出齿式节

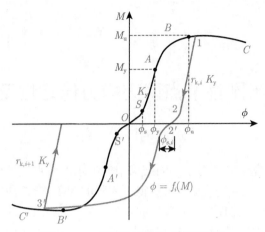

图 4-32 有初始滑移节点损伤模型

点的滞回曲线。该损伤模型同样适用于其他具有初始滑移的节点，根据不同节点滑移特点，调节初始滑移段高度和长度等参数，即可实现对不同程度初始滑移节点滞回曲线的拟合。

表 4-7 齿式节点 (T4-B) 折减系数表

试件	ϕ_p/ϕ_u	r_k	r_m	n_s	$\phi_{s,i}/\phi_s$
	1.8	1	1.00	1.6	1.2
	2.3	0.65	1.00	1.9	1.3
T4-B($\delta_{t_2}=6mm$)	2.7	0.40	1.00	2.4	1.4
	3.0	0.29	1.00	2.9	1.5
	3.5	0.25	1.00	3.1	1.7

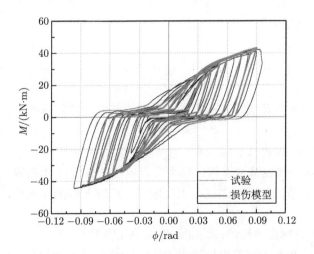

图 4-33 有初始滑移节点损伤模型与试验结果对比

第 5 章　半刚性节点网壳静力稳定性及设计方法

5.1　引　　言

根据前文的研究成果,对于空间结构中的半刚性节点,可以通过精细化的数值模拟方法或转角–弯矩关系拟合公式得到完整的转角–弯矩曲线。半刚性节点空间结构是通过具有一定初始转动刚度的半刚性节点连接而成的空间结构体系,其受力特征与传统的刚接及铰接结构有较大的区别,不能再按照传统的刚接或铰接模型来计算分析其受力性能。刚接和铰接结构的数值模拟分析方法已经比较成熟,但对半刚性节点网壳结构的分析方法研究较少,目前正处于起步阶段。而框架结构在这方面的研究虽然取得了阶段性的成果,但因为结构形式的差异,分析方法方面可供借鉴的内容有限。

本章考虑节点刚度对网壳结构稳定性能的影响,建立了半刚性节点钢结构凯威特 (Kiewitt) 网壳、钢结构冷却塔结构及单层铝合金网壳精细化数值分析模型,不仅为数值模拟方法在半刚性节点空间网壳结构稳定性分析中的应用提供了依据,还为该类结构的设计理论和方法的建立提供了必要的技术理论基础。

5.2　半刚性节点钢结构凯威特网壳静力稳定性

5.2.1　结构数值模型

(1) 节点单元模型

基于大型有限元软件 ANSYS,建立的半刚接网壳的杆件单元模型如图 5-1 所示。

模型考虑了节点体大小及节点刚度对网壳稳定性能的影响。模型主要由以下几部分组成:

➤ 1-a, d-2:代表节点域大小,由非线性梁单元模拟;

➤ a-b, c-d:代表节点连接,每个节点连接处分别由 3 根零长度的非线性转动弹簧单元模拟节点的连接刚度;模型中,a 点与 b 点坐标重合,c 点与 d 坐标重合;

➤ b-c:代表网壳中杆件,由非线性梁单元模拟。

模型中杆件和节点域的模拟选用 BEAM189 非线性梁单元。由于节点域的抗弯刚度远大于网壳中的杆件,近似为刚性的端部,因此选用相对较大的梁截面来模拟节点域。在杆件单元与节点域单元的连接处，为传递两个单元端节点的平动位移，将两节点连接处的 3 个平动自由度耦合。

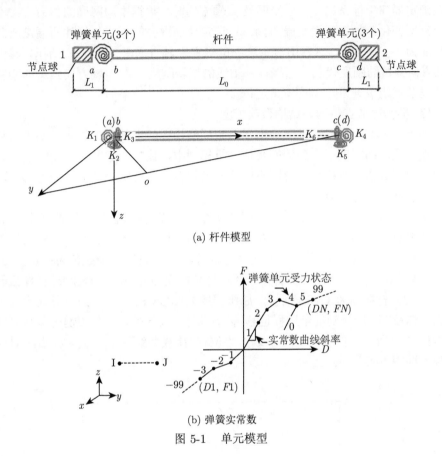

(a) 杆件模型

(b) 弹簧实常数

图 5-1　单元模型

用来模拟节点刚度的弹簧单元选择 COMBIN39 单自由度的非线性转动弹簧单元，通过输入弹簧单元的实常数实现对节点转动刚度的控制。COMBIN39 单元是两节点单元且单元长度为零，须通过两个空间坐标完全相同的节点来建立单元，该单元是非线性单元，可定义广义的力–变形曲线。节点绕 x, y, z 方向的转动刚度定义为：

$$k_n = \frac{M_n}{\phi_n} \quad n = x, y, z \tag{5-1}$$

式中，k_n、M_n、ϕ_n 分别为节点在 n 方向上的转动刚度、弯矩及转角。

网壳中各杆件的空间位置和方向不同，因此网壳数值模型中需要根据各杆件的空间方位建立起杆件的局部坐标系，使每个节点连接处模拟节点转动刚度的 3

根弹簧单元物理意义清晰明确。对于不同网壳，每根杆件的 x 轴方向的确立规则相同，每根杆件的轴线方向即为杆件的 x 轴方向，杆件的任意端点为坐标原点，但在确定局部坐标系的 $x-y$ 平面及 z 轴方向时，根据不同网壳的传力方式不同则会有所变化。如以球面网壳为例，可选定球面网壳的球心与杆件两端点所确定的平面为 $x-y$ 平面，然后由右手法则可确定 z 轴方向，如图 5-1a 所示，其中绕 x 轴方向弹簧的刚度代表节点绕杆件轴线的扭转刚度，y、z 轴方向弹簧的刚度分别代表节点绕 y 轴和 z 轴的转动刚度。

(2) 半刚性节点钢网壳结构数值模型

基于图 5-1 中杆件的单元模型，对空间结构中任意的网壳结构，都可以将实际节点的抗转动刚度引入到网壳数值分析模型中，建立考虑节点转动刚度影响的精细化网壳数值分析模型，考虑不同几何及材料参数对网壳受力性能的影响，对网壳模型展开全过程分析。

例如，将图 5-2 中数值模拟所得 3 种螺栓球节点的转角–弯矩曲线引入 Kiewitt6 型网壳后，所得的 Kiewitt6 型网壳的数值模型如图 5-3 所示。对图 5-3 中 Kiewitt6 型网壳数值模型进行非线性稳定分析，网壳的其余参数为：跨度 $L =$ 30m；矢跨比 $f/L = 1/8$；主肋杆和环杆杆件截面为 $\Phi133 \times 4$，斜杆杆件截面为 $\Phi127 \times 3$；材料均为 Q235 钢材，屈服强度取 235MPa；结构约束方式为最外环节点三向铰支。所得到的全过程位移–荷载曲线、失稳模态和各关键时刻网壳的变形如图 5-4 所示。网壳的稳定承载力为位移–荷载曲线的第一个失稳点所对应的荷载，即图 5-4a 中点 1。

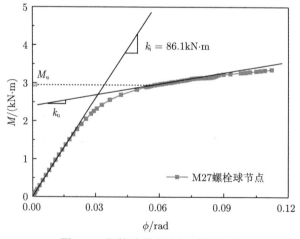

图 5-2　螺栓球节点转角–弯矩曲线

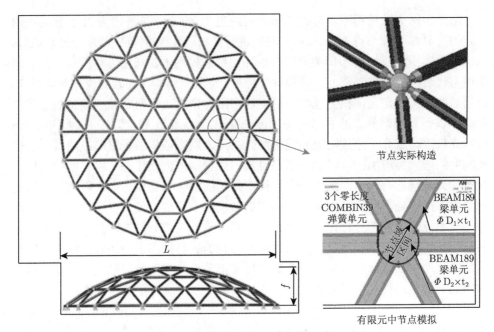

图 5-3 单层 Kiewitt6 型网壳分析模型

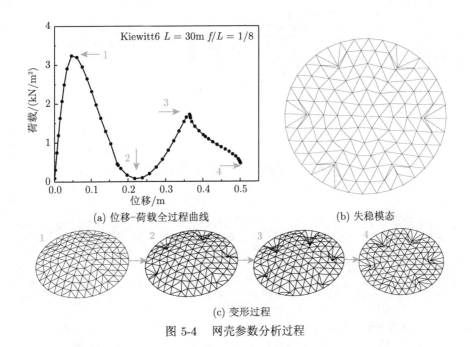

(a) 位移-荷载全过程曲线

(b) 失稳模态

(c) 变形过程

图 5-4 网壳参数分析过程

用上述网壳数值模型及分析方法，对跨度为 40 m、矢跨比为 1/8 且无初始缺陷的 3 种螺栓球节点 Kiewitt6 型网壳进行分析，得到的位移–荷载全过程曲线、承载力对比曲线及 3 种不同类型网壳的屈曲模态如图 5-5 和图 5-6 所示。其中屈曲模态代表结构在临界点处的结构位移趋势，也就是结构屈曲时的位移增量模式。根据屈曲模态的定义，在全过程分析中，求出屈曲前、后两个邻近状态的位移之差即可以得到该临界点的屈曲模态。可以看出：① 40m 螺栓球节点的 Kiewitt6 型网壳极限荷载介于刚接网壳和铰接网壳之间，网壳结构的极限荷载随着节点转动刚度的增大而增加；② 考虑节点刚度的网壳模型的失稳模态与刚接或铰接模型算得的失稳模态有较大区别，由铰接模型得到的网壳失稳模态中，网壳整体的变形集中在节点处，其他部位基本没有变形产生，节点连接处发生了很大的弯曲变形，与节点相连的部分杆件端部翘起或凹陷，另外在部分斜杆端部节点处发生了明显的扭转变形；由半刚性节点网壳模型得到的失稳模态表现在外二环的主肋杆端部节点产生凹陷，内三环以内多处斜杆端部节点产生凹陷；刚性网壳模型得到的网壳失稳模态仅在外二环的部分主肋杆端部节点出现凹陷。

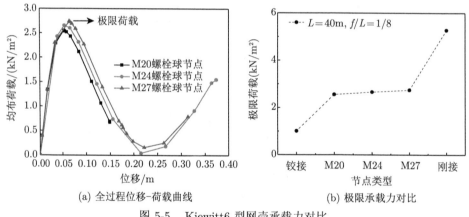

(a) 全过程位移-荷载曲线   (b) 极限承载力对比

图 5-5   Kiewitt6 型网壳承载力对比

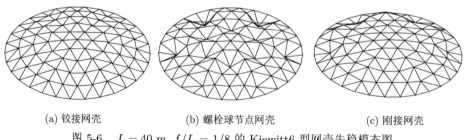

(a) 铰接网壳   (b) 螺栓球节点网壳   (c) 刚接网壳

图 5-6 $L = 40$ m, $f/L = 1/8$ 的 Kiewitt6 型网壳失稳模态图

由以上分析可以看出，本节建立的网壳数值模型可以较好地考虑节点刚度对网壳稳定承载力、失稳模态及全过程曲线的影响。

5.2.2 结构静力稳定性分析

本节基于已建立的半刚性节点网壳的数值模拟方法，进一步建立了《网壳结构技术规程》中的 Kiewitt6 型和 Kiewitt8 型的半刚性节点单层球面网壳模型和半刚性节点三向网格型及正交单斜网格型的单层椭圆抛物面网壳模型，并对这些网格形式的半刚性节点网壳展开了大规模的稳定性参数分析；较为系统地考察了节点转动刚度对网壳极限荷载的影响规律，并进一步对荷载不均匀分布、几何初始缺陷、跨度和矢跨比、杆件截面、节点扭转刚度、节点域和支承条件等因素对半刚性节点网壳极限荷载的影响进行了系统地分析；初步掌握了半刚性节点网壳的稳定受力性能，为半刚性节点网壳在工程中的设计与应用打下坚实的基础。

(1) 半刚性节点单层球面网壳稳定性分析

将 3 种螺栓球节点 (M20、M24、M27) 的转角–弯矩曲线引入到 Kiewitt 网壳模型中，建立了 Kiewitt6 型和 Kiewitt8 型网壳的数值分析模型，如图 5-7 所示。

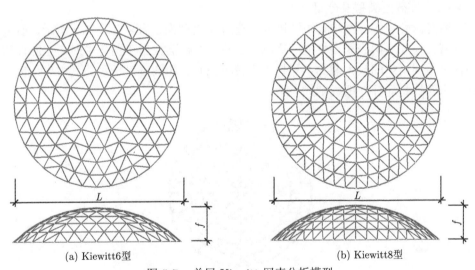

(a) Kiewitt6型   (b) Kiewitt8型

图 5-7 单层 Kiewitt 网壳分析模型

(a) 参数分析方案

➤ 节点转动刚度

在此选用 3 种螺栓球节点转角–弯矩曲线，对 Kiewitt8 型和 Kiewitt6 型网壳进行参数分析。

➤ 荷载形式

考虑两种荷载——满跨均布恒荷载和半跨均布活荷载。活荷载与恒荷载的比例分别为：$p/g = 0$、$1/4$、$1/2$。

➤ 几何初始缺陷 (r)

主要分析了跨度为 30 m，矢跨比为 1/8 和 1/3 的网壳分别在 $L/3000$、$L/1500$ 和 $L/1000$ 的几何初始缺陷下，极限荷载的变化情况。

➤ 跨度 (L) 和矢跨比 (f/L)

选择两种跨度和三种矢跨比进行分析：跨度 (L)——30m、40m；矢跨比 (f/L)——1/2，1/3，1/4，1/5，1/8。实际工程中，通常利用分频数使不同跨度和矢跨比网壳结构中的杆件长度控制在 3~5 m 范围内。对本节中的两种跨度的 Kiewitt 网壳，分频数如表 5-1 所示。

表 5-1　不同跨度的 Kiewitt 网壳分频数表

变量	跨度									
	30 m					40 m				
矢跨比	1/8	1/5	1/4	1/3	1/2	1/8	1/5	1/4	1/3	1/2
分频数	5	5	5	5	6	6	6	6	6	8

➤ 杆件截面类型及分组

所有网壳中的杆件均采用圆钢管。选用 4 组截面组合，如表 5-2 所示，研究杆件截面尺寸对网壳稳定性能的影响。当将各组截面应用于网壳中时，主肋杆和环杆采用同组中的较大截面，斜杆采用较小截面。如图 5-8 所示，其中黑色粗线代表主肋杆和环杆，细线则代表斜杆。

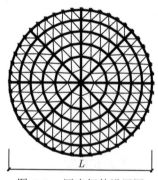

图 5-8　网壳杆件设置图

➤ 节点扭转刚度

为了研究节点扭转刚度对半刚性节点网壳稳定性能的影响，在此将节点的扭转刚度分别假设为节点转动刚度的 0.01%、0.1%、1%、10% 和 100%，对结构进行全过程位移–荷载分析。

表 5-2   杆件截面分组

变量	截面编号			
	1	2	3	4
截面	Φ114×3	Φ127×3	Φ133×4	Φ140×6
尺寸	Φ121×3.5	Φ133×4	Φ140×4	Φ146×5

➤ 节点域

节点域是指组成节点的节点球直径的大小。考虑到实际工程中螺栓球节点的常用规格，取直径 (mm) 分别为 100、150、200、250、300、350 的螺栓球节点对网壳进行参数分析。

➤ 支承条件

待分析的网壳均在最外环的节点设置约束，约束分为两种方式：三向铰接和三向固接。

(b) 节点弯曲刚度影响

节点的转动刚度对单层网壳结构稳定性能的影响是本章的重点考察内容，为此本节对其展开了较为全面的参数分析，在以下几种参数的基础上，分别对 M20，M24，M27 螺栓球节点的 Kiewitt8 型和 Kiewitt6 型单层球面网壳极限承载力进行了研究。其他参数如下：跨度 (L)——30m，40m；矢跨比 (f/L)——1/2，1/3，1/4，1/5，1/8；杆件截面——1 组；荷载分布——均布恒荷载；支承条件——三向铰接；节点域——150mm；节点的扭转刚度——相比于螺栓球节点的转动刚度，节点的扭转刚度很小，将其假设为节点转动刚度的 0.01 倍。

跨度为 30m 和 40 m 的 Kiewitt6 型单层球面网壳极限荷载随节点转动刚度的变化曲线如图 5-9 所示，Kiewitt8 型单层球面网壳变化规律相似。

在相同跨度和相同矢跨比下，结构的极限荷载随节点转动刚度的增加而增大，且在相同跨度下，矢跨比越小，这种变化趋势越明显。对 30m 螺栓球节点 Kiewitt6 型网壳而言，当矢跨比介于 1/5~1/2 时，其极限荷载与刚接网壳相差无几。而对 40m 螺栓球节点的 Kiewitt6 型单层球面网壳而言，其极限荷载则介于刚接网壳和铰接网壳之间。

可见节点刚度对网壳极限荷载的影响与网壳自身的跨度和矢跨比有很大关系。经过计算，本节给出了各种跨度、矢跨比下，不同节点弯曲刚度下的 Kiewitt8 型和 Kiewitt6 型单层球面网壳极限荷载值与相应的刚接网壳的极限承载力对比变化系数，如表 5-3 和表 5-4 所示，表中比值是指螺栓球节点网壳的极限承载力与刚接单层网壳承载力的比值。

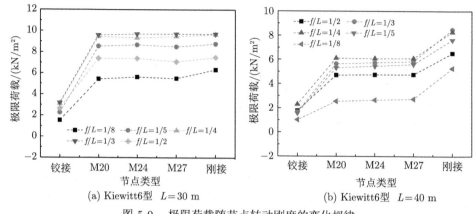

(a) Kiewitt6型 $L=30$ m   (b) Kiewitt6型 $L=40$ m

图 5-9   极限荷载随节点转动刚度的变化规律

表 5-3   Kiewitt8 型网壳不同节点弯曲刚度下的极限荷载变化系数

变量	L									
	30m					40m				
f/L	1/8	1/5	1/4	1/3	1/2	1/8	1/5	1/4	1/3	1/2
M20	0.63	1.01	0.79	0.92	0.97	0.36	0.72	0.66	0.66	0.70
M24	0.66	0.93	0.85	0.94	0.97	0.39	0.70	0.69	0.63	0.70
M27	0.70	0.98	0.79	0.91	0.97	0.42	0.70	0.65	0.69	0.70
刚接	1.00	1.00	1.00	1.00	1.00	1.00	1.00	1.00	1.00	1.00

表 5-4   Kiewitt6 网壳不同节点弯曲刚度下的极限荷载变化系数

变量	L									
	30m					40m				
f/L	1/8	1/5	1/4	1/3	1/2	1/8	1/5	1/4	1/3	1/2
M20	0.86	0.97	0.98	1.08	0.99	0.49	0.70	0.74	0.67	0.72
M24	0.89	0.99	0.97	1.09	0.99	0.50	0.72	0.73	0.68	0.73
M27	0.82	0.94	0.98	1.09	0.79	0.52	0.74	0.74	0.69	0.73
刚接	1.00	1.00	1.00	1.00	1.00	1.00	1.00	1.00	1.00	1.00

(c) 荷载分布影响

考虑三种荷载分布, 活荷载 (半跨均布) 与恒荷载 (满跨均布) 之比为 $p/g =$ 0、1/4、1/2。其他参数确定: 跨度 (L) 为 30 m 和 40 m; 矢跨比 (f/L) 为 1/3、1/4 和 1/5; 网壳类型为 Kiewitt8 型和 Kiewitt6 型单层球面网壳。

$L=40$ m, $f/L=1/5$, 不同荷载分布情况下, Kiewitt8 型和 Kiewitt6 型网壳极限荷载变化规律曲线如图 5-10 所示, 并同时与不同荷载分布下刚接网壳极限荷载变化规律进行了对比。其他跨度和矢跨比下网壳结构极限荷载的变化规律相同。从图中可以看出，半刚性节点网壳对不对称荷载分布更加敏感。

为了直观地分析极限荷载的变化情况，表 5-5 和表 5-6 列出了螺栓球节点网壳极限荷载变化系数，表中的变化系数是指不对称荷载分布下网壳的极限荷载与对称荷载分布下网壳极限荷载的比值。由表中数据可知，网壳的极限荷载随活荷载比例的增大而降低。

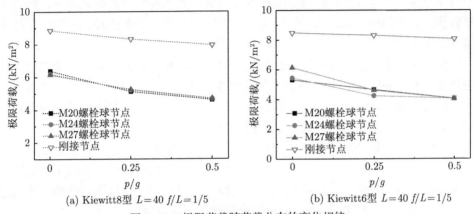

(a) Kiewitt8型 $L=40$ $f/L=1/5$ (b) Kiewitt6型 $L=40$ $f/L=1/5$

图 5-10　极限荷载随荷载分布的变化规律

表 5-5　**Kiewitt8 网壳极限荷载随荷载分布的变化系数**

变量	L											
	30 m						40 m					
f/L	1/3		1/4		1/5		1/3		1/4		1/5	
p/g	0.25	0.5	0.25	0.5	0.25	0.5	0.25	0.5	0.25	0.5	0.25	0.5
M20	0.85	0.79	0.92	0.85	0.80	0.72	0.91	0.81	0.87	0.78	0.80	0.72
M24	0.84	0.76	0.88	0.71	0.84	0.72	0.87	0.78	0.85	0.75	0.84	0.75
M27	0.86	0.78	0.95	0.84	0.76	0.68	0.85	0.72	0.89	0.80	0.85	0.76

表 5-6　**Kiewitt6 型网壳极限荷载随荷载分布的变化幅度**

变量	L											
	30 m						40 m					
f/L	1/3		1/4		1/5		1/3		1/4		1/5	
p/g	0.25	0.5	0.25	0.5	0.25	0.5	0.25	0.5	0.25	0.5	0.25	0.5
M20	0.90	0.82	0.85	0.75	0.84	0.75	0.90	0.77	0.83	0.74	0.88	0.76
M24	0.84	0.75	0.88	0.71	0.83	0.73	0.92	0.84	0.85	0.75	0.78	0.74
M27	0.89	0.79	0.86	0.77	0.88	0.79	0.91	0.82	0.84	0.74	0.75	0.66

网壳在失稳前以薄膜力为主，当网壳达到极限荷载时，薄膜力达到极限并向

弯曲力转变, 满跨均布对称荷载对薄膜力向弯曲力转变的趋势有一定的约束作用; 而不对称荷载分布此时会导致网壳由于受力不均发生稍许倾斜, 加速了薄膜能向弯曲能的转变, 致使网壳发生失稳, 而网壳的极限荷载也变小。

(d) 几何初始缺陷影响

本小节分析了跨度为 30m 的 M24 和 M27 螺栓球节点 Kiewitt8 型和 Kiewitt6 型网壳分别在 $r = L/3000$、$L/1500$ 和 $L/1000$ 等几种几何初始缺陷下, 网壳极限荷载的变化趋势。矢跨比 (f/L) 为 1/8 和 1/3。初始缺陷的施加方法采用特征值屈曲模态法。

图 5-11a 给出了 M24 螺栓球节点和刚接 Kiewitt8 型网壳在不同缺陷值下极限荷载的变化规律, M27 节点的极限荷载变化规律相同。总体而言, 螺栓球节点网壳极限承载力对缺陷值更为敏感。矢跨比为 1/8 的螺栓球节点网壳的极限荷载随节点几何初始缺陷值的增大明显降低, 而矢跨比为 1/3 的螺栓球节点网壳极限荷载随着几何初始缺陷值的增大变化很小。图 5-11b 给出了 $r = L/1500$、跨度为 30m、5 种矢跨比下 Kiewitt8 型 M24 螺栓球节点网壳在极限荷载与无缺陷网壳极限荷载的对比, 同样可以看出, 网壳极限荷载对初始几何缺陷的敏感性随矢跨比的减小而增大。跨度为 40m 的极限荷载变化规律相似。

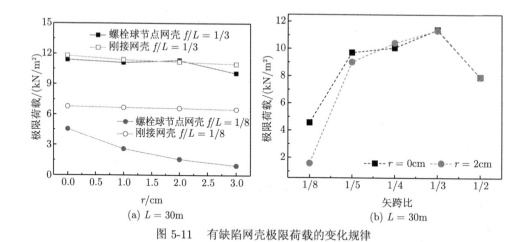

图 5-11　有缺陷网壳极限荷载的变化规律

(e) 其他参数影响

➤ 跨度和矢跨比影响

本小节分析了两种跨度 L=30 m、40 m, 5 种矢跨比 f/L=1/2、1/3、1/4、1/5、1/8 下, M20、M24、M27 螺栓球节点 Kiewitt8 型和 Kiewitt6 型网壳极限荷载的变化规律。

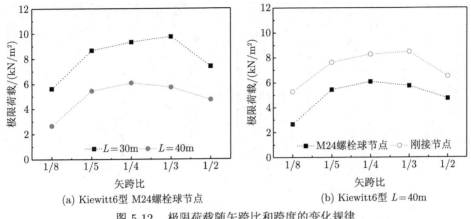

(a) Kiewitt6型 M24螺栓球节点   (b) Kiewitt6型 $L=40$m

图 5-12 极限荷载随矢跨比和跨度的变化规律

以 M24 螺栓球节点 Kiewitt6 型网壳为例, 求得的极限荷载随矢跨比的变化曲线如图 5-12a 所示, 其他网壳变化规律相似。将半刚性节点网壳和刚接节点网壳的极限承载力变化规律做了对比, 如图 5-12b 所示。跨度减小, 网壳的极限荷载增大, 矢跨比增大, 网壳极限荷载先增大后减小。刚接网壳和半刚接网壳极限承载力随矢跨比变化的规律相似。

➤杆件截面的影响

本小节分析了跨度 $L=30$ m, 矢跨比 $f/L=1/3$、1/4、1/5、1/8, M24 螺栓球节点 Kiewitt8 型和 Kiewitt6 型网壳极限荷载随杆件截面大小的变化规律, 如图 5-13a 和图 5-13b 所示。不同矢跨比下, 极限荷载随杆件截面尺寸的增加而增大。为了得到刚接网壳极限荷载随杆件截面大小的变化规律, 本节选出了矢跨比为 1/3 和 1/8 下, $L=30$m 的刚接 Kiewitt8 型和 Kiewitt6 型网壳不同截面组下的极限荷载, 与半刚性节点网壳进行了对比, 如图 5-13c 和 5-13d 所示。矢跨比 1/3 和矢跨比 1/8 分别代表了网壳结构大矢跨比和小矢跨比两种状态, 可以看出两种矢跨比下, Kiewitt8 型和 Kiewitt6 型刚接网壳和半刚接网壳极限荷载变化规律相近。

➤ 节点扭转刚度、节点域大小、网壳支承条件的影响

根据 5.2.2 节中的参数分析方案, 对 Kiewitt 6 型和 Kiewitt 8 型半刚性节点网壳进行系统的参数分析后, 按计算结果统计, 节点扭转刚度对极限荷载影响的平均值约为 2.4%, 节点域大小对半刚性节点网壳极限荷载影响的平均值约为 3.5%, 而支承条件对半刚性节点网壳极限荷载影响的平均值约为 1.5%。由此可见, 节点扭转刚度、节点域大小、结构支承方式对半刚性节点单层 Kiewitt 网壳的极限荷载影响很小, 可以忽略不计。

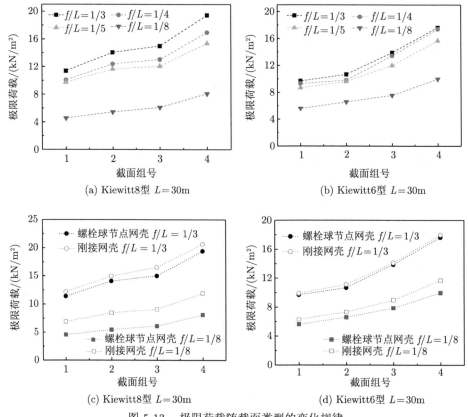

图 5-13　极限荷载随截面类型的变化规律

(2) 半刚性节点单层椭圆抛物面网壳稳定性

本小节考虑 3 种碗式节点 (S24、S27、S30) 的转角–弯矩曲线, 建立了单层椭圆抛物面网壳的精细化数值分析模型, 分别对三向网格型单层椭圆抛物面网壳和正交单斜网格型单层椭圆抛物面网壳进行位移–荷载的全过程分析。分析过程中主要考虑节点转动刚度、荷载分布形式、几何初始缺陷、跨度和矢跨比、杆件截面、节点扭转刚度和支承方式等因素对网壳结构极限荷载的影响, 总结出半刚性节点单层椭圆抛物面网壳极限荷载随各参数的变化规律, 为工程应用提供参考。网壳的分析模型如图 5-14 所示, 网壳中杆件模型的建立与 Kiewitt 网壳相同, 但是由于椭圆抛物面网壳与 Kiewitt 网壳的网格构成方式不同, 网壳中杆件局部坐标系的建立有别于 Kiewitt 网壳。如图 5-15 所示, 将网壳中由节点 1、2 和 3 所构成的单元近似看成平面三角形单元, 对三角形单元中的杆件 1 而言, 局部坐标系的 x 轴方向始终从杆件 1 的节点 1 指向此单元的另一端节点 2, 而此局部坐标系的 $x-y$ 平面即为节点 1、2 和 3 构成的平面, z 轴垂直于 $x-y$ 平面。

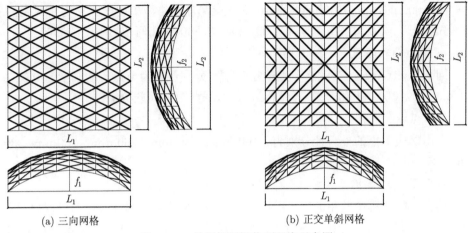

(a) 三向网格 (b) 正交单斜网格

图 5-14 单层椭圆抛物面网壳示意图

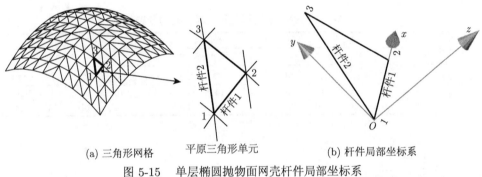

(a) 三角形网格 平原三角形单元 (b) 杆件局部坐标系

图 5-15 单层椭圆抛物面网壳杆件局部坐标系

(a) 参数分析方案

与半刚性节点 Kiewitt 网壳采取的分析过程相同，所有的参数分析均采用位移–荷载全过程曲线分析。

➤ 节点弯曲刚度：选用 3 种碗式节点的弯曲刚度 (S24、S27 和 S30)，对三向网格和正交单斜网格单层椭圆抛物面网壳进行参数分析。

➤ 荷载分布形式

刚性节点单层椭圆抛物面网壳对荷载不对称分布较为敏感。在分析荷载分布形式对半刚性节点单层椭圆抛物面网壳稳定承载力的影响时，考虑三种荷载分布：活荷载 p(为半跨均布) 与恒荷载 g(满跨均布) 之比为：$p/g=0$, $1/3$, $2/3$。

➤ 几何初始缺陷

在分析几何初始缺陷对半刚性节点单层椭圆抛物面网壳稳定承载力的影响时，对三向网格型单层椭圆抛物面网壳，每种网壳考虑 $r = L/1000$, $r = 3L/1000$,

$r=9L/1000$ 的几何初始缺陷的影响；对正交单斜网格型单层椭圆抛物面网壳，每种网壳考虑 $r=L/1000$，$r=L/500$，$r=L/300$ 的几何初始缺陷的影响。

➤ 节点扭转刚度

同 Kiewitt 网壳，在此将节点的扭转刚度分别假设为节点转动刚度的 0.01%、0.1%、1%、10% 和 100%，对结构进行全过程位移-荷载分析。

➤节点域

选用碗式节点的外直径分别为：100 mm、150 mm、200 mm、250 mm、300 mm、350 mm。

➤跨度和矢跨比

结合实际工程中常用的网壳跨度，并参考《网壳结构技术规程》，选择如下 3 种平面尺寸和 4 种矢跨比进行分析：平面尺寸——30 m×30 m、40 m×40 m、30 m×45 m；矢跨比——f/L=1/6、1/7、1/8、1/9。分频数随着网壳跨度和矢跨比的不同而不同，如表 5-7 所示。

表 5-7   网壳在不同跨度和矢跨比时的分频数

变量		平面尺寸											
		30 m×30 m				40 m×40 m				30 m×45 m			
f/L		1/6	1/7	1/8	1/9	1/6	1/7	1/8	1/9	1/6	1/7	1/8	1/9
分频数	B1	10	10	10	10	14	14	14	14	10	10	10	10
	B2	10	10	10	10	14	14	14	14	14	14	14	14

➤杆件截面

采用 4 组不同杆件截面尺寸来研究杆件截面对半刚性节点单层椭圆抛物面网壳稳定承载力的影响。单层椭圆抛物面网壳中斜向杆件受力较大，采用较大截面尺寸，而纵向杆件采用相对较小的截面尺寸。表 5-8 为参数分析过程中所采用的杆件截面尺寸。

➤支承条件

在以上所有分析中，所有网壳的支承条件均为四边固定铰支。为进行比较，将对部分网壳按可动铰支的支承条件进行分析。

(b) 节点弯曲刚度影响

选用 S24、S27、S30 的碗式节点的弯曲刚度，在以下几种参数的基础上，对单层椭圆抛物面网壳进行位移-荷载全过程分析。其他参数如下：平面尺寸——30 m×30 m、40 m×40 m；矢跨比——f/L=1/6、1/7、1/8、1/9；杆件截面——选用第 2 组截面；荷载分布形式——恒荷载满跨均布，p/g=0；支承条件——四边固定铰支；节点域——200 mm；节点的扭转刚度——实际弯曲刚度的 1%。

表 5-8 杆件截面分组

网格形式	平面尺寸	截面编号			
		1	2	3	4
三向网格	30 m×30 m	Φ95 × 5	Φ121 × 6	Φ140 × 6	Φ152 × 6
		Φ127 × 6	Φ133 × 6	Φ152 × 6	Φ180 × 6
	40 m×40 m	–	Φ146 × 6	Φ180 × 6	–
	30 m×45 m	–	Φ127 × 6	Φ180 × 6	
正交单斜网格	30 m×30 m	Φ95 × 5	Φ108 × 6	Φ133 × 6	Φ159 × 6
		Φ152 × 6	Φ159 × 6	Φ168 × 6	Φ180 × 6
	40 m×40 m	Φ108 × 6	Φ127 × 6	Φ152 × 6	Φ180 × 6
		Φ108 × 6	Φ127 × 6	Φ152 × 6	Φ180 × 6
	30 m×45 m	–	Φ133 × 6	Φ180 × 6	–

　　图 5-16 为平面尺寸分别为 30 m×30 m、40 m×40 m 时,三向网格和正交单斜网格碗式节点椭圆抛物面网壳的极限荷载随节点弯曲刚度的变化曲线。由图可知:当把碗式半刚性节点网壳看成铰接网壳时,其极限荷载与实际结果有较大

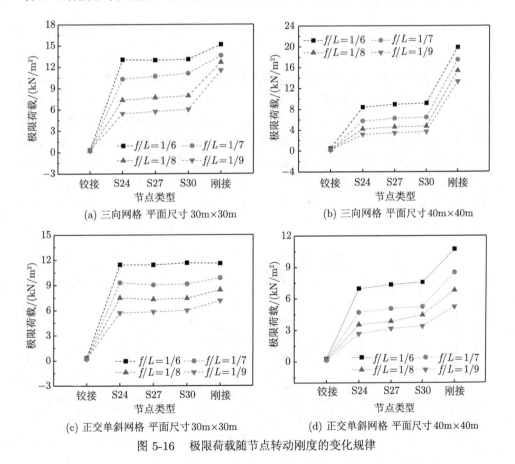

(a) 三向网格 平面尺寸 30m×30m

(b) 三向网格 平面尺寸 40m×40m

(c) 正交单斜网格 平面尺寸 30m×30m

(d) 正交单斜网格 平面尺寸 40m×40m

图 5-16 极限荷载随节点转动刚度的变化规律

差别；网壳跨度越小，矢跨比越大，其极限荷载与刚接网壳的极限荷载越接近；三向网格的椭圆抛物面网壳对节点刚度的敏感性更明显。在不同的平面尺寸和矢跨比下，将碗式半刚性节点网壳在不同节点弯曲刚度时的极限荷载值与节点为刚接的情况进行对比，得出变化系数 α_j，即碗式半刚性节点网壳的极限荷载值与刚接网壳极限荷载值的比值，如表 5-9 所示。

表 5-9　不同节点弯曲刚度对应的极限荷载值变化系数 α_j

平面尺寸	f/L	三向网络				正交单斜网格			
		S24	S27	S30	刚接	S24	S27	S30	刚接
30 m×30 m	1/9	0.473	0.499	0.525	1	0.798	0.817	0.836	1
	1/8	0.581	0.61	0.629	1	0.889	0.869	0.882	1
	1/7	0.757	0.787	0.817	1	0.943	0.917	0.926	1
	1/6	0.858	0.854	0.861	1	0.987	0.986	1.005	1
40 m×40 m	1/9	0.238	0.261	0.279	1	0.51	0.606	0.65	1
	1/8	0.275	0.3	0.309	1	0.521	0.53	0.655	1
	1/7	0.329	0.358	0.369	1	0.553	0.681	0.616	1
	1/6	0.422	0.449	0.461	1	0.649	0.685	0.706	1

(c) 荷载分布影响

在分析荷载分布形式对网壳稳定承载力的影响时，考虑活荷载与恒荷载三种比例为：$p/g=0$，$1/3$，$2/3$。网壳的平面尺寸分别为 30 m×30 m、40 m×40 m，矢跨比分别为 1/6、1/7、1/8、1/9，且分别采用 S24、S27、S30 3 种碗式半刚性节点。3 种碗式节点椭圆抛物面网壳极限荷载随不同活荷载比例的变化规律曲线如图 5-17a 所示，同时图中还给出了平面尺寸为 40 m×40 m，矢跨比为 1/9 的两种碗式节点网壳极限荷载与刚接网壳极限荷载的对比，如图 5-17b 所示。可以看出对三向网格椭圆抛物面网壳而言，刚接网壳对不对称荷载更加敏感；对正交单斜网格椭圆抛物面网壳而言，刚接网壳和碗式节点半刚接网壳的极限荷载变化规律基本相同。

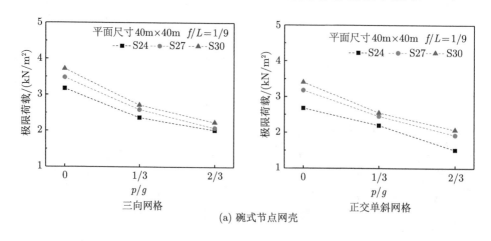

(a) 碗式节点网壳

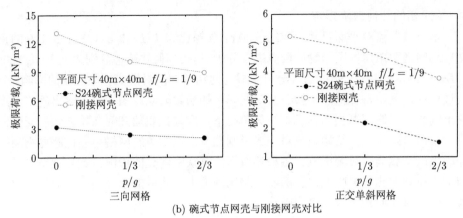

(b) 碗式节点网壳与刚接网壳对比

图 5-17　极限荷载随荷载分布的变化规律

图 5-17 中只给出了平面尺寸为 40 m×40m、矢跨比为 1/9 网壳的承载力变化曲线，其他情况网壳承载力变化规律类似。由图 5-17 可知，在各种参数情况下，极限荷载随荷载分布变化的规律较为稳定，即随着活荷载比例的增大而降低。其原因与 Kiewitt 单层球面网壳相同。各种荷载分布情况下极限荷载的变化系数列于表 5-10 和表 5-11 中。

表 5-10　30 m×30 m 网壳极限荷载随荷载分布的变化系数

平面尺寸	f/L	p/g	三向网络			正交单斜网格		
			S24	S27	S30	S24	S27	S30
30 m×30 m	1/9	1/3	0.73	0.76	0.76	0.73	0.8	0.64
		2/3	0.59	0.60	0.61	0.58	0.59	0.56
	1/8	1/3	0.74	0.75	0.75	0.71	0.73	0.73
		2/3	0.60	0.60	0.59	0.54	0.58	0.57
	1/7	1/3	0.75	0.75	0.74	0.70	0.72	0.71
		2/3	0.60	0.60	0.58	0.55	0.55	0.55
	1/6	1/3	0.87	0.89	0.88	0.71	0.71	0.68
		2/3	0.69	0.71	0.71	0.55	0.54	0.51

表 5-11　40 m×40 m 网壳极限荷载随荷载分布的变化系数

平面尺寸	f/L	p/g	三向网格			正交单斜网格		
			S24	S27	S30	S24	S27	S30
40 m×40 m	1/9	1/3	0.75	0.75	0.73	0.82	0.77	0.75
		2/3	0.64	0.60	0.60	0.57	0.61	0.61
	1/8	1/3	0.82	0.74	0.76	0.73	0.73	0.76
		2/3	0.59	0.59	0.61	0.60	0.58	0.58
	1/7	1/3	0.76	0.75	0.74	0.76	0.75	0.74
		2/3	0.61	0.59	0.59	0.61	0.59	0.59
	1/6	1/3	0.77	0.76	0.75	0.74	0.73	0.73
		2/3	0.60	0.60	0.60	0.66	0.59	0.57

(d) 初始几何缺陷影响

本小节重点对平面尺寸为 30 m×30 m,矢跨比为 f/L=1/6、1/7、1/8、1/9 的正交单斜网格型单层椭圆抛物面网壳展开分析。初始几何缺陷值分别为 r/L=1/1000,r/L=1/500,r/L=1/300。通过分析掌握几何初始缺陷对网壳极限荷载的影响。分析过程中,采用特征值缺陷模态法对网壳施加初始缺陷。图 5-18a 给出碗式节点的半刚性节点椭圆抛物面网壳不同矢跨比下,极限荷载随几何初始缺陷的变化曲线。由图可知,几何初始缺陷对碗式半刚性节点正交单斜网格单层椭圆抛物面网壳的极限荷载具有显著影响。各种参数下,有缺陷网壳的极限荷载与无缺陷网壳的极限荷载相比显著降低,且随着矢跨比的增大,降低的幅度增大,即矢跨比较大的网壳对几何初始缺陷更为敏感。

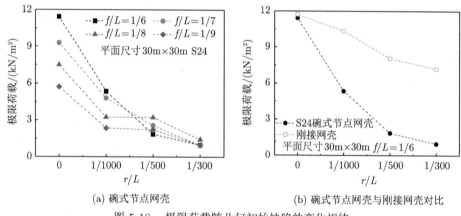

(a) 碗式节点网壳　　　　　　　　　(b) 碗式节点网壳与刚接网壳对比

图 5-18　极限荷载随几何初始缺陷的变化规律

同时图中还给出了在不同初始几何缺陷值的影响下,平面尺寸为 30 m×30 m,矢跨比为 1/6 的两种碗式节点网壳极限荷载与刚接网壳极限荷载的对比,如图 5-18b 所示。可以看出对正交单斜网格椭圆抛物面网壳而言,碗式节点半刚接网壳对初始几何缺陷更加敏感。

(e) 其他参数影响

➤ 平面尺寸和矢跨比影响

为较为全面地了解平面尺寸和矢跨比对半刚性节点单层椭圆抛物面网壳稳定承载力的影响,在节点弯曲刚度为 S24、S27、S30 三种情况下,对平面尺寸分别为 30 m×30 m、40 m×40 m、30 m×45 m,矢跨比分别为 1/6、1/7、1/8、1/9 的网壳进行位移–荷载全过程分析,得到在不同节点弯曲刚度时,不同平面尺寸的网壳极限荷载随矢跨比的变化曲线,如图 5-19a 所示。图中给出了 S30 节点网壳承载力变化规律,其他网壳承载力随平面尺寸和矢跨比变化规律相似。由图 5-19a 可知，在不同的节点弯曲刚度下，网壳的极限荷载随平面尺寸和矢跨比的变化规律相同：在相同的平面尺寸和节点转动刚度下，网壳的极限荷载随着矢跨比的减小而减小；在相同的矢跨比和节点转动刚度下，网壳的极限荷载随平面尺寸的减小而增大；平面尺寸为 30 m×45 m 的网壳的极限荷载与平面尺寸为 30 m×30 m 的网壳的极限荷载较为接近，两者均大于平面尺寸为 40 m×40 m 的网壳的极限荷载，且相差较大。

同时图 5-19b 中还给出了 30 m×30 m 的两种碗式节点网壳在不同矢跨比下极限荷载与刚接网壳极限荷载的对比。可以看出在相同的矢跨比增长幅度下，相对于刚接三向网格和正交单斜网格的椭圆抛物面网壳而言，碗式节点半刚接网壳极限荷载增加幅度更大一些。

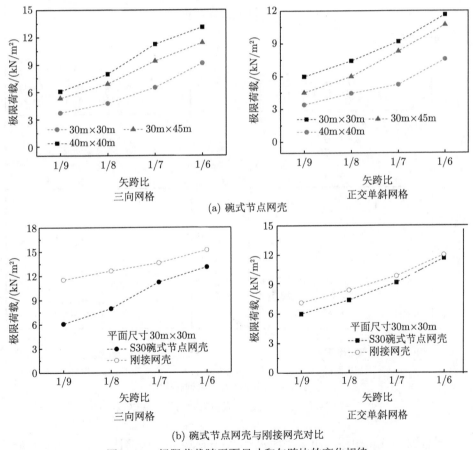

(a) 碗式节点网壳

(b) 碗式节点网壳与刚接网壳对比

图 5-19　极限荷载随平面尺寸和矢跨比的变化规律

➤杆件截面影响

为研究杆件截面类型对碗式半刚性节点三向网格型单层椭圆抛物面网壳稳定承载力的影响，分析时，选用网壳的平面尺寸为 30 m×30 m，矢跨比分别为 $f/L=1/6$、$1/7$、$1/8$、$1/9$，节点为 S24 碗式节点。图 5-20a 给出了各种矢跨比下，极限荷载随杆件截面尺寸的变化曲线。杆件截面类型如表 5-12 中所列 4 组截面。不同矢跨比下，随着杆件截面尺寸的增大，网壳的极限荷载逐渐增大；同时，极限荷载随着杆件截面尺寸的增大而增加的幅度随着矢跨比的增大而增大，当矢跨比为 1/6 时，网壳极限荷载增加的幅度明显大于矢跨比为 1/7、1/8、1/9 的网壳。

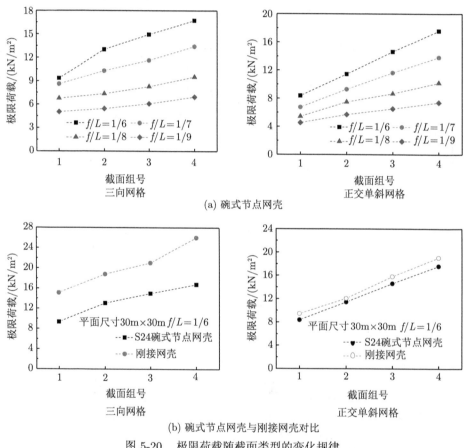

(a) 碗式节点网壳

(b) 碗式节点网壳与刚接网壳对比

图 5-20　极限荷载随截面类型的变化规律

同时图 5-20b 中还给出了平面尺寸 30 m×30 m，矢跨比为 1/6 的两种碗式节点网壳在不同截面组下极限荷载与刚接网壳极限荷载的对比。可以看出在相同的截面尺寸增长幅度下，碗式节点半刚接三向网格和正交单斜网格的椭圆抛物面网壳极限荷载增长幅度与刚接网壳极限荷载增加幅度基本相同。

为了更加直观地显示变化规律,采用以第 2 组截面的网壳极限承载力为基础的方式,将极限荷载随截面尺寸的变化系数列于表 5-12,以便较为全面地分析截面尺寸对网壳极限荷载的影响。

表 5-12　极限荷载随杆件截面类型的变化系数

网格形式	截面组号	f/L			
		1/6	1/7	1/8	1/9
三向网格	1	0.72	0.84	0.92	0.92
	2	1.00	1.00	1.00	1.00
	3	1.15	1.13	1.13	1.12
	4	1.28	1.30	1.29	1.28
正交单斜网格	1	0.73	0.73	0.73	0.80
	2	1.00	1.00	1.00	1.00
	3	1.28	1.25	1.16	1.15
	4	1.54	1.49	1.36	1.30

➤ 节点扭转刚度的影响

本小节重点对平面尺寸为 30 m×30 m,矢跨比为 1/6、1/7、1/8、1/9,采用 S24 碗式半刚性节点三向网格和正交单斜网格型单层椭圆抛物面网壳进行位移–荷载全过程分析,了解节点扭转刚度对网壳极限荷载及失效模态的影响 (图 5-21)。

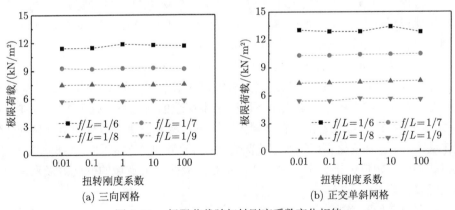

(a) 三向网格　　　　　　　　　(b) 正交单斜网格

图 5-21　极限荷载随扭转刚度系数变化规律

分析过程中保持节点的弯曲刚度不变,采用 5 种不同的扭转刚度系数,0.01、0.1、1.0、10、100,来考虑不同节点扭转刚度对网壳稳定承载力的影响。其中,扭转刚度系数 1.0 是针对节点假定的实际扭转刚度而言。不同矢跨比下,网壳极限荷载随节点扭转刚度系数的变化曲线如图 5-21 所示。将各种扭转刚度系数下网壳的极限荷载的变化系数列于表 5-13 中。从图中可知，碗式半刚性节点单层椭圆抛物面网壳的极限荷载基本不随扭转刚度的变化而变化，节点的扭转刚度对极限荷载的影响很小。

表 5-13　　不同节点扭转刚度对应的荷载变化系数 α_j

网格类型	扭转刚度系数	f/L							
		1/9		1/8		1/7		1/6	
		P_{cr}	变化系数	P_{cr}	变化系数	P_{cr}	变化系数	P_{cr}	变化系数
三向网格	0.01	5.46	0.95	7.36	0.99	10.31	0.99	13.03	1.01
	0.1	5.46	0.95	7.40	0.99	10.32	0.99	12.90	1.00
	1	5.73	1.00	7.47	1.00	10.42	1.00	12.90	1.00
	10	5.67	0.99	7.54	1.01	10.47	1.00	13.42	1.04
	100	5.62	0.98	7.60	1.02	10.51	1.01	12.86	1.00
正交单斜网格	0.01	5.71	1.00	7.49	1.01	9.29	1.00	11.43	0.96
	0.1	5.88	1.03	7.54	1.01	9.20	0.99	11.47	0.97
	1	5.73	1.00	7.44	1.00	9.28	1.00	11.87	1.00
	10	5.82	1.02	7.50	1.01	9.30	1.00	11.76	0.99
	100	5.82	1.02	7.55	1.02	9.20	0.99	11.67	0.98

➤节点域大小的影响

为考虑节点域大小对碗式半刚性节点单层椭圆抛物面网壳稳定承载力的影响，在此以平面尺寸为 30 m×30 m，矢跨比为 1/9、1/8、1/7、1/6 的网壳为基础，每种类型的网壳分别考虑节点域的大小为 100 mm、150 mm、200 mm、250 mm、300 mm、350 mm，进行位移–荷载全过程分析。

经过较为全面的分析，得到网壳的极限荷载随节点域的变化曲线如图 5-22 所示。为了直观，将不同节点域大小下网壳极限荷载的变化系数列于表 5-14 中。由图 5-22 和表 5-14 可以看出，在不同矢跨比下，网壳的极限荷载随节点域的变化规律基本一致，且变化幅度很小，即节点域的大小对网壳的极限荷载影响很小。极限荷载的变化幅度大部分都集中在 1.0 左右。因此，节点域的变化对极限荷载的影响可以忽略。

➤支承条件的影响

在以上所有分析中，网壳的支承条件均为四边固定铰支。为进行比较，将对平面尺寸为 30 m×30 m、40 m×40 m、30 m×45 m，矢跨比为 f/L=1/6、1/7、1/8、1/9，节点为 S24 的网壳按四边可动铰支的支承条件进行位移–荷载全过程分析，以便考察支承条件对碗式半刚性节点单层椭圆抛物面网壳稳定承载力的影响。图 5-23a 给出不同支承条件下极限荷载随矢跨比的变化曲线。图中只给出了平面尺寸为 40 m×40 m 的网壳极限承载力变化规律，其他网壳变化规律类似。可以看出，两种支承条件下，网壳的极限荷载均随着矢跨比的增大而增大；当网壳的支承条件为四边固定铰支时，极限荷载随矢跨比增大而增加的幅度较大，而当网壳的支承条件为四边可动铰支时，极限荷载随矢跨比增大而增加的幅度较小，即四边固定铰支的网壳的极限荷载对矢跨比更为敏感；对于各种平面尺寸的网壳，当矢跨比越小时，两种支承条件下的极限荷载差别越小。

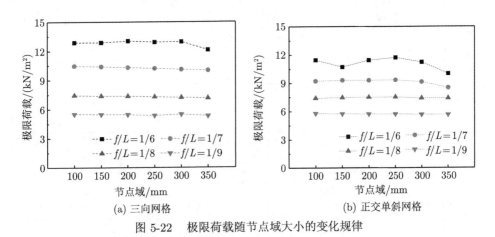

(a) 三向网格 (b) 正交单斜网格

图 5-22 极限荷载随节点域大小的变化规律

表 5-14 不同节点域大小下对应的极限荷载变化系数 α_j

网格类型	节点域/mm	f/L							
		1/9		1/8		1/7		1/6	
		P_{cr}	变化系数	P_{cr}	变化系数	P_{cr}	变化系数	P_{cr}	变化系数
三向网格	100	5.51	1.01	7.43	1.01	10.47	1.02	12.88	0.90
	150	5.48	1.00	7.37	1.00	10.41	1.01	12.88	0.99
	200	5.46	1.00	7.36	1.00	10.31	1.00	13.03	1.00
	250	5.36	0.98	7.28	0.99	10.22	0.99	12.93	0.99
	300	5.50	1.01	7.21	0.98	10.11	0.98	12.97	1.00
	350	5.32	0.98	7.15	0.97	10.02	0.97	12.13	0.93
正交单斜网格	100	5.79	1.02	7.40	0.99	9.23	0.99	11.45	1.00
	150	5.74	1.01	7.46	1.00	9.31	1.00	10.72	0.94
	200	5.71	1.00	7.49	1.00	9.29	1.00	11.43	1.00
	250	5.69	1.00	7.52	1.00	9.32	1.00	11.70	1.02
	300	5.65	0.99	7.39	0.99	9.12	0.98	11.21	0.98
	350	5.63	0.99	7.38	0.99	8.49	0.91	10.00	0.88

　　同时图 5-23b 中还给出了平面尺寸为 40 m×40 m, 不同矢跨比下两种刚接椭圆抛物面网壳在不同支承方式下极限荷载的变化规律。可以看出周边固定铰支的三向网格型刚接椭圆抛物面网壳比周边可动铰支的网壳极限荷载高出约 5kN/m², 正交单斜网格网壳在两种支承形式下极限荷载约差 2kN/m²。不同于碗式半刚接椭圆抛物面网壳, 不同矢跨比下, 周边固定铰支的刚接网壳的极限荷载和周边可动铰支网壳的极限荷载差别变化不大。

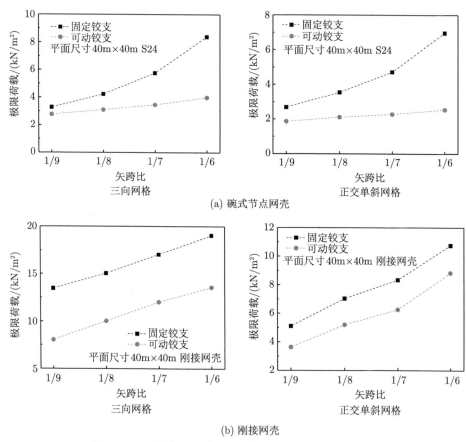

(a) 碗式节点网壳

(b) 刚接网壳

图 5-23　不同支承方式下极限荷载随矢跨比的变化规律

　　表 5-15 列出了不同平面尺寸和不同矢跨比下, 三向网格和正交单斜网格的椭圆抛物面网壳在两种不同支承方式下的极限荷载及荷载变化系数 λ。λ 是指网壳在可动铰支支承条件下的极限荷载与固定铰支支承条件下的极限荷载之比。可以看出, 平面尺寸不同而矢跨比相同的网壳, 网壳极限荷载的变化系数相近。而随着矢跨比的增大, 极限荷载变化系数明显增大。

表 5-15 不同支承方式下极限荷载变化系数 λ

网格类型	平面尺寸	f/L											
		1/9			1/8			1/7			1/6		
		固定铰支	可动铰支	变化系数	固定铰支	可动铰支	变化系数	固定铰支	可动铰支	变化系数	固定铰支	可动铰支	变化系数
三向网格	30m×30m	5.46	2.90	0.53	7.36	3.34	0.45	10.3	3.71	0.36	13.0	4.34	0.33
	40m×40m	3.28	2.76	0.84	4.23	3.10	0.73	5.76	3.46	0.60	8.39	3.98	0.47
	30m×45m	4.73	3.05	0.64	6.31	3.41	0.54	8.80	3.86	0.44	10.2	4.42	0.43
正交单斜网格	30m×30m	5.71	3.55	0.62	7.49	3.88	0.52	9.29	4.35	0.47	11.4	5.08	0.46
	40m×40m	2.68	1.86	0.69	3.55	2.10	0.59	4.71	2.28	0.48	6.96	2.54	0.36
	30m×45m	4.21	3.46	0.82	5.58	3.18	0.57	7.81	3.64	0.47	10.8	4.04	0.37

5.3 半刚性节点钢结构冷却塔静力稳定性

本节基于 ANSYS 有限元分析软件，将 HCR 节点刚度代入到钢结构冷却塔结构中模拟半刚性节点，建立了单层网壳钢结构冷却塔模型。考虑节点连接方式、刚度，冷却塔高度和网格尺寸，对单层网壳钢结构冷却塔双重非线性稳定性能开展了参数分析，获得了各参数对结构稳定性能影响规律；总结出了单层网壳钢结构冷却塔的 3 种主要失稳模态，得到了结构中节点刚度状态分布；提出了考虑偏心受力作用的节点刚度半刚性节点钢结构冷却塔稳定性分析方法，获得了偏心受力节点刚度对结构稳定性能的影响规律。

5.3.1 半刚性节点钢结构冷却塔数值模型

(1) 节点单元设置

在钢结构冷却塔结构形式中，单层网壳结构形式简单，易于实现装配式生产。因此本节选用单层网壳钢结构冷却塔作为半刚性节点钢结构冷却塔结构研究的基本形式。如图 5-24 所示，单层网壳钢结构冷却塔的基本矩形网格单元由竖向杆件与环向杆件交叉支撑、节点域、弹簧单元构成。类似于框架结构，环向杆件、竖向杆件，节点域主要承受弯矩和轴力，因此在 ANSYS 有限元软件中选用 BEAM188 单元模拟环向杆件、竖向杆件和节点域。其中环向杆件、竖向杆件为矩形截面。交叉支撑主要承受轴力，因此选用 LINK180 单元模拟交叉支撑。节点刚度模拟选用 COMBIN39 单自由度的非线性转动弹簧单元，通过输入弹簧单元的实常数实现对节点刚度的控制。

半刚性节点的模拟方法如图 5-25 所示，模型中，竖向杆件在节点连接处内有加劲肋板，节点域近似于刚性，因此节点域单元截面尺寸相对杆件较大。节点域两端 a、d 点与环向杆件单元两端 b、c 点分别在几何坐标上重合，在 $a(b)$、$c(d)$

几何连接处设立三向零长度的非线性转动弹簧单元 COMBIN39 用于模拟节点的连接转动刚度 (刚性钢结构冷却塔不设置弹簧单元)。如图 5-26 所示，以 $a(b)$ 为原点建立局部坐标系，x 轴与环向杆件单元轴线重合，z 轴与冷却塔中心轴线 O_H 平行，节点的强轴面外转动刚度 K_a、弱轴面内转动刚度 K_b、扭转刚度 K_c 方向分别与以 $a(b)$ 为原点建立的局部坐标 z 轴、y 轴、x 轴平行。为传递杆件单元与节点域单元之间的平动位移，将两单元节点连接处 a 与 b、c 与 d 的三向平动自由度进行耦合。

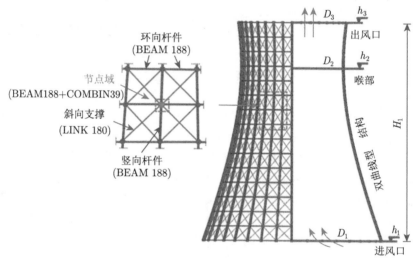

图 5-24　冷却塔模型

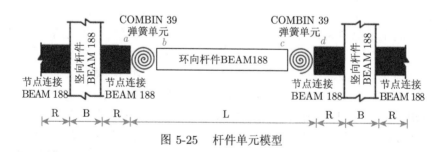

图 5-25　杆件单元模型

本章选用 HCR-1 节点作为钢结构冷却塔结构的半刚性节点形式，将 HCR-1 纯弯作用下的节点刚度曲线 (如图 5-27 所示 3 个方向的节点刚度：面外强轴刚度 K_a、面内弱轴刚度 K_b、扭转刚度 K_c) 划分为 19 段，取 19 段上对应的 20 个分界点，即为在 ANSYS 中定义弹簧的 20 个实常数。当弹簧状态处于 0 时表明弹簧处于卸载状态，弹簧状态处于 21 时表示节点的状态已超过 20 个关键点所定义的力-变形区间。

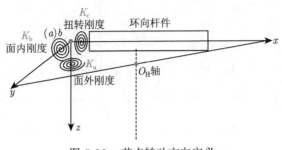

图 5-26 节点转动方向定义

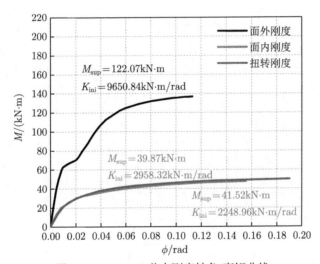

图 5-27 HCR-1 节点刚度转角-弯矩曲线

HCR-1 面外强轴方向节点刚度属于第一类转角-弯矩曲线 (有滑移阶段)，HCR-1 面内弱轴和扭转方向节点刚度属于第二类转角-弯矩曲线 (无滑移阶段)，如图 5-28 所示。根据两类位移-弯矩曲线的分段特征，可将代入结构中的弹簧单元的力-变形曲线按图 5-28 所示对弹簧的状态进行阶段划分。对于第一类转角-弯矩曲线 (有滑移阶段)，可将其划分为 4 个阶段：弹簧状态处于 1~6 时，弹簧处于弹性状态；弹簧状态处于 7~9 时，弹簧处于滑移状态；弹簧状态处于 10~15 时，弹簧处于弹塑性状态；弹簧状态处于 16~21 时，弹簧处于塑性状态；对于第二类转角-弯矩曲线 (无滑移阶段)，可将其划分为 3 个阶段：弹簧状态处于 1~9 时，弹簧处于弹性状态；弹簧状态处于 10~15 时，弹簧处于弹塑性状态；弹簧状态处于 16~21 时，弹簧处于塑性状态。

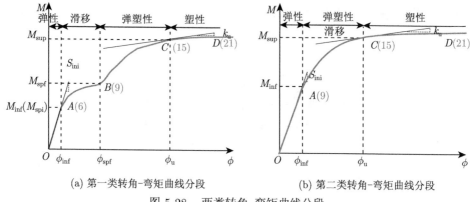

(a) 第一类转角–弯矩曲线分段　　　　　　(b) 第二类转角–弯矩曲线分段

图 5-28　两类转角–弯矩曲线分段

(2) 网壳模型的建立

双曲线型单层网壳钢结构冷却塔结构由通风筒及底部支撑两部分组成 (图 5-29)，进风口、喉部及出风口是冷却塔通风筒结构的 3 个主要位置。通风筒和底部支撑是相互独立的，因此本节主要是选取上部主体通风筒网壳结构进行静力稳定性能研究。

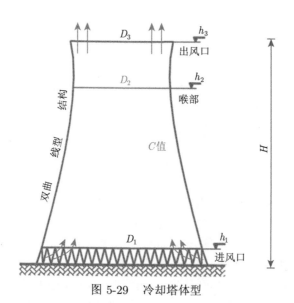

图 5-29　冷却塔体型

双曲线型单层网壳钢结构冷却塔模型的建立由两部分构成：结构的双曲线型方程、网格尺寸划分。其中结构的双曲线型方程如式 (5-2) 所示。

$$\frac{x^2+y^2}{\left(D_2/2\right)^2} - \left(\frac{z-h_2}{C^2}\right)^2 = 1 \quad (h_1 \leqslant z \leqslant h_3) \tag{5-2}$$

如图 5-29 所示，其中 h_1 是通风筒进风口的高度，h_3 是通风筒出风口的高度。h_1 与 h_3 确定冷却塔自然通风筒的高度范围。在一定高度下，喉部直径 D_2 决定了结构的高宽比，D_2 越大，结构越 "矮胖"。喉部高度 h_2 决定了结构的双曲线反弯点的位置。冷却塔 C 值决定了结构双曲外型轮廓弯曲程度，C 值越大，结构的双曲轮廓越弯曲，C 值越小，则轮廓线越接近于 "圆柱状"。

结构的双曲线型方程中喉部直径 D_2、喉部高度 h_2、冷却塔 C 值是冷却塔的外部体型控制参数。一定高度下，确定了双曲线型方程中的这 3 个参数，即可确定双曲线型冷却塔通风筒结构的外部体型。双曲线型冷却塔通风筒的外部体型控制参数是根据冷却塔工艺中热力计算确定的，因此本节参考了国家标准《工业循环水冷却设计规范》(GB/T 50102—2014)[101] 中对冷却塔体型控制参数的相关规定 (表 5-16)，确定了后续参数分析中 6 种不同高度下冷却塔下的体系控制参数 (表 5-17)。

表 5-16　《工业循环水冷却设计规范》(GB/T 50102—2014) 体型控制参数要求

塔高与壳底直径比	喉部与壳底面积比	喉部高与塔高比	塔顶扩散角 α_t	壳体子午线倾角 α_D
$1.2\sim1.6$	$0.30\sim0.40$	$0.75\sim0.85$	$6°\sim8°$	$16°\sim20°$

表 5-17　6 种高度下结构体型基本参数

高度 H/m	h_1/m	h_2/m	D_1/m	D_2/m	D_3/m	C
60	6	49.50	42.28	24.01	25.43	30
100	10	82.50	70.47	40.01	42.39	50
150	15	123.75	101.28	60.02	63.16	80
180	15	140.25	112.55	68.017	73.73	95
200	15	165.00	141.48	80.02	84.00	120
230	18	194.70	190.00	120.03	61.79	144

双曲线型单层网壳钢结构冷却塔的通风筒是由平面双曲线旋转一周得到，结构沿子午向曲率及直径是连续变化的，结构的矩形网格尺寸无法用某一具体的尺寸来进行划分。如图 5-30a 及图 5-30b 所示，本节采用纵向分段网格数 N_h 和环向分段网格数 N_r 表示结构的网格尺寸。网格纵向分段数 $N_h = H_1/L_h$，H_1 为冷却塔通风筒体高度，L_h 为网格纵向分割高度；网格环向分段数 $N_r=360°/\theta$，θ 为网格环向分割角度。在下文中采用 $N_h \times N_r$ 表示结构的网格尺寸划分，同一结构高度下，N_h 越大，N_r 越大，划分的网格尺寸越小，矩形网格越密集。如图 5-30c 所示，在单层网壳钢结构冷却塔中，由于环向杆件、竖向杆件采用矩形截面，需考虑杆件的长边与短边在结构中的位置方向，杆件单元局部坐标系中 x 轴方向即为杆件轴线方向，y 轴方向即为杆件的短边方向，z 轴方向即为杆件的长边方向。由于横向风荷载是冷却塔结构的敏感荷载，因此杆件的长边应处于结构的面外方向。

对于环向杆件，杆件单元局部坐标系中 y 轴应与冷却塔结构中心轴线 O_H 平行；对于竖向杆件，杆件单元局部坐标系中 x 轴应与冷却塔结构中心轴线 O_H 共面。

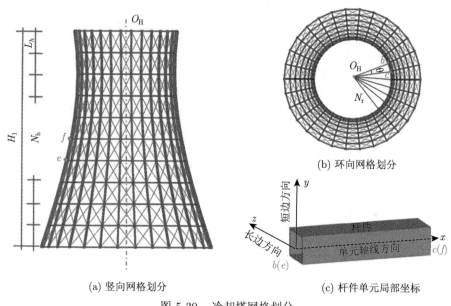

(a) 竖向网格划分　　　　　　　　(c) 杆件单元局部坐标

(b) 环向网格划分

图 5-30　　冷却塔网格划分

结构的设计荷载考虑重力荷载、风荷载、温度作用。设计荷载组合按 1.2× 重力荷载 +1.4× 风荷载 +0.6× 温度作用组合进行加载，其中风荷载参考国家标准《工业循环水冷却设计规范》(GB/T 50102—2014)[101] 进行荷载设计，外部风压分布如图 5-31 所示，外部风压分布情况为冷却塔迎风面承受风压作用，其余面承受风吸作用，迎风面两侧的风吸力最大。在双曲线冷却塔外表面上的等效风荷载标准值按式 (5-3) 计算：

$$\omega_{(Z,\theta)} = \beta_w \cdot C_g \cdot C_p(\theta) \cdot \mu_z \cdot \omega_0 \tag{5-3}$$

$$C_p(\theta) = \sum_{k=0}^{m} a_k \cdot \cos k\theta \tag{5-4}$$

其中，$\omega_{(Z,\theta)}$ 为作用在塔外表面上的等效风荷载标准值 (kN/m^2)；β_w 为风振系数，取 1.9；C_g 为塔间干扰系数，取 1.0；$C_p(\theta)$ 为平均风压分布系数，按式 (5-4) 计算；μ_z 为风压高度变化系数，按《建筑结构荷载规范》(GB 50009—2012) 表 8.2.1 取值，地面粗糙度为 B 类；ω_0 为基本风压，取哈尔滨当地基本风压 $0.55kN/m^2$；a_k 为系数，本节研究的是外表面无肋条的双曲线型冷却塔，a_k，m，θ 按《工业循环水冷却设计规范》(GB/T50102-2014)[101] 相应要求进行取值。考虑冷却塔通风筒结构内部风吸力,内吸力标准值按下式计算:

$$\omega_i = C_{pi} \cdot q_{(H)} \tag{5-5}$$

$$q_{(H)} = \mu_H \cdot \beta_w \cdot C_g \cdot \omega_0 \tag{5-6}$$

其中,C_{pi} 为内吸力系数,取 -0.5;$q_{(H)}$ 为塔顶处的风压设计值,按式 (5-6) 计算;μ_H 为塔顶标高处风压高度变化系数。根据计算得到结构各结点周围附属面积 (附属面积取节点临近四周矩形网格面积和的四分之一) 风荷载大小,将其按照等效结点荷载施加于结构各结点。

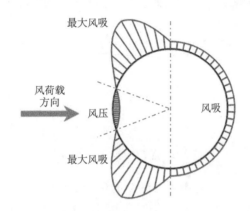

图 5-31　冷却塔外部风压分布示意图

自重荷载包括结构杆件及杆件外的面板自重,通过节点周围的附属面积直接计算该节点的等效面板自重荷载,施加在结构各自节点上。温度荷载按冷却塔全结构正负 20℃ 范围进行设计。自然通风筒网壳底部施加节点三向位移约束考虑底部支撑对上部结构的约束。

(3) 双重非线性稳定性分析原理

结构的双重非线性包括几何非线性和材料非线性。在结构的加载过程中,结构的变形逐渐增大,从而导致结构的受力性能发生明显变化,结构的刚度矩阵处于变化状态,即结构的几何非线性。且随着应力的增大,材料的应力–应变曲线也不再是线性变化,如钢材在达到屈服强度后会出现明显的塑性平台,这种非线性称为材料非线性。结构的加载过程中,加载历史、环境状况的改变,都有可能影响材料应力–应变关系,导致结构受到材料非线性的影响。

在结构的非线性稳定分析中,任意时刻结构的平衡方程为

$$^{t+\Delta t}\boldsymbol{R} - {}^{t+\Delta t}\boldsymbol{F} = 0 \tag{5-7}$$

其中, $^{t+\Delta t}\boldsymbol{R}$, $^{t+\Delta t}\boldsymbol{F}$ 分别为 $t+\Delta t$ 时刻结构受到的外部荷载向量和此刻对应的结点内力向量。

由于假定荷载与结构变形无关, 采用线性逼近的方法, 因此方程 (5-7) 可以表达成增量形式

$$^{t}\boldsymbol{K}\Delta\boldsymbol{U}^{(i)} = {}^{t+\Delta t}\boldsymbol{R} - {}^{t+\Delta t}\boldsymbol{F}^{(i-1)} \tag{5-8}$$

其中 $^{t}\boldsymbol{K}$ 表示 t 时刻对应的结构切线刚度矩阵, $\Delta\boldsymbol{U}^{(i)}$ 表示结构此时的位移迭代增量, 上式变为

$$^{t}\boldsymbol{K}\Delta\boldsymbol{U}^{(i)} = {}^{t+\Delta t}\lambda^{(i)}\boldsymbol{R} - {}^{t+\Delta t}\boldsymbol{F}^{(i-1)} \tag{5-9}$$

基于位移向量求解技术, 可以将方程 (5-7) 表达为下列两个方程:

$$^{t}\boldsymbol{K}\Delta\overline{\boldsymbol{U}^{(i)}} = {}^{t+\Delta t}\lambda^{(i-1)}\boldsymbol{R} - {}^{t+\Delta t}\boldsymbol{F}^{(i-1)} \tag{5-10}$$

$$^{t}\boldsymbol{K}\Delta\overline{\overline{\boldsymbol{U}^{(i)}}} = \boldsymbol{R} \tag{5-11}$$

其中

$$\Delta\boldsymbol{U}^{(i)} = \Delta\overline{\boldsymbol{U}^{(i)}} + \Delta\lambda^{(i)}\Delta\overline{\overline{\boldsymbol{U}^{(i)}}} \tag{5-12}$$

$$^{t+\Delta t}\boldsymbol{U}^{(i)} = {}^{t+\Delta t}\Delta\boldsymbol{U}^{(i-1)} + \Delta\boldsymbol{U}^{(i)} \tag{5-13}$$

$$^{t+\Delta t}\lambda^{(i)} = {}^{t+\Delta t}\lambda^{(i-1)} + \Delta\lambda^{(i)} \tag{5-14}$$

式中, λ 表示特征值, $\Delta\overline{\overline{\boldsymbol{U}^{(i)}}}$ 表示 t 时刻外荷载 $\boldsymbol{R}$ 引起的位移增量, $\Delta\overline{\boldsymbol{U}^{(i)}}$ 表示剩余位移增量。方程 (5-10) 至方程 (5-14) 中含有未知数 $(N+1)$ 个, 但是只有 N 个方程组, 因此必须再建立一个含有上述 $(N+1)$ 个数的约束方程。本节采用改进的弧长法 [102] 进行计算, 约束方程为

$$\left\{\left[{}^{t+\Delta t}\lambda^{(i-1)} - {}^{t}\lambda\right] + \Delta\lambda^{(i)}\right\}^2 + \boldsymbol{U}^{(i)t}\boldsymbol{U}^{i} = \Delta L^2 \tag{5-15}$$

其中 ΔL 为各迭代步的弧长增量:

$$\Delta L = \left({}^{t+\Delta t}\lambda^{i} - {}^{t}\lambda\right)L \tag{5-16}$$

本节中杆件单元均采用网壳工程中常用的 Q345 钢材料特性, 钢材的材料模型采用双线随动强化模型以考虑材料的非线性, 其中屈服应力为 3.45×10^8Pa, 弹性模量为 2.06×10^{11}Pa, 泊松比为 0.3, 切线模量取弹性模量的 0.1 倍。

5.3.2 半刚性节点钢结构冷却塔失稳模态

(1) 参数分析方案

本节考虑钢结构冷却塔的节点连接方式，高度、网格尺寸 3 类参数进行结构的双重非线性稳定性分析，钢结构冷却塔节点连接方式、参数设置如表 5-18。

表 5-18 高度网格参数方案

高度H/m	杆件截面尺寸/mm		网格尺寸 $N_h \times N_r$		进风口尺寸/m²	喉部尺寸/m²	出风口尺寸/m²
60	竖向杆件	S_1	25×60		4.71	2.72	2.82
	□200×300×10	S_2	25×45		6.27	3.63	3.76
	环向杆件	S_3	20×40		8.79	5.10	5.40
	□100×200×6	S_4	15×36		12.93	7.57	8.01
	支撑斜杆	S_5	10×30		22.95	13.69	14.47
	Φ60.5×4	S_6	8×24		35.48	21.58	22.69
100	竖向杆件	S_1	25×72		10.89	6.29	6.53
	□450×700×24	S_2	20×60		16.26	7.43	9.48
	环向杆件	S_3	18×40		21.68	12.60	13.01
	□200×300×10	S_4	20×45		27.04	15.77	16.68
	支撑斜杆	S_5	15×30		43.06	25.23	26.71
	Φ90×6	S_6	12×24		66.81	39.55	41.80
150	竖向杆件	S_1	35×72		16.85	10.11	10.64
	□550×900×22	S_2	30×60		23.55	14.18	14.89
	环向杆件	S_3	27×50		31.35	18.87	19.52
	□250×450×12	S_4	25×45		37.57	22.65	23.40
	支撑斜杆	S_5	22×40		47.93	29.10	30.48
	Φ122.5×10	S_6	18×36		64.82	39.41	41.41
180	竖向杆件	S_1	50×72		16.07	9.80	10.49
	□700×1050×22	S_2	40×60		24.06	14.70	15.70
	环向杆件	S_3	35×50		32.94	20.16	21.48
	□350×550×12	S_4	30×45		42.62	26.14	27.78
	支撑斜杆	S_5	25×40		57.38	35.30	37.38
	Φ162.5×10	S_6	20×36		79.36	49.07	51.67
200	竖向杆件	S_1	55×90		14.94	9.40	4.88
	□700×1100×24	S_2	50×72		20.53	12.92	13.79
	环向杆件	S_3	37×60		33.20	20.96	21.83
	□350×550×14	S_4	37×40		41.41	31.44	16.28
	支撑斜杆	S_5	30×40		61.27	38.80	40.39
	Φ162.5×12	S_6	25×36		81.49	51.73	60.29
230	竖向杆件	S_1	60×90		23.29	14.81	15.16
	□1000×1400×26	S_2	50×72		34.90	22.21	22.72
	环向杆件	S_3	45×60		46.49	29.62	30.28
	□550×850×20	S_4	40×50		62.71	39.99	40.84
	支撑斜杆	S_5	35×45		79.52	50.78	51.81
	Φ315×14	S_6	30×40		104.20	66.66	67.92

节点连接方式：刚性节点、半刚性节点 (考虑纯弯作用下节点刚度的 HCR 节点)。

冷却塔的高度、网格尺寸：设置如表 5-18 所示，其中 $S_1 \sim S_6$ 分别表示各个高度下钢结构冷却塔由小到大的 6 种网格尺寸。

(2) 三类参数对半刚性节点钢结构冷却塔稳定性能的影响

考虑半刚性节点钢结构冷却塔 (简称刚结构冷却塔) 的节点连接方式、高度、网格尺寸 3 类参数，本节计算了 72 个钢结构冷却塔数值模型双重非线性稳定性分析算例。

72 个钢结构冷却塔结构模型的位移–荷载曲线如图 5-32 所示，稳定性承载力如表 5-19 所示。其中荷载因子表示当前荷载是以设计荷载组合 (1.2× 重力荷载 +1.4× 风荷载 +0.6× 温度作用) 的倍数加载。同一钢结构冷却塔高度下，采用相同截面杆件，钢结构冷却塔结构承载力 P_{cr} 随着网格尺寸的减小而增加。刚性钢结构冷却塔在 60~230m 下均具有较为良好承载力 ($P_{cr} \geqslant 2.0$)。$C_P = P_{cs}/P_{cr}$，纯弯折减

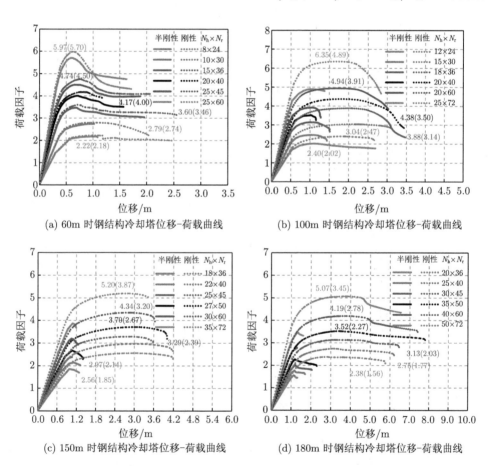

(a) 60m 时钢结构冷却塔位移-荷载曲线   (b) 100m 时钢结构冷却塔位移-荷载曲线

(c) 150m 时钢结构冷却塔位移-荷载曲线   (d) 180m 时钢结构冷却塔位移-荷载曲线

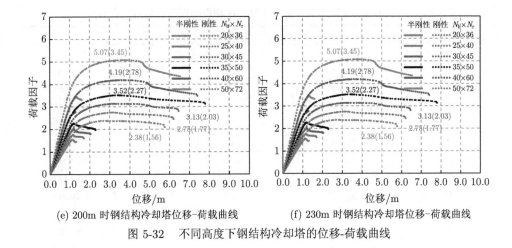

(e) 200m 时钢结构冷却塔位移-荷载曲线　　　(f) 230m 时钢结构冷却塔位移-荷载曲线

图 5-32　不同高度下钢结构冷却塔的位移-荷载曲线

系数 C_{P} 为考虑纯弯作用下节点刚度的半刚性节点钢结构冷却塔稳定性承载力 P_{cs} 与刚性节点钢结构冷却塔稳定性承载力 P_{cr} 之比, 被用于反映考虑纯弯作用下节点刚度对钢结构冷却塔稳定性承载力的影响程度。

　　纯弯折减系数分布如图 5-33 所示。对于不同高度下的钢结构冷却塔, 代入的节点刚度曲线是相同的。但随钢结构冷却塔高度增加, 选用的钢结构冷却塔环向杆件截面尺寸增大, 节点相对于环向杆件的相对刚度逐渐减小。因此结果表现为纯弯折减系数 C_{P} 随钢结构冷却塔高度的增加而减小, 钢结构冷却塔高度为 60~100m 时, 节点相对刚度较高, 半刚性节点钢结构冷却塔体现出较为良好的承载力性能 (钢结构冷却塔高度为 60m 时纯弯折减系数 C_{P}=95.48%~98.40%, 钢结构冷却塔高度为 100m 时纯弯折减系数 $C_{\mathrm{P}} = 77.01\%\sim84.17\%$)。钢结构冷却塔高度为 200~230m 时, 节点相对刚度折减显著, 钢结构冷却塔稳定性承载力折减显著 ($C_{\mathrm{P}} = 46.96\%\sim61.92\%$)。

　　(3) 三种主要失稳模态

　　结构的稳定性能可以从多个特征响应中得出完整的概念, 包括结构的屈曲模态、位移-荷载全过程曲线、极限荷载、塑性发展分布状况等。其中屈曲模态代表在临界点处的结构位移趋势, 即结构屈曲时的位移增量模式。但结构屈曲模态分析为弹性分析, 并未考虑结构的双重非线性, 不能完全反映结构双重非线性稳定性能。因此在结构的双重非线性稳定性分析中, 为了能更好地反映钢结构冷却塔屈曲时的位移增量模式, 参考弹性屈曲模态的定义, 采用失稳模态来代表钢结构冷却塔在临界点处的结构位移趋势, 如式 (5-17) 所示。

$$\boldsymbol{U}_{\Delta} = \boldsymbol{U}_{+} - \boldsymbol{U}_{-} \tag{5-17}$$

表 5-19　不同高度下钢结构冷却塔稳定性承载力

高度 H/m	网格尺寸 $N_h \times N_r$		P_{cr}	P_{cs}	C_P
60	S_1	25×60	5.97	5.7	95.48%
	S_2	25×45	4.74	4.5	94.94%
	S_3	20×40	4.17	4.00	95.92%
	S_4	15×36	3.60	3.46	96.11%
	S_5	10×30	2.79	2.74	98.21%
	S_6	8×24	2.22	2.18	98.20%
100	S_1	25×72	6.35	4.89	77.01%
	S_2	20×60	4.94	3.91	79.15%
	S_3	20×45	4.38	3.5	79.91%
	S_4	18×40	3.88	3.14	80.93%
	S_5	15×30	3.04	2.47	81.25%
	S_6	12×24	2.40	2.02	84.17%
150	S_1	35×72	5.2	3.87	74.42%
	S_2	30×60	4.34	3.2	73.73%
	S_3	27×50	3.7	2.67	72.16%
	S_4	25×45	3.29	2.39	72.64%
	S_5	22×40	2.97	2.14	72.05%
	S_6	18×36	2.56	1.85	72.27%
180	S_1	50×72	5.07	3.45	68.05%
	S_2	40×60	4.19	2.78	66.35%
	S_3	35×50	3.52	2.27	64.49%
	S_4	30×45	3.13	2.03	64.86%
	S_5	25×40	2.75	1.77	64.36%
	S_6	20×36	2.38	1.56	65.55%
200	S_1	55×90	5.2	3.22	61.92%
	S_2	50×72	4.29	2.53	58.97%
	S_3	37×60	3.59	2.08	57.94%
	S_4	37×40	2.78	1.43	51.44%
	S_5	30×40	2.53	1.35	53.36%
	S_6	25×36	2.24	1.21	54.02%
230	S_1	60×90	4.35	2.39	54.94%
	S_2	50×72	3.65	1.87	51.23%
	S_3	45×60	3.18	1.52	47.80%
	S_4	40×50	2.75	1.34	48.73%
	S_5	35×45	2.47	1.16	46.96%
	S_6	30×40	2.19	1.08	49.32%

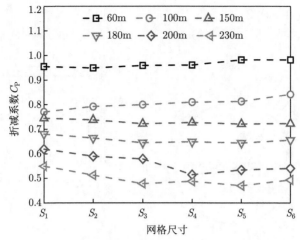

图 5-33 不同冷却塔高度纯弯折减系数 C_P 分布

式 (5-17) 中 U_- 为结构失稳前一邻近状态的位移，U_+ 为结构失稳后一邻近状态的位移。U_Δ 为结构失稳前后两相邻状态位移差值，即失稳模态，如图 5-34 所示。

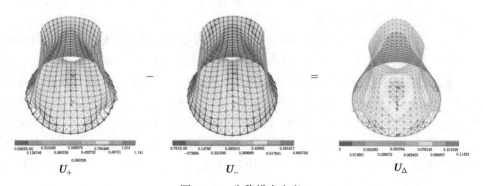

图 5-34 失稳模态定义

为了更为清楚地表达钢结构冷却塔失稳时出现较大位移与应力集中的区域，根据冷却塔的外部风压分布和体型特征，对冷却塔进行了环向和竖向的分区。如图 5-35a 所示，考虑冷却塔的外部风压分布，将冷却塔沿环向划分为迎风面风压区 A 区，两侧最大风吸区 B、C 区，背风面风吸区 D 区。如图 5-35b 所示，考虑冷却塔的外部体型特征，将冷却塔沿纵向划分为：$h_2 \sim h_3$ 高度范围内为冷却塔上部区域 (A_1、B_1、C_1 分别表示 A、B、C 区的上部区域)，$h_{1-2} \sim h_2$ 高度范围内为冷却塔中部区域 (A_2、B_2、C_2 分别表示 A、B、C 区的中部区域)，$h_1 \sim h_{1-2}$ 高度范围内为冷却塔下部区域 (A_3、B_3、C_3 分别表示 A、B、C 区的下部区域)，

其中 $h_{1-2} = (h_1 + h_2)/2$。

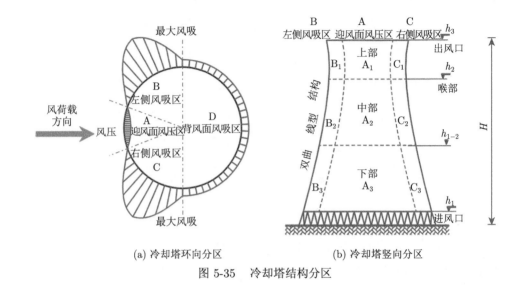

(a) 冷却塔环向分区　　　　　　　(b) 冷却塔竖向分区

图 5-35　冷却塔结构分区

通过统计分析以上 72 个钢结构冷却塔数值模型的失稳模态, 结构的失稳模态主要体现为以下 3 种类型。

第一类失稳模态: 如图 5-36a 所示, 结构失稳前位移发展趋势与风压分布较为一致, 迎风面风压区中部 A_2 区内凹, 两侧最大风吸区中部 $B_2(C_2)$ 区外凸。由于结构喉部以上网壳较薄弱且风荷载较大, 失稳后, 结构位移除继续向迎风面风压区中部 A_2 区发展外, 还趋于向迎风面风压区 A_1 区出风口内凹发展。如失稳时环竖杆件应力云图 5-36b 所示, 结构失稳时, 迎风面风压区中部 A_2 区环向杆件, 迎风面风压区底部 A_3 区及两侧最大风吸区底部 B_3、C_3 区竖向杆件多已进入塑性状态。如失稳时斜杆轴力分布图 5-36c 所示, 迎风面风压区 A 区、两侧最大风吸区 B、C 区斜杆轴力水平高。

第二类失稳模态: 如图 5-37a 所示, 与第一类失稳模态类似, 结构失稳前位移发展与风压分布较为一致, 迎风面风压区中部 A_2 区内凹, 两侧最大风吸区中部 $B_2(C_2)$ 区外凸。失稳后, 结构的位移发展仍继续向迎风面风压区中部 A_2 区发展。区别于第一类失稳模态, 结构失稳后两侧最大风吸区中部 $B_2(C_2)$ 区外凸趋势沿高度扩展到整个最大风吸区 B(C) 区。如失稳时环竖杆件应力云图 5-37b 所示, 结构失稳时, 迎风面风压区底部 A_3 区竖向杆件及两侧最大风吸区底部 B_3、C_3 区竖向杆件进入塑性状态。区别于第一类失稳模态, 失稳时, 迎风面风压区中部 A_2 区环向杆件处于弹性状态。如失稳时斜杆轴力分布图 5-37c 所示, 两侧最大风吸区 B、C 区斜杆轴力水平高。失稳时, 环向杆件、竖向杆件的塑性发展及支撑斜杆的轴力水平显著小于第一类失稳模态。

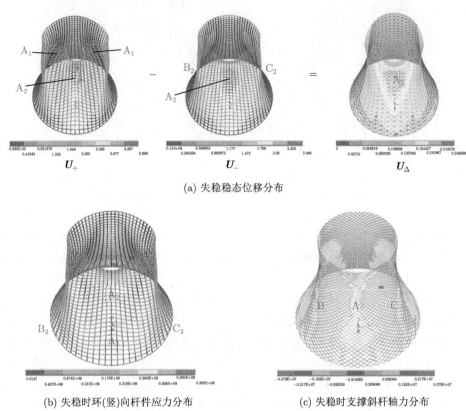

(a) 失稳稳态位移分布

(b) 失稳时环(竖)向杆件应力分布　　(c) 失稳时支撑斜杆轴力分布

图 5-36　第一类失稳模态 (算例：刚性–150m-22×40)

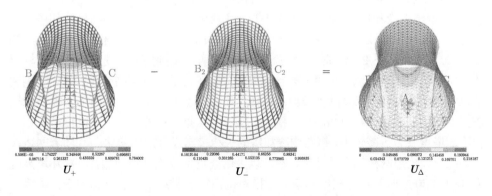

(a) 失稳稳态位移分布

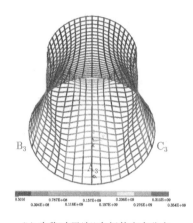

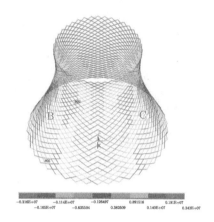

(b) 失稳时环(竖)向杆件应力分布　　　　　　(c) 失稳时支撑斜杆轴力分布

图 5-37　第二类失稳模态 (算例：半刚性-150m-22×40)

第三类失稳模态：如图 5-38a 所示，与第一类失稳模态类似，结构失稳前位移发展与风压分布较为一致，迎风面风压区中部 A_2 区内凹，两侧最大风吸区中部 $B_2(C_2)$ 区外凸。失稳后，结构的位移仍继续向迎风面风压区中部 A_2 区内凹，两侧最大风吸区中部 $B_2(C_2)$ 区外凸发展。区别于第一类失稳模态，由于结构的底层竖向杆件截面尺寸较小，在两侧最大风吸区底部 $B_3(C_3)$ 区出现了由竖向杆件局部失稳引起的内凹。如图 5-38b 所示，结构失稳时，迎风面风压区中部 A_2 区环向杆件、底部 A_3 区竖向杆件及两侧最大风吸区底部 B_3、C_3 区竖向杆件进入塑性状态，且两侧最大风吸区底部 B_3、C_3 区竖向杆件已出现较为明显的局部失稳。如图 5-38c 所示，迎风面风压区 A 区、两侧最大风吸区 B、C 区斜杆轴力水平高。失稳时，环向杆件、竖向杆件的塑性发展及支撑斜杆的轴力水平与第一类失稳模态类似。

为了进一步分析三种失稳模态的分布特征，将 72 个钢结构冷却塔模型的失稳模态汇总于表 5-20，其中 I、II、III 分别表示第一、二、三类失稳模态。结果表明：① 由于钢结构冷却塔喉部以上网壳较薄弱且风荷载较大，刚性钢结构冷却塔多呈现趋于向迎风面风压区 A_1 区出风口内凹局部失稳的第一类失稳模态。② 钢结构冷却塔高度为 150~230m 时，节点相对刚度偏弱，半刚性节点使钢结构冷却塔整体稳定承载力显著降低，相较于第一类局部失稳模态的刚性钢结构冷却塔，半刚性节点钢结构冷却塔呈现为两侧最大风吸区 B(C) 区外凸整体失稳的第二类失稳模态；冷却塔高度为 60~100m 时，相较于刚性节点钢结构冷却塔，半刚性节点钢结构冷却塔承载力折减较小，钢结构冷却塔的失稳模态没有发生变化。③ 随着网格尺寸的减小，矩形网格越来越密集，喉部以上网壳局部稳定性得到加强，冷却塔高度为 180~230m 时，钢结构冷却塔失稳模态也由第一类局部失稳模态转变为了第二类整体失稳模态。除此之外，冷却塔高度为 60m 时，由于钢结构冷却塔的底层竖向杆

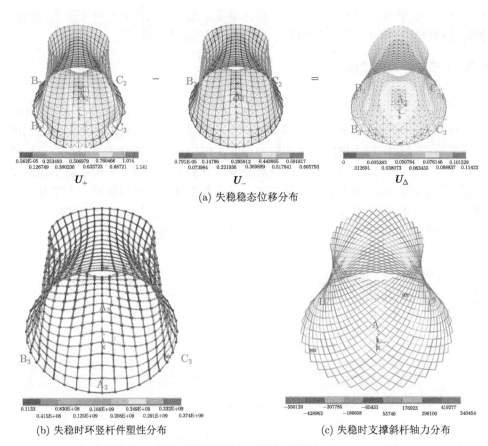

(a) 失稳稳态位移分布

(b) 失稳时环竖杆件塑性分布

(c) 失稳时支撑斜杆轴力分布

图 5-38 第三类失稳模态 (算例: 刚性-60m-15×30)

表 5-20 钢结构冷却塔失稳模态分布

变量	高度 H/m											
	60						100					
$N_h \times N_r$	8×24	10×30	15×36	20×40	25×45	25×60	12×24	15×30	18×40	20×45	20×60	25×72
刚性结构	I	I	III	III	III	III	I	I	I	I	I	I
半刚性结构	I	I	III	III	III	III	I	I	I	I	I	I
	150						180					
$N_h \times N_r$	18×36	22×40	25×45	27×50	30×60	35×72	20×36	25×40	30×45	35×50	40×60	50×72
刚性结构	I	I	I	I	I	I	I	I	I	I	II	II
半刚性结构	II	II	II	II	II	II	II	II	II	II	II	II
	200						230					
$N_h \times N_r$	25×36	30×40	37×40	37×60	50×72	55×90	30×40	35×45	40×50	45×60	50×72	60×90
刚性结构	I	I	I	II	II	II	I	I	I	I	II	II
半刚性结构	II	II	II	II	II	II	II	II	II	II	II	II

件尺寸较小，网格尺寸较小的钢结构冷却塔呈现出由底层竖向杆件失稳引起的两侧最大风吸区底部 $B_3(C_3)$ 区内凹局部失稳的第三类失稳模态。

5.3.3　结构静力稳定性分析

(1) 节点刚度对钢结构冷却塔稳定性的影响

环向杆件转动刚度会受杆件的截面尺寸、长度等几何特性的影响，而其截面尺寸和长度分别取决于钢结构冷却塔的高度和网格尺寸。相对于不同参数钢结构冷却塔环向杆件，同一尺寸节点的相对刚度差异显著。但对于不同参数钢结构冷却塔，设计相应尺寸的节点工作量较大且节点的设计标准难以衡量。本节基于纯弯作用下 HCR 节点的节点刚度，引入节点刚度系数 η_K 以分析节点刚度对不同参数钢结构冷却塔稳定性承载力的影响。节点刚度系数 η_K 表示在纯弯作用下对 HCR 节点的节点刚度进行 η_K 倍缩放。参数设置如下：

基本模型：选取不同高度下最小网格尺寸 S_1 和最大网格尺寸 S_6 的钢结构冷却塔，如表 5-21 所示。

表 5-21　节点刚度参数分析冷却塔基本模型

变量		高度 H/m					
		60	100	150	180	200	230
$N_\mathrm{h} \times N_\mathrm{r}$	S_1	25×60	25×72	35×72	50×72	55×90	60×90
	S_6	8×24	12×24	18×36	20×36	25×36	30×40

节点刚度系数 η_K：0.1、0.2、0.5、1、2、5、10、20、50、100

两类网格尺寸的钢结构冷却塔节点刚度影响曲线如图 5-39 所示，各高度下 C_P 随 η_K 的增长趋势基本一致。随着 η_K 增大，C_P 增长趋势逐渐平缓，半刚性节点钢结构冷却塔承载力逐渐趋于刚性节点钢结构冷却塔承载力。$C_P = 90\%$ 时，节点相对于钢结构冷却塔环向杆件基本接近刚性节点，对应 $C_P = 90\%$ 时不同高度下钢结构冷却塔节点刚度系数分布如图 5-40 所示，随着高度增加，$C_P = 90\%$ 对应的节点刚度系数 η_K 增长程度越趋急剧。冷却塔高度大于 150m 时，节点刚度系数 η_K 陡增 (对于最大网格尺寸 S_6，钢结构冷却塔高度为 180m 时 $\eta_K = 14.50$，高度为 150m 时 $\eta_K = 4.46$)；且相对于最大网格尺寸 S_6，最小网格尺寸 S_1 钢结构冷却塔 $C_P=90\%$ 对应的节点刚度系数 η_K 显著提高 (高度为 230m 时最小网格尺寸 S_1 钢结构冷却塔 $\eta_K = 69.73$，最大网格尺寸 S_6 钢结构冷却塔 $\eta_K = 35.25$)。相对于大网格尺寸，小网格尺寸钢结构冷却塔的环向杆件长度较小，杆件的转动刚度较高，同一尺寸节点小网格尺寸钢结构冷却塔环向杆件的相对刚度较小。因此相同折减系数 C_P 下，小网格尺寸钢结构冷却塔对于节点刚度系数 η_K 要求更高。

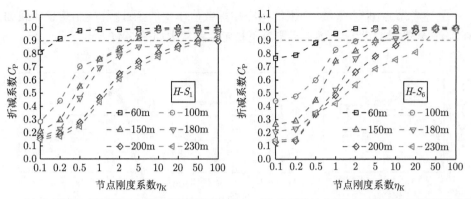

(a) S_1 网格尺寸钢结构冷却塔节点刚度影响曲线　　(b) S_6 网格尺寸钢结构冷却塔节点刚度影响曲线

图 5-39　两类网格尺寸钢结构冷却塔节点刚度影响曲线

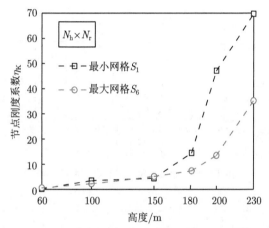

图 5-40　$C_P = 90\%$ 时钢结构冷却塔节点刚度系数 η_K 分布

半刚性节点的节点刚度由面外强轴、面内弱轴、扭转 3 个方向的节点刚度组成。为了进一步分析 3 个方向节点刚度分别对半刚性节点钢结构冷却塔稳定性承载力的影响规律，单一地对其中一个方向的节点刚度进行缩放 η_K 倍，保持另外两个方向的节点刚度不变 (上文的参数分析是对 3 个方向的节点刚度同时进行 η_K 倍的缩放)。参数设置如下:

钢结构冷却塔模型: 60m-20×40、100m-18×40、150m-22×40。

面外强轴方向节点刚度系数 η_{K_a}: 0.2、0.5、1、2、5、10、∞。

面内弱轴方向节点刚度系数 η_{K_b}: 0.2、0.5、1、2、5、10、∞。

扭转方向节点刚度系数 η_{K_c}: 0.2、0.5、1、2、5、10、∞。

其中 $\eta_K = \infty$ 表示节点为刚性节点。

上述各节点刚度下 63 个钢结构冷却塔数值模型的全过程位移–荷载曲线如图 5-41 至图 5-43 所示，各节点刚度下稳定性承载力如图 5-44 所示。

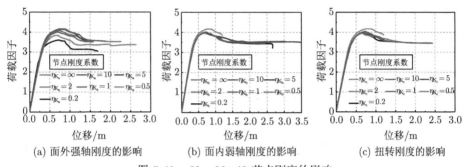

(a) 面外强轴刚度的影响 （b) 面内弱轴刚度的影响 （c) 扭转刚度的影响

图 5-41 60m-20×40 节点刚度的影响

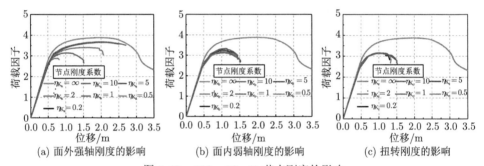

(a) 面外强轴刚度的影响 （b) 面内弱轴刚度的影响 （c) 扭转刚度的影响

图 5-42 100m-18×40 节点刚度的影响

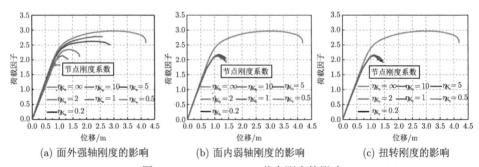

(a) 面外强轴刚度的影响 （b) 面内弱轴刚度的影响 （c) 扭转刚度的影响

图 5-43 150m-22×40 节点刚度的影响

由于结构的敏感荷载是横向风荷载，随着面外强轴方向节点刚度的增加，半刚性节点钢结构冷却塔的稳定性承载力逐渐增大。然而，随着面内弱轴、扭转方向节点刚度的增加，半刚性节点钢结构冷却塔的稳定性承载力几乎没有变化，半刚性节点钢结构冷却塔的稳定性承载力和位移–荷载曲线对面内弱轴、扭转方向节点刚度并不敏感。因此，3 个方向节点刚度中面外强轴方向节点刚度是影响半刚性节点钢结构冷却塔稳定性能的主要因素。

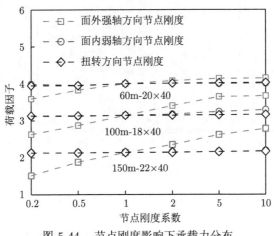

图 5-44　节点刚度影响下承载力分布

(2) 节点刚度分布算例分析

节点刚度的分布是半刚性节点钢结构冷却塔稳定性分析的重要特征响应，在半刚性节点钢结构冷却塔数值模型中，弹簧单元的应力状态能够直接反映节点的刚度状态。因此，本节以第二类失稳模态的半刚性节点钢结构冷却塔 (150m-22×40) 数值模型为例，提取钢结构冷却塔中各个节点单元失稳前后的刚度状态。失稳前，结构处于加载状态，因此提取每个节点单元在失稳前所有时刻中刚度状态最大值作为其失稳前的刚度状态。失稳后，结构处于卸载状态，因此提取每个节点单元在后屈曲段所有时刻中节点状态最小值作为其失稳后的节点状态。结构失稳前后节点刚度状态概率函数 (Y) 分布如图 5-45 所示，概率函数普遍能通过式 (5-18) 拟合，N 表示节点刚度状态，a、b、c、d 为常数。

$$Y = ae^{-N/c} + be^{-N/d} \tag{5-18}$$

由图 5-45 可知，结构失稳前，87.71% 的强轴方向节点处于弹性 + 滑移状态，12.29% 的强轴方向节点已经进入了弹塑性状态，弱轴和扭转方向节点基本全部处于弹性状态。这也进一步说明了在加载过程中强轴方向才是节点 3 个方向中的主要受力方向。结构失稳后，大量节点 (48.86% 强轴方向节点，64.62% 弱轴方向节点，40.44% 扭转方向节点) 开始进入卸载状态。

为了更清楚地在结构上表达面外强轴方向节点刚度分布，沿结构迎风面中轴线剖切，由于钢结构冷却塔结构和受力分布完全对称，取钢结构冷却塔一半对称结构 (图 5-46)，在一半对称结构上表达钢结构冷却塔面外强轴方向节点刚度状态

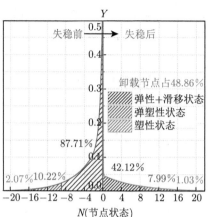

(a) 面外强轴方向节点刚度

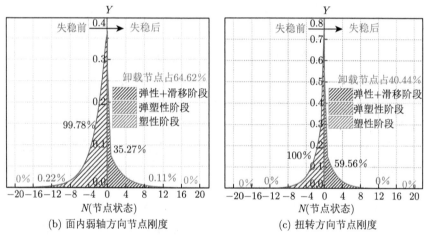

(b) 面内弱轴方向节点刚度　　　　　(c) 扭转方向节点刚度

图 5-45　节点刚度状态概率分布图 (150m-22×40)

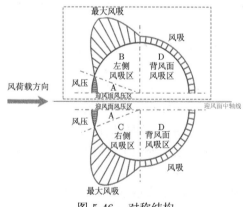

图 5-46　对称结构

分布 (图 5-47)。失稳前, 结构中进入弹塑性状态的强轴节点单元主要分布在最大风吸区 B 区, 与结构呈现两侧最大风吸区 B(C) 区外凸整体失稳的第二类失稳模态 (图 5-48) 基本一致。结构失稳后, 整个钢结构冷却塔各个区域的节点都开始进入卸载状态。

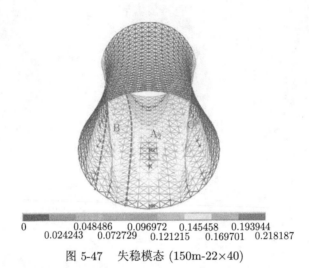

图 5-47 失稳模态 (150m-22×40)

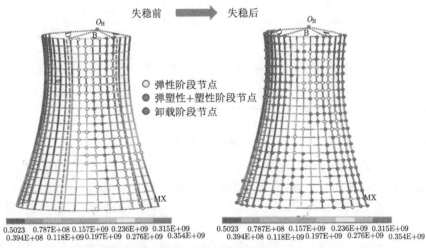

图 5-48 失稳前后节点强轴刚度状态分布 (150m-22×40)

第二类失稳模态随面外强轴方向节点刚度的转变如图 5-49 所示, 随着面外强轴方向节点刚度减弱, 结构的失稳模态逐渐由趋于向迎风面风压区 A1 区出风口内凹局部失稳的第一类失稳模态转变为了两侧最大风吸区 B(C) 区外凸整体失稳

的第二类失稳模态。综上分析，进入弹塑性状态的面外强轴方向节点是钢结构冷
却塔失稳模态随着节点刚度减弱而转变的主要原因。

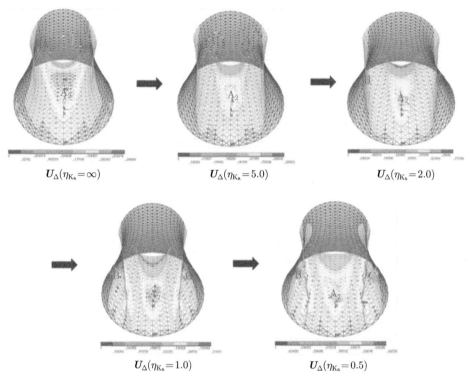

$$U_\Delta(\eta_{K_a}=\infty) \qquad\qquad U_\Delta(\eta_{K_a}=5.0) \qquad\qquad U_\Delta(\eta_{K_a}=2.0)$$

$$U_\Delta(\eta_{K_a}=1.0) \qquad\qquad\qquad U_\Delta(\eta_{K_a}=0.5)$$

图 5-49   失稳模态转变 (150m-22×40)

5.3.4 轴力对半刚性节点钢结构冷却塔稳定性的影响

(1) 考虑轴力影响的钢结构冷却塔建模方法

在上述的钢结构冷却塔双重非线性稳定性分析的过程中，代入的节点刚度均
是节点在纯弯作用下的转角–弯矩曲线。但结构杆件和节点的实际受力往往是剪
力、弯矩、轴力的共同作用，并非纯弯受力。忽略剪力的影响，可以认为杆件和
节点处于偏心受力状态。由第 3 章图 3-12a 可知，偏心受力节点的转角–弯矩曲
线受偏心距的影响显著，与纯弯作用下节点的转角–弯矩曲线差异较大。因此应考
虑偏心受力下节点刚度对钢结构冷却塔稳定性的影响。

各个高度下，钢结构冷却塔选用的杆件尺寸均不相同，为了省去考虑结构杆
件尺寸效应的影响，本节引入相对偏心率 ε[式 (5-19)]。同时引入两点基本假设：
① 节点在同一相对偏心率下转角–弯矩曲线始终保持不变；② 不考虑剪力对节点

的转角-弯矩曲线的影响。

$$\varepsilon = \frac{M}{N} \cdot \frac{A}{W} \tag{5-19}$$

其中，M——环向环向杆件弯矩；N——环向环向杆件轴力；A——环向杆件面积；W——向环向杆件截面模量。

　　考虑偏心受力作用的节点刚度钢结构冷却塔和考虑纯弯作用的节点刚度钢结构冷却塔的数值模型的单元选取、半刚性节点模拟方法完全相同，区别在于考虑偏心受力作用的节点刚度钢结构冷却塔数值模型是根据节点的实际受力情况选取代入的节点刚度曲线。由于在初始计算时未知节点的相对偏心率，无法确定代入的节点刚度曲线，因此本节采用迭代法来考虑偏心受力作用的节点刚度钢结构冷却塔数值模型稳定性分析。如流程图 5-50 所示，首先代入纯弯作用下的节点刚度进行钢结构冷却塔的稳定性分析计算。由前文可知，节点偏心矩 (偏心率) 越小，节点刚度越弱；且杆件在钢结构冷却塔的加载过程中弯矩和轴力一直处于变化状态，即每一加载步的节点偏心率均不相同。因此为了减小计算成本及考虑节点的最不利受力情况，提取每一环向杆件单元加载状态下所有荷载步中的最小偏心率 $\varepsilon_{\min}$，根据每一环向杆件单元的最小偏心率及偏心受力下节点的转角-弯矩曲线确定每个强轴方向弹簧单元的力-变形曲线实常数。由节点刚度分析可知，结构的稳定性承载力对面内弱轴和扭转方向节点刚度并不敏感，因此面内弱轴和扭转方向节点刚度可不考虑偏心受力的影响。将其代入结构中再次进行双重非线性稳定性分析计算。按照上述方法进行反复迭代，当承载力趋于稳定时，迭代结束，此时得到的承载力即为考虑偏心受力下节点刚度的钢结构冷却塔的稳定性承载力。

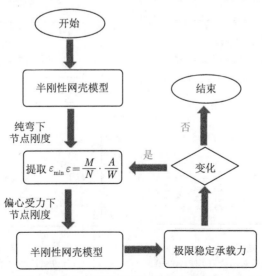

图 5-50　考虑偏心受力半刚性节点钢结构冷却塔稳定性分析流程图

本节对上述 36 个钢结构冷却塔模型均进行了迭代计算。考虑到计算的时间成本，每一个模型只进行了 5 次迭代计算。迭代计算得到的稳定性承载力结果如图 5-51 所示，多数钢结构冷却塔模型前 5 次的迭代结果相差不大，在节点刚度不

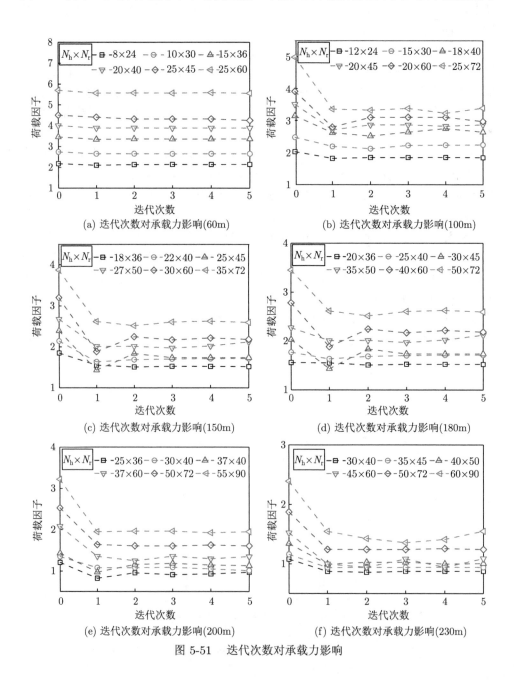

图 5-51 迭代次数对承载力影响

均匀分布的影响下，部分钢结构冷却塔 (如 100m-20×60、150m-30×60) 前 5 次迭代值中会在较小范围内有所波动。考虑钢结构冷却塔的最不利节点刚度的分布情况，可取前 5 次迭代过程中最小值作为考虑偏心受力下节点刚度的钢结构冷却塔稳定性承载力。

(2) 轴力对钢结构冷却塔稳定性影响

各高度下考虑偏心受力作用的节点刚度钢结构冷却塔和考虑纯弯作用的节点刚度钢结构冷却塔位移–荷载曲线如图 5-52 所示，同时按上述方法得到的考虑偏心受力作用的节点刚度钢结构冷却塔稳定性承载力如表 5-22 所示。其中 $C_e = P_{ce}/P_{cr}$，偏心受力折减系数 C_e 为考虑偏心受力作用的节点刚度钢结构冷却塔稳定性承载力 P_{ce} 与刚性钢结构冷却塔稳定性承载力 P_{cr} 之比，被用于反映考虑偏心受力作用的节点刚度对钢结构冷却塔稳定性承载力的影响程度。偏心受力折减系数 C_e 分布图 5-53 所示，结果表明：偏心受力折减系数 C_e 随冷却塔高度的增加而减小。冷却塔高度为 60m 时考虑偏心受力作用的节点相对于结构环向杆件的刚度仍然较高，半刚性节点钢结构冷却塔仍然体现出较为良好的承载力性能 (C_e =91.18%～96.43%)；100～230m 时，对比纯弯作用下节点刚度钢结构冷却塔 (C_p =46.96%～84.17%)，考虑偏心受力作用的节点相对于结构环向杆件的刚度较弱，且考虑偏心受力作用下节点刚度钢结构冷却塔稳定性承载力折减更为显著 (多数钢结构冷却塔 C_e =34.09%～59.54%)。

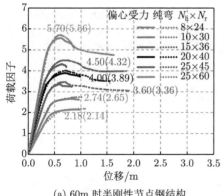

(a) 60m 时半刚性节点钢结构
冷却塔位移-荷载曲线

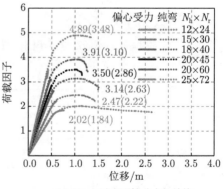

(b) 100m 时半刚性节点钢结构
冷却塔位移-荷载曲线

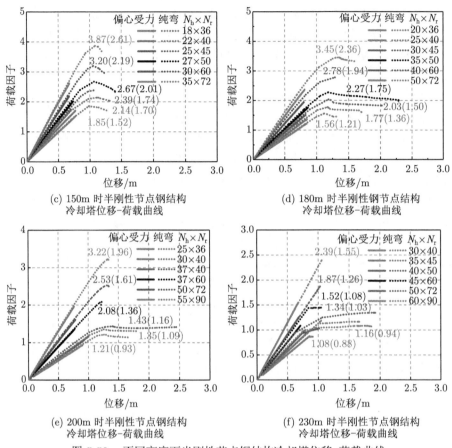

(c) 150m 时半刚性节点钢结构
冷却塔位移–荷载曲线

(d) 180m 时半刚性节点结构
冷却塔位移–荷载曲线

(e) 200m 时半刚性节点钢结构
冷却塔位移–荷载曲线

(f) 230m 时半刚性节点钢结构
冷却塔位移–荷载曲线

图 5-52　不同高度下半刚性节点钢结构冷却塔位移–荷载曲线

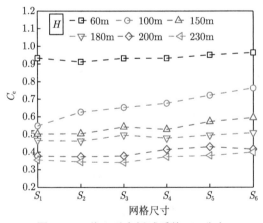

图 5-53　偏心受力折减系数 C_e 分布

表 5-22 不同高度下钢结构冷却塔稳定性承载力及偏心受力折减系数

高度 H/m	网格尺寸 $N_h \times N_r$		P_{cr}	P_{cs}	C_P	P_{ce}	C_e
60	S_1	25×60	5.97	5.7	95.48%	5.57	93.32%
	S_2	25×45	4.74	4.5	94.94%	4.32	91.18%
	S_3	20×40	4.17	4.00	95.92%	3.89	93.22%
	S_4	15×36	3.60	3.46	96.11%	3.36	93.25%
	S_5	10×30	2.79	2.74	98.21%	2.65	95.13%
	S_6	8×24	2.22	2.18	98.20%	2.14	96.43%
100	S_1	25×72	6.35	4.89	77.01%	3.48	54.84%
	S_2	20×60	4.94	3.91	79.15%	3.10	62.69%
	S_3	20×45	4.38	3.5	79.91%	2.86	65.30%
	S_4	18×40	3.88	3.14	80.93%	2.63	67.68%
	S_5	15×30	3.04	2.47	81.25%	2.20	72.21%
	S_6	12×24	2.40	2.02	84.17%	1.83	76.31%
150	S_1	35×72	5.2	3.87	74.42%	2.61	50.27%
	S_2	30×60	4.34	3.2	73.73%	2.19	50.44%
	S_3	27×50	3.7	2.67	72.16%	2.01	54.32%
	S_4	25×45	3.29	2.39	72.64%	1.74	52.89%
	S_5	22×40	2.97	2.14	72.05%	1.70	57.30%
	S_6	18×36	2.56	1.85	72.27%	1.52	59.54%
180	S_1	50×72	5.07	3.45	68.05%	2.36	46.63%
	S_2	40×60	4.19	2.78	66.35%	1.94	46.31%
	S_3	35×50	3.52	2.27	64.49%	1.75	49.70%
	S_4	30×45	3.13	2.03	64.86%	1.50	47.97%
	S_5	25×40	2.75	1.77	64.36%	1.36	49.62%
	S_6	20×36	2.38	1.56	65.55%	1.21	50.99%
200	S_1	55×90	5.2	3.22	61.92%	1.96	37.76%
	S_2	50×72	4.29	2.53	58.97%	1.64	38.18%
	S_3	37×60	3.59	2.08	57.94%	1.36	37.86%
	S_4	37×40	2.78	1.43	51.44%	1.15	41.23%
	S_5	30×40	2.53	1.35	53.36%	1.09	43.08%
	S_6	25×36	2.24	1.21	54.02%	0.93	41.64%
230	S_1	60×90	4.35	2.39	54.94%	1.55	35.55%
	S_2	50×72	3.65	1.87	51.23%	1.26	34.43%
	S_3	45×60	3.18	1.52	47.80%	1.08	34.09%
	S_4	40×50	2.75	1.34	48.73%	1.03	37.37%
	S_5	35×45	2.47	1.16	46.96%	0.94	38.12%
	S_6	30×40	2.19	1.08	49.32%	0.88	39.98%

　　由于考虑纯弯作用和偏心受力作用的节点刚度对钢结构冷却塔的影响规律是一致的，如图 5-54 所示，考虑偏心受力作用的节点刚度钢结构冷却塔的失稳模态与纯弯作用的节点刚度钢结构冷却塔的失稳模态相比基本没有变化。

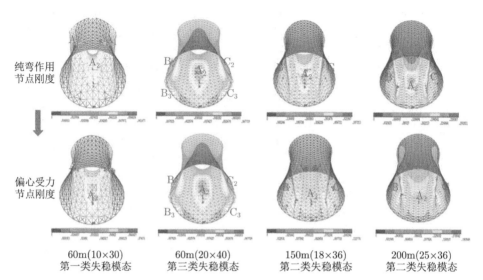

60m(10×30)	60m(20×40)	150m(18×36)	200m(25×36)
第一类失稳模态	第三类失稳模态	第二类失稳模态	第二类失稳模态

图 5-54　考虑纯弯和偏心受力作用的节点刚度半刚性节点钢结构冷却塔失稳模态对比

5.4　半刚性节点铝合金球面网壳静力稳定性

5.4.1　结构数值模型

　　本节中单层球面网壳网格类型为凯威特型，如图 5-55 所示，8 根主肋杆将整个网壳曲面对称地分为 8 个扇形曲面，在每个扇形曲面内，基本三角形网格单元由主肋杆、环杆、斜杆构成。凯威特型网壳刚度分布均匀、所需杆件类型少，适用于 BOM 螺栓铝合金节点连接的大跨度网壳结构。因为主肋杆、环杆、斜杆和节点域主要承受轴向荷载和弯矩，在 ANSYS 有限元模型中采用 BEAM189 单元模拟杆件和节点域，杆件截面类型为矩形。BEAM189 为三维二次三节点梁单元，每个节点有 6 个自由度，适用于分析大应变非线性梁构件。

　　采用 ANSYS 软件模拟新型 BOM 螺栓铝合金节点半刚性的方法如图 5-56 所示。非线性弹簧单元 COMBIN39 用来模拟节点的转动刚度，COMBIN39 单元是能够定义非线性广义的力–位移关系 (实常数) 且长度为零的单向单元，将节点的转角–弯矩曲线作为 COMBIN39 的实常数输入到模型中，即可控制节点的转动刚度。节点域的端点 i、l 的几何位置坐标分别与矩形杆件单元的端点 j、k 的坐标重合,且为了传递端点之间的平动位移,点 $i(k)$ 和点 $j(l)$ 的平动自由度耦合。因为 BOM 螺栓节点有平面外转动、平面内转动和扭转 3 个方向的转动刚度,所以在点 $i(k)$ 和点 $j(l)$ 之间设置 3 个不同方向的 COMBIN39 弹簧单元。图 5-56 是弹簧单元方向示意图,局部坐标系的原点设置为杆件矩形截面的形心,x' 轴和 y' 轴分别与矩形截面的强轴和弱轴重合,z' 轴与杆件的轴线重合,局部坐标系方向根据右手定则确定。在按以上方式定义的局部坐标系中,弹簧单元绕 x'、y'、z' 轴转动的实常数曲线的斜率分别代表节点在网壳平面外 (强轴) 转动刚度 K_x、网壳平面内 (弱轴)K_y 和扭转刚度 K_z。

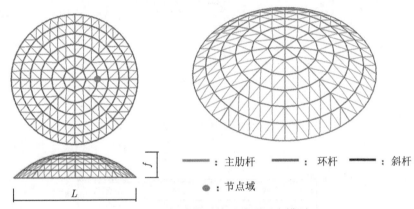

图 5-55　凯威特型单层球面网壳模型

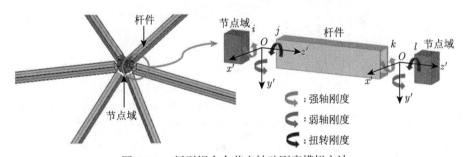

图 5-56　新型铝合金节点转动刚度模拟方法

节点转动刚度的大小通过调整 COMBIN39 弹簧单元的实常数来改变,COMBIN39 单元在 ANSYS 模型中的力和位移关系曲线如图 5-57 所示,实常数曲线为最多由 20 个数据点相连构成的曲线,数字 1 至 19 表示弹簧单元正处于该数字所代表的受力状态,数字 99 表示弹簧单元此时的受力状态超过了最后一段曲线覆盖的范围,数字 0 表示弹簧单元处于卸载状态。本节研究的半刚性铝合金网壳结构采用 BOM 螺栓铝合金节点体系，如图 5-58 所示，节点的转角–弯矩曲线为三折线模型，共计 6 个分界点将曲线划分为 5 段，1 段和 2 段为弹性阶段，3 段和 4 段为弹塑性阶段，5 段为完全塑性阶段。

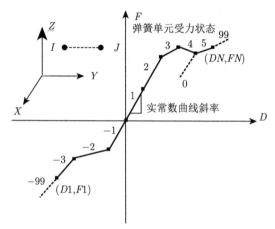

图 5-57   COMBIN39 单元广义力–位移关系

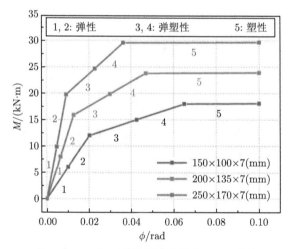

图 5-58   BOM 螺栓铝合金节点 ϕ-M 曲线

5.4.2   结构静力稳定性分析

(1) 典型算例分析

本节对采用 BOM 螺栓铝合金节点的单层球面网壳模型进行考虑材料非线性和几何非线性的静力稳定性数值模拟，分析网壳结构的失稳模态、整体及构件变形、节点受力状态、结构和杆件的应力分布等结果。进而全面地了解 BOM 螺栓铝合金节点的单层球面网壳的静力稳定性能，评估新型节点在单层网壳结构中的适用性。

典型的铝合金单层球面网壳参数设置如下：

网格类型：凯威特型，环向分割数 $N_c = 8$，径向分割数 $N_r = 6$；网壳跨度：L=40m；矢跨比：f/L=1/6；杆件截面尺寸：150mm×100mm×7mm(长 × 宽 × 厚)。约束条件采用底边三向铰接约束，即约束底边上所有节点 x、y、z 方向的平动，但允许结构绕节点转动。铝合金材料采用非线性模型。

为了便于对比网壳模型在各个荷载计算步下的位移变化，本节取达到峰值荷载时产生最大位移的节点在加载全过程中的位移变化绘制位移–荷载曲线为基准，新型节点铝合金单层网壳的位移–荷载曲线如图 5-59 所示。在加载初期阶段，网壳结构处于弹性受力状态；当位移超过 0.01m 时，网壳进入弹塑性阶段，直至荷载达到结构峰值承载力 0.78kN/m²；随后，网壳承载力迅速下降至极限荷载的 15% 左右，并在位移不断增大的过程中基本保持稳定，直到网壳结构发生失稳破坏。

图 5-60 和图 5-61 分别为网壳模型在弹性阶段 (点 1)、极限承载力处 (点 2)、承载力下降阶段 (点 3) 和最大位移阶段 (点 4) 的变形情况和应力分布情况。从图中可知，最大节点位移和最大应力出现的位置基本一致。在弹性阶段，网壳的外侧第二圈主肋杆与环杆相交的节点在加载初期开始出现向下的位移，主肋杆和环杆的应力水平明显高于斜杆；荷载达到极限承载力后，网壳的外侧第二圈主肋杆与环杆相交的节点处杆件应力最先进入塑性，并在整个加载过程中始终是应力最大的位置，该位置最终发生向下凹陷导致网壳结构失稳破坏。

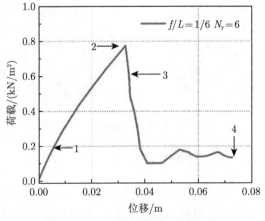

图 5-59 典型算例位移–荷载曲线

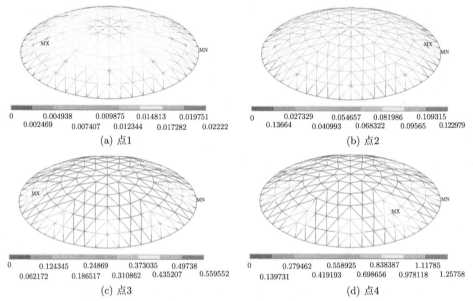

0　　　0.004938　　0.009875　0.014813　0.019751 　0.002469　　0.007407　0.012344　0.017282　0.02222 (a) 点1	0　　0.027329　　0.054657　0.081986　0.109315 0.13664　0.040993　0.068322　0.09565　0.122979 (b) 点2
0　　0.124345　　0.24869　0.373035　0.49738 　0.062172　　0.186517　0.310862　0.435207　0.559552 (c) 点3	0　　0.279462　　0.558925　0.838387　1.11785 0.139731　0.419193　0.698656　0.978118　1.25758 (d) 点4

图 5-60　典型算例在不同加载阶段的变形

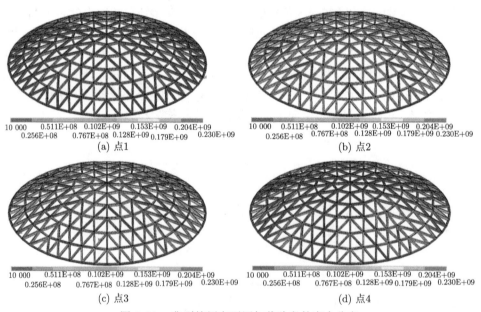

10 000　0.511E+08　0.102E+09　0.153E+09　0.204E+09 　0.256E+08　　0.767E+08　0.128E+09　0.179E+09　0.230E+09 (a) 点1	10 000　0.511E+08　0.102E+09　0.153E+09　0.204E+09 0.256E+08　0.767E+08　0.128E+09　0.179E+09 0.230E+09 (b) 点2
10 000　0.511E+08　0.102E+09　0.153E+09　0.204E+09 　0.256E+08　　0.767E+08　0.128E+09　0.179E+09　0.230E+09 (c) 点3	10 000　0.511E+08　0.102E+09　0.153E+09　0.204E+09 0.256E+08　0.767E+08　0.128E+09 0.179E+09 0.230E+09 (d) 点4

图 5-61　典型算例在不同加载阶段的应力分布

图 5-62 为球面网壳结构在峰值荷载下的轴力和弯矩分布图，如图所示，结构中主肋杆、环杆及与主肋杆相连的斜杆承受压力，其余斜杆承受拉力；靠近网壳支座部分的杆件受力较大，其他部分杆件中压力分布均匀。杆件的弯矩分布如图

5-62b 所示，最大弯矩出现的位置与最大位移基本一致，为网壳的外侧第二圈主肋杆与环杆相交的节点，网壳内圈杆件弯矩较小且分布均匀。

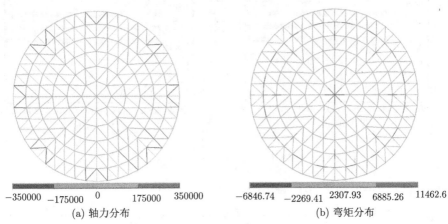

| (a) 轴力分布 | (b) 弯矩分布 |

图 5-62 典型算例的内力分布

节点受力状态是评价半刚性网壳稳定性能的重要指标，在本节的网壳模型中，节点刚度采用 COMBIN39 弹簧单元的实常数来模拟，单元的状态即可代表该时刻节点的受力状态。图 5-63 为新型节点铝合金网壳中节点在不同加载阶段的受力状态。对比节点受力状态的变化情况能够发现，在结构的弹性阶段，全部节点已处于弹性受力阶段。在承载力达到最大值时，有 1.8% 的代表节点扭转刚度的弹簧单元卸载，其余弹簧单元仍然在弹性阶段。在网壳承载力开始下降后，2% 的节点进入弹塑性状态，13.2% 的弹簧单元处于卸载状态。在网壳达到最大位移时，强轴方向单元进入塑性阶段，在卸载状态的单元数量占总数的 44.1%，其中，扭转方向、弱轴方向和强轴方向的弹簧单元中卸载单元的占比分别为 39%、34% 和 59%。

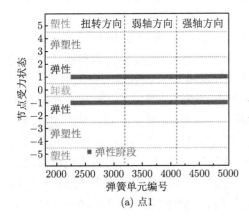

(a) 点1

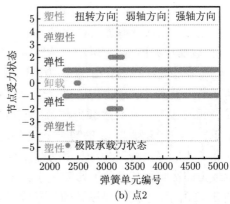

(b) 点2

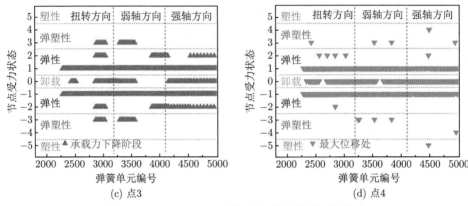

图 5-63　COMBIN39 单元在不同阶段的受力状态

(2) 节点刚度对网壳稳定性的影响

前文研究结果表明，改变螺栓的直径能使 BOM 螺栓铝合金节点的初始刚度和塑性屈服弯矩发生变化。为单独研究节点刚度对铝合金单层球面网壳稳定性能的影响，采用改变 BOM 螺栓直径的方法调整节点刚度，对不同节点刚度的单层球面网壳进行稳定性分析。不同跨度的网壳杆件截面尺寸设置不同以保证杆件长细比大致相等，具体参数设置如表 5-23 所示。

表 5-23　不同跨度的网壳杆件截面尺寸

跨度 L/m	高度/mm	杆件截面宽度/mm	厚度/mm
40	360	240	7
60	430	285	7
80	500	335	7

节点刚度：铰接、$0.65K$、$1.00K$、$1.15K$、$1.35K$、刚接，K 为每根杆件单面采用 4 个 6.8mm 螺栓连接时节点的初始刚度。

其他参数：矩形杆件截面尺寸 150mm×100mm×7mm；矢跨比 $f/L = 1/5$；环向分割数 $N_c = 8$，网壳分频数 $N_r = 6$。

通过采用改变螺栓直径来调整节点刚度的方法，获得跨度为 40m 的网壳的位移–荷载曲线如图 5-64 所示。从图中可知，增大节点刚度能够提高单层球面网壳的刚度和稳定承载力。图 5-65 为网壳承载力随跨度和节点刚度的变化规律，采用新型节点的网壳承载力均明显高于几何参数相同的铰接网壳，同时比刚接网壳承载力低约 25%，网壳承载力与节点刚度呈近似线性的正相关关系；节点刚度增大了 1.3 倍，跨度为 40 m 的网壳承载力提高了 17.3%，跨度为 60 m 的网壳承载力提高了 18.3%，跨度为 80 m 的网壳承载力提高了 17.1%，表明节点刚度对网壳承载力的影响程度受跨度影响较小。不同跨度和节点刚度的网壳失稳模态对比如图 5-66 所示，不同网壳模型的失稳模式均为网壳的外侧第二圈主肋杆与环杆相交的节点处产生向下凹陷，表明节点刚度不会影响单层球面网壳结构的失稳模式。

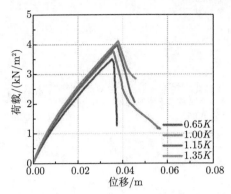

图 5-64　节点刚度对网壳位移–荷载曲线的影响

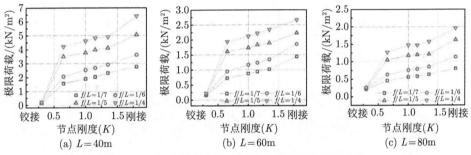

(a) $L=40$m　　　　　　　　(b) $L=60$m　　　　　　　(c) $L=80$m

图 5-65　网壳承载力随跨度和节点刚度的变化曲线

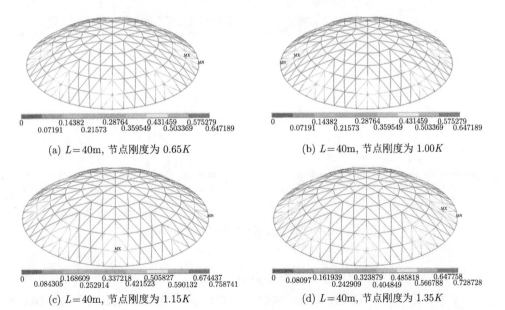

(a) $L=40$m，节点刚度为 $0.65K$　　　　　　(b) $L=40$m，节点刚度为 $1.00K$

(c) $L=40$m，节点刚度为 $1.15K$　　　　　　(d) $L=40$m，节点刚度为 $1.35K$

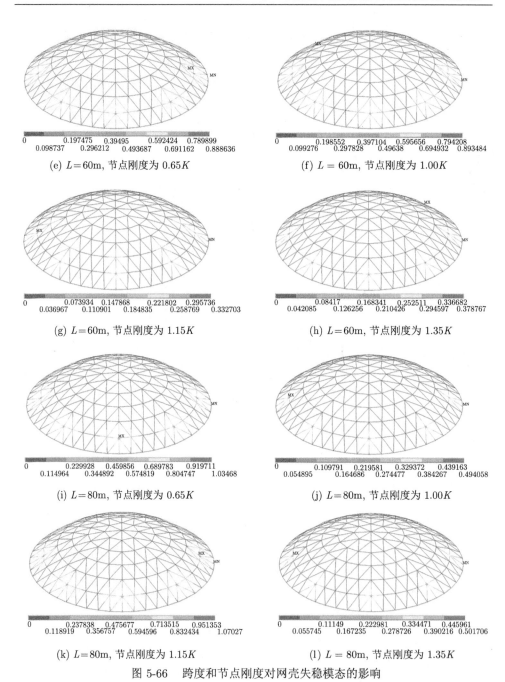

(e) $L=60\text{m}$, 节点刚度为 $0.65K$　　　　　　　(f) $L=60\text{m}$, 节点刚度为 $1.00K$

(g) $L=60\text{m}$, 节点刚度为 $1.15K$　　　　　　　(h) $L=60\text{m}$, 节点刚度为 $1.35K$

(i) $L=80\text{m}$, 节点刚度为 $0.65K$　　　　　　　(j) $L=80\text{m}$, 节点刚度为 $1.00K$

(k) $L=80\text{m}$, 节点刚度为 $1.15K$　　　　　　　(l) $L=80\text{m}$, 节点刚度为 $1.35K$

图 5-66　跨度和节点刚度对网壳失稳模态的影响

(3) 杆件截面尺寸对网壳稳定性的影响

上节讨论了节点刚度作为单一变量对网壳稳定性的影响程度, 但由于 BOM

螺栓铝合金节点的构造特点，杆件截面尺寸与节点刚度的变化是耦合的。本节采用调整杆件截面尺寸的方式改变节点刚度，对 8 个不同杆件截面尺寸的单层球面网壳进行稳定性分析，具体参数设置为：

矩形杆件截面尺寸：150 mm×100 mm×7 mm、220 mm×150 mm×7 mm、290 mm×195 mm×7 mm、360 mm×240 mm×7 mm、430 mm×285 mm×7 mm、500 mm×335 mm×7 mm；

网壳跨度 L：40 m、80 m；

其他参数：矢跨比 f/L =1/5；环向分割数 N_c = 8，网壳分频数 N_r =6。

通过采用改变矩形杆件截面尺寸来调整节点刚度的方法，获得的跨度为 40 m、和 80 m 的网壳的位移–荷载曲线如图 5-67 所示。从图中可知，增大杆件截面尺寸能够显著提高单层球面网壳的刚度和稳定承载力。图 5-68 为网壳承载力随跨度和杆件线刚度的变化规律，随着杆件线刚度的增大，网壳承载力增加的幅度逐渐减小。杆件线刚度增大了 5 倍，跨度为 40m 的网壳承载力提高了约 1.5 倍，跨度为 80m 的网壳承载力提高了约 2 倍，表明在跨度较大的网壳中，增大杆件线刚度对提高承载力的效果更为明显。

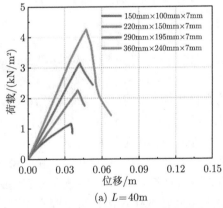
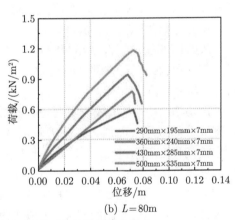

(a) L=40m   (b) L=80m

图 5-67   杆件跨度和截面尺寸对网壳位移–荷载曲线的影响

不同跨度和杆件截面尺寸的网壳失稳模态对比如图 5-69 所示，两种跨度的网壳结构失稳模式随杆件截面尺寸变化规律有所不同。跨度为 40 m 的网壳的失稳模式不随杆件截面尺寸增大而变化，均表现为网壳的外侧第二圈主肋杆与环杆相交的节点处产生向下凹陷。跨度为 80 m 的网壳的失稳模式随着杆件截面尺寸的增大，从主肋杆出现网壳平面外的屈曲变形引起的结构凹陷转变为网壳的外侧第二圈主肋杆与环杆相交的节点处产生向下凹陷。这是因为增大杆件截面尺寸在增大杆件线刚度的同时降低杆件长细比，表明跨度越大的网壳对杆件截面尺寸的变化越敏感。

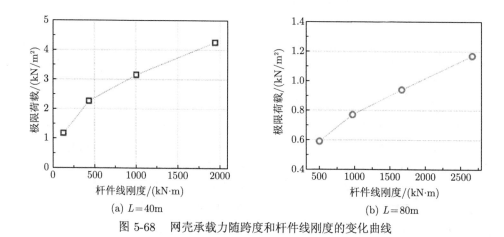

(a) $L=40\text{m}$ (b) $L=80\text{m}$

图 5-68   网壳承载力随跨度和杆件线刚度的变化曲线

(4) 网壳分频数对网壳稳定性的影响

本节对 BOM 螺栓节点的铝合金单层球面网壳进行了不同的网格划分，研究了网壳分频数 N_r 对单层球面网壳稳定性能的影响规律，具体参数设置为：

网壳分频数 N_r：4、5、6、7；

矢跨比 f/L：1/7、1/6、1/5；

其他参数：矩形杆件截面尺寸：150 mm×100 mm×7 mm；网壳跨度 L：40 m；环向分割数 $N_c=8$。

图 5-70 为网壳承载力随网壳分频数的变化规律，从图中可知，网壳承载力随网壳分频数增大而增大；分频数从 4 增加到 7，矢跨比不超过 1/6 的网壳承载力提高程度不超过 15%，矢跨比为 1/5 的网壳承载力提高程度约为 50%，表明随着跨度的增大，分频数对网壳承载力的影响程度增加。不同分频数和矢跨比的网壳失稳模态对比如图 5-71 所示，可见网壳分频数会改变单层球面网壳的失稳模态，且不同矢跨比的网壳结构失稳模式随分频数变化规律有所不同。矢跨比为 1/7 的网壳的失稳模式为网壳的外侧第二圈主肋杆与环杆相交的节点处产生向下凹陷，随着分频数的增加，从一处凹陷变形增加为全部主肋杆与环杆相交的节点处均产生向下凹陷。矢跨比大于等于 1/6 的网壳的失稳模式随着分频数的增加，从主肋杆出现平面外屈曲变形转变为网壳的外侧第二圈主肋杆与环杆相交的节点处产生向下凹陷。这是因为矢跨比较大的网壳中杆件长度较大，增加网壳分频数能够降低杆件长度,提高杆件的稳定性,使杆件不会在网壳整体失稳之前发生失稳。

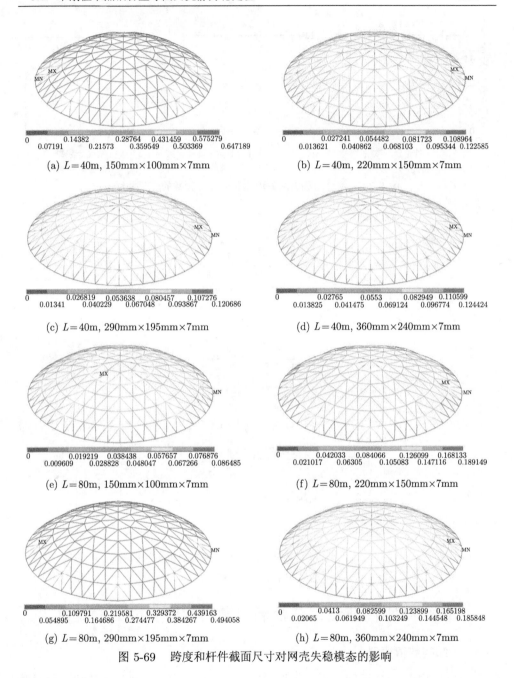

(a) $L=40$m, 150mm$\times100$mm$\times7$mm

(b) $L=40$m, 220mm$\times150$mm$\times7$mm

(c) $L=40$m, 290mm$\times195$mm$\times7$mm

(d) $L=40$m, 360mm$\times240$mm$\times7$mm

(e) $L=80$m, 150mm$\times100$mm$\times7$mm

(f) $L=80$m, 220mm$\times150$mm$\times7$mm

(g) $L=80$m, 290mm$\times195$mm$\times7$mm

(h) $L=80$m, 360mm$\times240$mm$\times7$mm

图 5-69 跨度和杆件截面尺寸对网壳失稳模态的影响

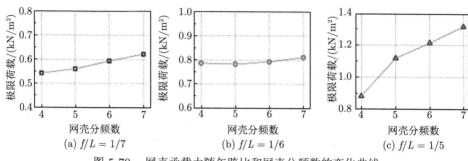

图 5-70   网壳承载力随矢跨比和网壳分频数的变化曲线

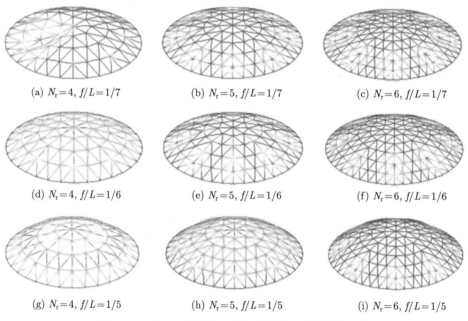

图 5-71   网壳分频数和矢跨比对网壳失稳模态的影响

5.5 半刚性节点铝合金椭圆抛物面网壳静力稳定性

5.5.1 结构数值模型

本节的椭圆抛物面网壳采用柱板式节点，连接工字型杆件，网壳中各杆件的空间位置和方向不同，工字型杆件应顺应曲面的形式进行放置，需要通过杆件的两个端点和一个方向点确定。杆件端点坐标在确定了椭圆抛物面的长度、宽度、两个方向的分频数、两个方向的矢高、矢跨比、节点域大小后通过数学关系即可确定。工字型杆件椭圆抛物面网壳的方向点分为横竖杆 (母线和导线上的杆件) 和斜杆进行确定。

5.5.2 结构静力稳定性分析

(1) 参数分析方案

为较为系统地分析柱板式节点单层椭圆抛物面网壳在节点弯曲刚度、跨度和矢跨比、荷载分布形式、几何初始缺陷等因素影响下的稳定性能, 制定如下参数分析方案。

(a) 节点强轴刚度

为分析节点强轴刚度对半刚性节点网壳稳定性能的影响, 在进行参数分析时, 选用 4 种具有代表性的强轴刚度系数: 0.01、0.1、1.0、10。其中, 强轴刚度系数 1.0 是针对节点实际强轴刚度而言。

(b) 节点弱轴刚度

为分析节点弱轴刚度对半刚性节点网壳稳定性能的影响, 在进行参数分析时, 选用 4 种具有代表性的弱轴刚度系数: 0.01、0.1、1.0、10。其中, 弱轴刚度系数 1.0 是针对节点实际弱轴刚度而言。

(c) 节点扭转刚度

为分析节点扭转刚度对半刚性节点网壳稳定性能的影响, 在进行参数分析时, 选用 4 种具有代表性的扭转刚度系数: 0.01、0.1、1.0、10。其中, 扭转刚度系数 1.0 是针对节点实际扭转刚度而言。

(d) 几何初始缺陷

主要分析网壳平面尺寸为 30m×45m, 矢跨比为 1/6、1/8 的网壳在初始缺陷为 $L/1000$、$L/500$、$L/300$ 下的极限荷载变化情况。

(e) 平面尺寸和矢跨比

结合实际工程, 本节选择的网壳平面尺寸和矢跨比如下: 平面尺寸——30m× 30m、30m×45m、40m×40m; 矢跨比——$f/L=1/6$、1/7、1/8、1/9。实际工程中, 通常根据不同的分频数将网壳杆件长度控制在 3~5m 范围内, 本节中网壳不同平面尺寸和矢跨比网壳分频数如表 5-24 所示。

表 5-24 不同平面尺寸和矢跨比网壳分频数

平面尺寸		30m×30m				40m×40m				30m×45m		
f/L		1/6	1/7	1/8	1/9	1/6	1/7	1/8	1/9	1/6	1/7	1/8	1/9
分频数	B1	10	10	10	10	14	14	14	14	10	10	10	10
	B2	10	10	10	10	14	14	14	14	14	14	14	14

(f) 荷载分布形式

考虑恒荷载 g(满跨均布) 与活荷载 p(半跨均布) 其中的 $p/g = 0$, $1/3$, $2/3$ 三种情况。

(g) 支承条件

在网壳最外环的节点施加约束,分别考虑三向铰接和三向固接两种支承形式。

(2) 节点强轴刚度影响

为分析节点强轴刚度对半刚性节点网壳稳定性能的影响,本节选用 4 种具有代表性的强轴刚度系数:0.01、0.1、1.0、10,分别对应图 5-72a 中 QZ0.01、QZ0.1、QZ1.0、QZ10 4 条刚度曲线,对网壳进行参数分析。其中,强轴刚度系数 1.0 是针对节点实际强轴刚度而言。其他参数如下:平面尺寸——30m×45m;矢跨比——1/6、1/7、1/8、1/9;荷载分布——均布恒荷载;支承条件——四边固定铰支;节点域 (mm)——440。

平面尺寸为 30m×45m 的单层椭圆抛物面网壳极限承载力随节点强轴刚度的变化规律如图 5-72b 所示。

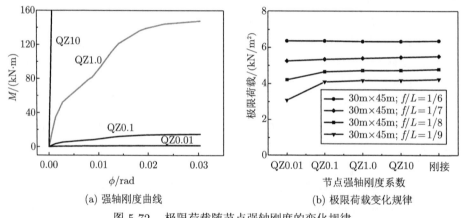

(a) 强轴刚度曲线　　　　　　(b) 极限荷载变化规律

图 5-72　极限荷载随节点强轴刚度的变化规律

由图 5-72a 可以看出,当网壳强轴刚度曲线从 QZ0.1 变化到 QZ0.01 时,节点初始刚度和极限弯矩是同时发生变化的。为了探究网壳在节点初始刚度和极限弯矩单独影响下的受力性能,将节点刚度曲线简化为理想弹塑性模型分别进行探究。

由图 5-72b 可知,网壳极限承载力随节点强轴刚度的增大而增大,但变化幅度较小。刚度系数小于 0.1 时,网壳极限承载力对刚度系数的变化较为敏感,但随着矢跨比的增大,影响减小。

(a) 相同初始刚度不同极限承载力

如图 5-73a 所示,以节点强轴初始刚度作为理想弹塑性模型的初始刚度,记

为 k_i；初始屈服弯矩作为理想弹塑性模型的极限弯矩，记为 M_u，如图中红色曲线所示。在相同节点初始刚度 k_i 下分别取节点极限弯矩为 $2M_u$、M_u、$M_u/2$、$M_u/6$ 4 种情况，对平面尺寸为 30m×45m，矢跨比 $f/L=1/6$、1/8 的网壳进行位移–荷载全过程分析，得到网壳极限荷载随节点极限弯矩变化规律如图 5-73b 所示。

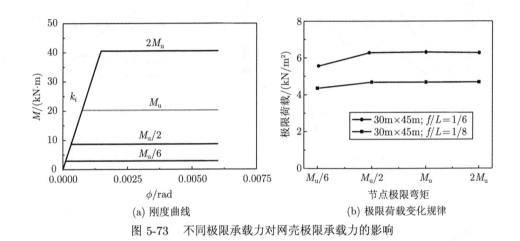

(a) 刚度曲线　　　　　(b) 极限荷载变化规律

图 5-73　不同极限承载力对网壳极限承载力的影响

由图 5-73b 可知，在节点初始刚度 k_i 下，网壳极限荷载随节点极限承载力增大而增大。其中，节点极限弯矩小于 $M_u/2$ 时，网壳极限荷载对节点极限承载力较为敏感。

(b) 相同极限承载力不同初始刚度

由上文得到的结论，为排除节点极限弯矩对网壳极限荷载的影响，本节中取节点极限弯矩为 M_u，改变节点刚度，如图 5-74a 所示，在相同节点极限弯矩 M_u 下分别取节点初始刚度为 $2k_i$，k_i，$k_i/8$，$k_i/20$，$k_i/40$ 5 种情况。对平面尺寸为 30m×45m，矢跨比 $f/L=1/6$、1/8 的网壳进行位移–荷载全过程分析，得到网壳极限荷载随节点初始刚度变化规律如图 5-74b 所示。由图可知，在节点极限弯矩 M_u 下，网壳极限荷载随节点初始刚度变化较小。

(3) 节点弱轴刚度影响

工字型杆件网壳的弱轴刚度比强轴刚度弱很多，为分析节点弱轴刚度对半刚性节点网壳稳定性能的影响，本节选用 4 种具有代表性的弱轴刚度系数：0.01、0.1、1.0、10，分别对应图 5-75a 中 RZ0.01、RZ0.1、RZ1.0、RZ10 4 条刚度曲线，对网壳进行参数分析。其中，节点弱轴刚度系数 1.0 是针对节点实际弱轴刚度而言。其他参数如下：平面尺寸——30m×45m；矢跨比——1/8；荷载分布——均布恒荷载；支承条件——四边固定铰支；节点域——440mm。

平面尺寸为 30m×45m 的单层椭圆抛物面网壳极限承载力随节点弱轴刚度的变化规律如图 5-75b 所示。

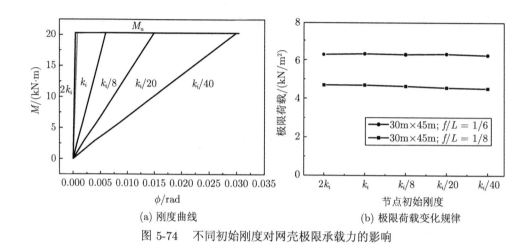

(a) 刚度曲线　　　　　　　　　　　(b) 极限荷载变化规律

图 5-74　不同初始刚度对网壳极限承载力的影响

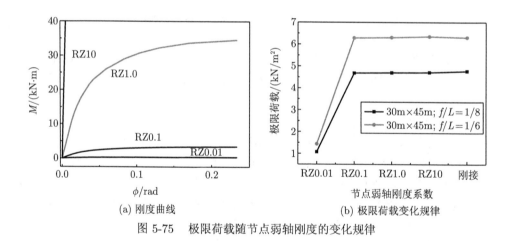

(a) 刚度曲线　　　　　　　　　　　(b) 极限荷载变化规律

图 5-75　极限荷载随节点弱轴刚度的变化规律

在相同平面尺寸和矢跨比下,网壳极限荷载随节点弱轴刚度的增大而增大,并且都与刚接网壳极限荷载接近;当节点弱轴刚度系数小于 0.1 时,网壳极限承载力对节点弱轴刚度敏感。

(4) 节点扭转刚度影响

为分析节点扭转刚度对半刚性节点网壳稳定性能的影响,本节选用 3 种具有代表性的扭转刚度系数:0.01、0.1、1.0、10,分别对应图 5-76a 中 NZ0.01、NZ0.1、NZ1.0、NZ10 4 条刚度曲线,对网壳进行参数分析。其中,扭转刚度系数 1.0 是针对节点实际扭转刚度而言。其他参数如下：平面尺寸——30m×45m；矢跨比——1/8；荷载分布——均布恒荷载；支承条件——四边固定铰支；节点域——440mm。

平面尺寸为 30m×45m 的单层椭圆抛物面网壳极限承载力随节点扭转刚度的变化规律如图 5-76b 所示。

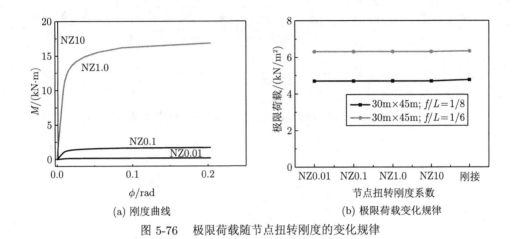

(a) 刚度曲线　　　　　　　　　　　　(b) 极限荷载变化规律

图 5-76　极限荷载随节点扭转刚度的变化规律

在相同平面尺寸和矢跨比下，网壳极限荷载随节点扭转刚度的变化不大，并且都与刚接网壳极限荷载接近。节点扭转刚度对网壳极限承载力的影响较小。

节点弱轴刚度和节点扭转刚度对网壳极限承载力的影响的分析过程进一步说明，柱板式节点网壳失稳时，节点仍然处于较好的受力状态，网壳的失稳是由杆件的扭转屈曲引起的。

(5) 几何初始缺陷

对平面尺寸为 30m×45m，矢跨比为 f/L=1/6、1/8，网壳几何初始缺陷为 $L/300$、$L/500$、$L/1000$ 三种情况下的网壳进行位移–荷载全过程分析，得到网壳极限荷载随几何初始缺陷的变化规律如图 5-77 所示。

由图 5-77 可知，几何初始缺陷基本不影响网壳的极限承载力，网壳对几何初始缺陷不敏感。

(6) 其他参数影响

(a) 平面尺寸和矢跨比

平面尺寸和矢跨比对单层球面网壳的受力性能有很大的影响。本节进行了铝合金柱板式节点椭圆抛物面网壳在 30m×30m、30m×45m、40m×40m 三种平面尺寸，矢跨比为 1/6、1/7、1/8、1/9 的情况下的网壳位移–荷载全过程分析，得到网壳极限荷载随平面尺寸和矢跨比的变化规律如图 5-78 所示。

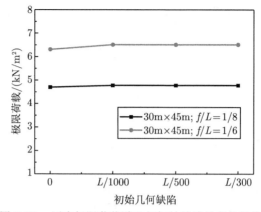

图 5-77   网壳极限荷载随几何初始缺陷的变化规律

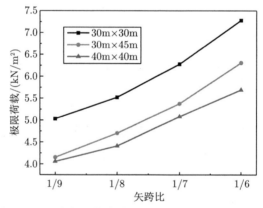

图 5-78   网壳极限荷载随平面尺寸和矢跨比变化规律

对于相同平面尺寸的网壳，随着矢跨比的增大，网壳极限承载力增大；对于相同矢跨比的网壳，随着网壳平面尺寸的增大，网壳的极限承载力减小。平面尺寸为 30m×45m 的网壳极限承载力与 40m×40m 网壳的极限承载力相近。

(b) 荷载分布形式

本节对平面尺寸为 30m×45m，矢跨比为 f/L=1/6、1/8，恒荷载 g(满跨均布)与活荷载 p(半跨均布) 之比 $p/g = 0$, 1/3, 2/3 三种情况下的网壳进行位移–荷载全过程分析。得到网壳极限荷载随荷载分布形式的变化规律如图 5-79 所示。

由图可知，随着网壳中活荷载比例的增大，网壳极限承载力降低。分析其原因，网壳在失稳前主要承受薄膜力，当网壳达到极限荷载时，薄膜力开始转化为弯曲力。网壳只承受满跨均布荷载时，薄膜力受均布荷载作用约束；当网壳承受不对称荷载时，随着荷载增大，由于受力不均匀，薄膜力更快地转化为弯曲力，网壳失稳，对应的极限承载力也减小。

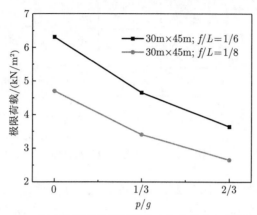

图 5-79　网壳极限荷载随平面尺寸和荷载分布变化规律

(c) 支承条件

本节对平面尺寸为 30m×45m，矢跨比为 f/L=1/6、1/7、1/8，支承条件为四边三向铰支和四边三向固支的单层椭圆抛物面网壳进行了位移–荷载全过程分析。整理计算结果，四边三向铰支和四边三向固支的网壳极限承载力相差不超过 0.7%，由此可见，支承条件对铝合金柱板式节点单层椭圆抛物面网壳的极限承载力影响很小，可忽略不计。

5.6　半刚性节点网壳设计方法

虽然刚接或铰接计算模型简化了设计流程，节省了设计时间，但很多情况下，忽略节点刚度对网壳稳定性能的影响使得计算模型与实际结构受力性能相差甚远，会带来结构安全上的隐患或经济上的极大浪费。

由前文对几种网壳的参数分析结果可以看出，节点的抗转动刚度是影响网壳稳定承载力的主要因素之一，因此，在网壳结构的设计过程中，应该给予足够的重视。然而，若在所有网壳结构的设计过程中，都将节点刚度引入到结构的计算模型中，按半刚性节点网壳结构进行设计，就意味着更大的工作量及更长的设计时间。对于多数设计者而言，能够按照一定的准则将某些网壳结构首先归类为刚接网壳或铰接网壳，然后按照相应技术规程进行简化设计无疑会使整个设计流程大大简化。因此，在网壳结构设计时，判断网壳结构的刚度类型便成为了设计者们首要解决的问题。基于本书对半刚性节点及其网壳的研究成果，本节提出了一套既简化又精确的单层网壳结构的完整设计流程，如图 5-80 所示。

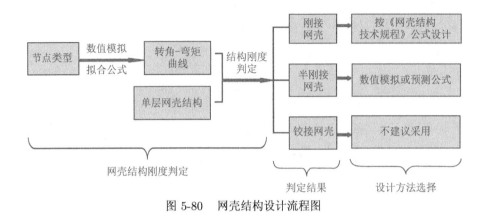

图 5-80   网壳结构设计流程图

首先通过节点数值模拟方法或节点转角–弯矩曲线预测公式得到节点的抗转动刚度,然后结合节点抗转动刚度和单层网壳自身特点判断网壳刚度类型,如判定结果为刚接网壳,则可按照《网壳结构技术规程》中刚接网壳的承载力计算公式进行设计;如判定结果为半刚接网壳,则可按照本节所建立的数值模拟方法或即将建立的半刚接网壳的稳定承载力公式进行设计;如判定结果为铰接网壳,对于单层网壳而言,由于其承载力过低,则不建议采用。

5.6.1   网壳结构刚度分类

节点刚度对网壳受力性能的影响主要体现在节点抗转动刚度对网壳稳定承载力的影响上,如图 5-81 所示,图中 M20、M24 和 M27 分别代表螺栓直径为 20 mm、24 mm 和 27 mm 的螺栓球节点。对跨度为 30 m 的 Kiewitt6 型单层网壳而言,螺栓球节点网壳与刚接网壳的极限承载力相差很小,可按刚接网壳结构的设计方法设计;而对跨度为 40 m 的 Kiewitt6 型单层网壳而言,螺栓球节点网壳的极限承载力较之刚接网壳却下降了很多,需要按半刚接网壳的设计方法设计。

为了能够定量衡量节点刚度对不同网壳稳定承载力的影响程度,给出节点刚度对网壳稳定承载力的影响因子 λ_i 的定义,如式 (5-20) 所示。

$$\lambda_i = \frac{P_{\max}}{P_{\max(\text{rigid})}} \tag{5-20}$$

λ_i 表示由节点抗转动刚度引起的网壳稳定承载力较之理想刚接网壳稳定承载力的降低程度。式 (5-20) 中,$P_{\max}$ 为任意给定节点网壳的稳定承载力,$P_{\max(\text{rigid})}$ 为相同参数的理想刚接网壳的稳定承载力。

目前,涉及如何在网壳结构设计中考虑节点刚度对结构稳定性影响的文献寥寥无几,对网壳结构刚度分区的文献更是处于空白状态。借鉴框架结构中对节点刚度分区的研究,本节初步对网壳结构的刚度分区界限定义为:① 当 $\lambda_i \geqslant 0.9$

时，网壳承载力与刚性网壳承载力相近，可判定此网壳为刚接网壳，因而可以按刚接网壳的设计方法设计；② $\lambda_i \leqslant 0.3$ 时，可判定此网壳为铰接网壳，说明此时网壳中的节点连接刚度对整个网壳而言过于薄弱，导致网壳稳定承载力过低，工程中应避免这种情况的发生；③ $0.9 > \lambda_i > 0.3$ 时，说明网壳刚度位于刚接和铰接之间，可判定为半刚接网壳，网壳设计过程中，应该适当的考虑节点刚度影响。对于常用网壳结构设计，能够快速而准确地判断影响因子 λ_i 的取值并确定网壳刚度类型，从而选择合理的设计方法，是减小设计工作量、提高设计效率的重要步骤。

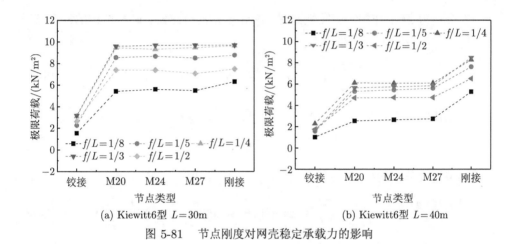

(a) Kiewitt6型 $L=30$m   (b) Kiewitt6型 $L=40$m

图 5-81　节点刚度对网壳稳定承载力的影响

由以上分析可见，相同的节点对不同网壳的极限承载力的影响相差很大，由相同节点连接的不同网壳结构可能会被判定为刚接、半刚接或铰接结构。因此不能仅仅依靠节点的绝对刚度判定网壳结构的刚度，应该同时考虑网壳自身的特点，以一种"相对刚度"的理论对网壳结构刚度进行判定，进而选择合理的网壳结构设计方法。为此，本节定义了节点的初始刚度判定系数 α 和节点的屈服弯矩判定系数 β，通过这两个判定系数，可对实际工程网壳结构刚度进行分类。

(1) 双杆结构刚度分类

(a) 初始刚度判定系数 α 界限值

首先以简单的双杆结构体系为例对结构刚度分类方法进行研究，模型如图 5-82 所示。双杆结构体系有刚接、半刚接和铰接 3 种连接方式。借鉴半刚性网壳的数值模拟方法，在半刚接模型中用弹簧来模拟节点的抗转动刚度。设弹簧的节点抗转动刚度为 k，结构中杆件规格为 $\Phi200\times8$ 的圆钢管，截面积和弹性模量分别为 $4.83\mathrm{e}^{-3}\mathrm{m}^2$ 和 206GPa。

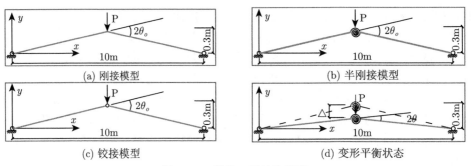

图 5-82　简单双杆结构模型

在竖向力 P 的作用下，发生如图 5-82d 所示的位移时，刚接结构的杆端弯矩为 M_{zr}，M_{zr} 可用下式表示：

$$M_{zr} = \frac{4EI}{L_0}(\theta_0 - \theta) + \frac{6EI}{L_0}\cos\theta(\sin\theta_0 - \sin\theta) \tag{5-21}$$

半刚接结构的杆端弯矩为 M_{zs}，M_{zs} 可用下式表示：

$$M_{zs} = k \times 2(\theta_0 - \theta) \tag{5-22}$$

调节连接节点的抗转动刚度，使 $M_{zr} = M_{zs}$，即

$$\frac{4EI}{L_0}(\theta_0 - \theta) + \frac{6EI}{L_0}\cos\theta(\sin\theta_0 - \sin\theta) = k \times 2(\theta_0 - \theta) \tag{5-23}$$

进而可求得节点抗转动刚度 k 为

$$k = \frac{2EI}{L_0} + \frac{3EI(\sin\theta_0 - \sin\theta)}{L_0(\theta_0 - \theta)}\cos\theta \tag{5-24}$$

在小变形情况下，上式可简化为

$$k = \frac{2EI}{L_0} + \frac{3EI}{L_0}\cos\theta \tag{5-25}$$

其中，由 $\mathrm{tg}\theta_0 = 0.06$ 得 $\cos\theta_0 = 0.998$，且 $0 \leqslant \theta \leqslant \theta_0$，可得 $0.998 \leqslant \cos\theta \leqslant 1$，$\cos\theta \approx 1$。此时，由式 (5-25) 确定的节点抗转动刚度值 k 为

$$k = \frac{5EI}{L_0} \tag{5-26}$$

即

$$\frac{k}{EI/L_0} = 5 \tag{5-27}$$

EI/L_0 为结构中杆件的线刚度，在此双杆结构体系中，当节点抗转动刚度与杆件的线刚度之比等于 5 时，便可将结构视为刚接结构。将半刚接模型中的弹簧刚度取为 $5EI/L_0$ 重新计算其位移–荷载曲线，如图 5-83 所示，此时结构的位移–荷载曲线与按刚接模型得到的位移–荷载曲线基本上是重合的。

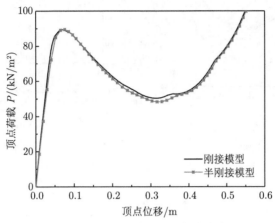

图 5-83　双杆结构位移–荷载曲线

将节点初始抗转动刚度 k_i 与所连杆件的线刚度比值定义为初始刚度判定系数 α，如下式所示：

$$\alpha = \frac{k_i}{EI/L_0} \tag{5-28}$$

式中，k_i 为结构中节点初始抗转动刚度；E 为杆件的弹性模量；I 为杆件的惯性矩；L_0 为杆件的长度。可见，α 与节点刚度、结构的几何参数及杆件截面相关。

由以上分析可知，当初始刚度判定系数 $\alpha=5$ 时，此类结构即可看做是刚接结构。进一步将节点的初始刚度判定系数取为不同的值，观察其对结构承载力的影响，并与刚接结构和铰接结构进行比较，如图 5-84 所示。

从图中可以看出，随着 α 值由大到小变化，结构的承载力水平可划分为 3 个阶段：当初始刚度判定系数 $\alpha \geqslant 5$ 时，结构的承载力与刚接结构接近；当 $\alpha \leqslant 0.05$ 时，结构的承载力与铰接结构接近；$0.05 < \alpha < 5$，结构承载力位于刚接结构和铰接结构之间。

(b) 屈服弯矩判定系数 β 界限值

由以上的研究可知，对于双杆结构体系，其刚接模型、半刚接模型或铰接模型对节点初始抗转动刚度大小的要求是不同的。实际节点的抗转动刚度曲线多数为非线性曲线，在工程设计中，为了简化起见，经常将节点的非线性渐变的转角–弯矩曲线简化为理想双线性曲线，如图 5-85 所示，此时与节点抗弯性能密切相关的不仅是节点的初始抗转动刚度 k_i，还包括节点的极限弯矩 M_u。

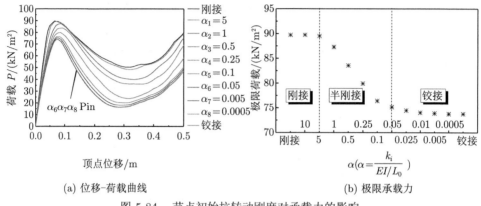

(a) 位移–荷载曲线　　　　　　　　(b) 极限承载力

图 5-84　节点初始抗转动刚度对承载力的影响

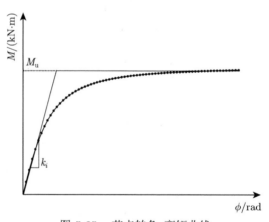

图 5-85　节点转角–弯矩曲线

　　前文对结构刚度的划分仅仅考虑了与节点初始刚度有关的判定系数 α 是不合理的，如图 5-86 所示。初始抗转动刚度相同而屈服弯矩不同的两条转角–弯矩曲线，应用在上述双杆结构体系中，所得的位移–荷载曲线如图 5-87 所示。

　　从图中可以看出，虽然两条曲线的初始刚度判定系数都满足刚接结构的要求，当节点的屈服弯矩较低时，如图中的 C_2，结构的位移–荷载曲线已经比刚接结构低很多，而更接近铰接结构的情况。这说明即使节点具有较大的初始抗转动刚度，当节点的屈服弯矩较低时，也会对结构的承载能力有很大的影响，使结构的刚度判定结果发生改变。为研究节点屈服弯矩对结构承载力的影响，定义屈服弯矩判

定系数 β，如下式所示：

$$\beta = \frac{M_u}{M_{e,u}} \tag{5-29}$$

式中，M_u 为结构中节点的极限弯矩；$M_{e,u}$ 为节点所连杆件的塑性屈服弯矩。

对于上述双杆结构体系，令 $\alpha = 5$，使初始刚度判定系数满足刚接结构的要求，在不同的屈服弯矩判定系数时，计算所得结构的极限承载力值如图 5-88 所示。图中 $\beta = \infty$ 表示节点的转角–弯矩曲线为线弹性直线，未设屈服弯矩。

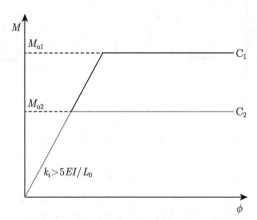

图 5-86 不同屈服弯矩的节点转角–弯矩曲线

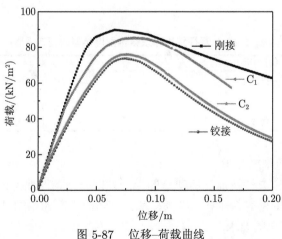

图 5-87 位移–荷载曲线

从图 5-88 中可以看出，虽然结构中初始刚度判定系数 α 满足刚接结构的要求，但是随着节点屈服弯矩与杆件塑性屈服弯矩比值的降低，结构极限承载力逐

渐降低，结构刚度也从刚接过渡到铰接。因此，针对如上的双杆结构体系，其刚
接模型、半刚接模型及铰接模型中对初始刚度判定系数 α 和屈服弯矩判定系数 β
的具体要求如表 5-25 所示。

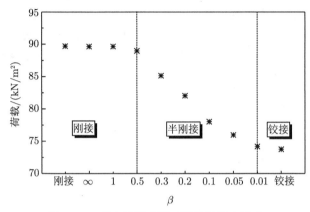

图 5-88　节点屈服弯矩对结构承载力影响

　　表 5-25 中所表达的双杆结构体系的不同结构刚度类型对系数 α 和 β 的要求
不同。因为当 $\alpha > 0.05$ 时，用于区分半刚接和铰接结构之间的 β 值很小，从实际
工程角度出发，可以将判定系数分区简化为图 5-89 中所示。

　　根据此图，对给定的节点，只需要知道节点的初始刚度、屈服弯矩及结构中
杆件的几何信息，便可判定双杆结构体系的刚度类型 (刚接结构、半刚接结构或
铰接结构)。

表 5-25　双杆结构体系结构刚度类型的判定系数

结构刚度	判定系数 α 和 β
刚接	$\alpha \geqslant 5$ 且 $\beta \geqslant 0.5$
半刚接	$5 > \alpha > 0.05$ 且 $\beta > 0.01$ 或 $\alpha \geqslant 5$ 且 $0.01 < \beta < 0.5$
铰接	$\alpha \leqslant 0.05$ 或 $\beta \leqslant 0.01$

(2) 网壳结构刚度分类

　　根据上述研究方法及前文所建立的半刚性网壳结构的数值模拟方法，可以确
定每种网格形式的网壳在刚接、半刚接和铰接情况下对初始刚度判定系数 α 及屈
服弯矩判定系数 β 的要求。

　　(a) 网壳结构刚度判定模型建立

　　为了利用系数 α 和 β 判定网壳的刚度类型，在建立网壳的数值分析模型时，
图 5-90a 中所示的单元模型中的节点刚度不再是某一节点的抗转动刚度曲线，而

是根据节点所连接杆件的线刚度和杆件的塑性屈服弯矩所确定的节点刚度曲线，如图 5-90b 所示。

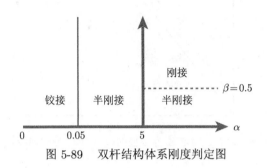

图 5-89　双杆结构体系刚度判定图

图中 k_i 和 M_{ui} 表示与第 i 根杆相连的节点的初始抗转动刚度和极限弯矩，E 为杆件的弹性模量；I_i 和 L_i 分别为网壳中第 i 根杆件的惯性矩和长度；$M_{e,ui}$ 为网壳中第 i 根杆件的塑性极限弯矩。由于网壳中不同的部位杆件的几何参数不同，所以与其相连的节点的抗转动刚度曲线也不同。

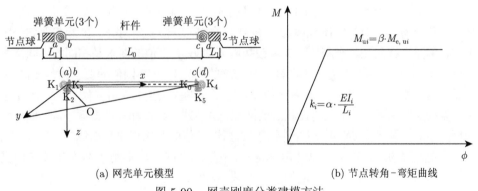

(a) 网壳单元模型　　　　　　　　　　　(b) 节点转角-弯矩曲线

图 5-90　网壳刚度分类建模方法

(b) 网壳结构初始刚度判定系数 α 界限值

以 Kiewitt8 型网壳为例，阐述对于刚接网壳、半刚接网壳和铰接网壳，相应 α 界限值的确定方法。如图 5-91 所示，在确定 α 值的过程中，先假定节点的转角-弯矩曲线为线弹性曲线，改变 α 值，对网壳做大规模的参数分析，最终可得到刚接、半刚接和铰接网壳的 α 界限值。

对表 5-26 中所示不同跨度、不同截面和不同矢跨比的 Kiewitt8 型网壳，研究随着初始刚度判定系数 α 的变化，网壳稳定承载力的变化规律，并得到判定网壳刚度类型的 α 界限值。

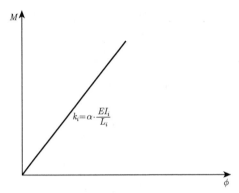

图 5-91   确定 α 界限值的节点转角–弯矩曲线

表 5-26   Kiewitt8 网壳分析参数方案

网壳类型	跨度	截面	f/L	α 值
Kiewitt8 型	30 m;40 m	Φ127×3;Φ133×4 Φ133×4;Φ140×4	1/8~1/3	刚接、10、8、5、3、1、 0.5、0.2、0.1、0.08、 0.05、0.02、0.01、 0.005、0.001

　　各网壳稳定承载力的影响因子 λ_i 随网壳中节点刚度的变化规律如图 5-92 所示。从图中可以看出，对矢跨比范围为 1/8~1/3 的 Kiewitt8 型网壳，虽然截面和跨度不同，但是刚接网壳、半刚接网壳和铰接网壳对 α 界限值的要求是相同的；同样在矢跨比范围为 1/8~1/7 时，不同截面和跨度的网壳对 α 界限值的要求也是相同的。可见，网壳刚度分类中对 α 界限值的要求除了与网壳类型有关外，网壳的矢跨比也是主要的影响因素。对于矢跨比相近的网壳，虽然网壳跨度和杆件截面不同，但是网壳极限承载力随着节点刚度与杆件线刚度之比 α 值的变化规律是相似的。

　　根据图 5-92 的结果，总结出 Kiewitt8 型刚接网壳、半刚接网壳和铰接网壳对初始刚度判定系数 α 界限值的要求如表 5-27 所示。

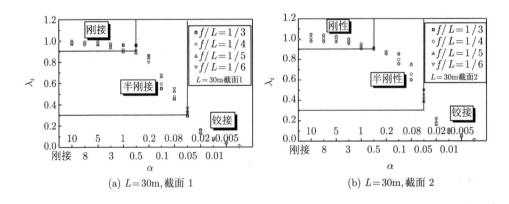

(a) $L=30$m,截面 1   (b) $L=30$m,截面 2

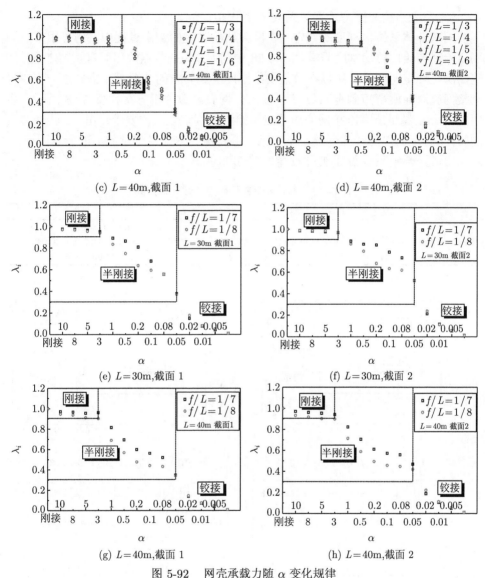

(c) $L=40\text{m}$,截面 1   (d) $L=40\text{m}$,截面 2

(e) $L=30\text{m}$,截面 1   (f) $L=30\text{m}$,截面 2

(g) $L=40\text{m}$,截面 1   (h) $L=40\text{m}$,截面 2

图 5-92   网壳承载力随 α 变化规律

表 5-27   刚接、半刚接和铰接 Kiewitt8 型网壳 α 界限值

网壳类型	跨度	f/L	α 界限值		
			刚接	半刚接	铰接
Kiewitt8 型	30 m;40 m	$1/6\sim1/3$	$\alpha\geqslant0.5$	$0.5>\alpha>0.05$	$0.05\geqslant\alpha$
		$1/8\sim1/7$	$\alpha\geqslant3$	$3>\alpha>0.05$	$0.05\geqslant\alpha$

(c) 网壳结构屈服弯矩判定系数 β 界限值

同双杆体系结构刚度的判定，在网壳结构刚度的判定过程中，网壳中节点的刚度除其初始抗转动刚度需满足表 5-28 中的要求外，节点的屈服弯矩判定系数 β 也需满足一定的要求。所以在节点初始刚度满足要求的情况下，需要进一步探讨刚接网壳对屈服弯矩判定系数 β 的要求。网壳参数分析方案如表 5-28 所示。表中的 $\alpha=10$ 满足所有刚接网壳对节点初始刚度判定系数的要求；$\beta=\infty$ 代表节点的转角–弯矩曲线为线弹性的，不考虑屈服弯矩。网壳稳定承载力的影响因子 λ_i 随屈服弯矩判定系数 β 的变化规律如图 5-93 所示。

表 5-28　Kiewitt8 型网壳参数分析方案

网壳类型	跨度	截面	f/L	α 值	β 值
Kiewitt8 型	30 m; 40 m	Φ133×4; Φ140×4	1/8~1/3	10	∞; 1; 0.5; 0.3; 0.2; 0.1; 0.08; 0.06; 0.05; 0.04; 0.03; 0.01

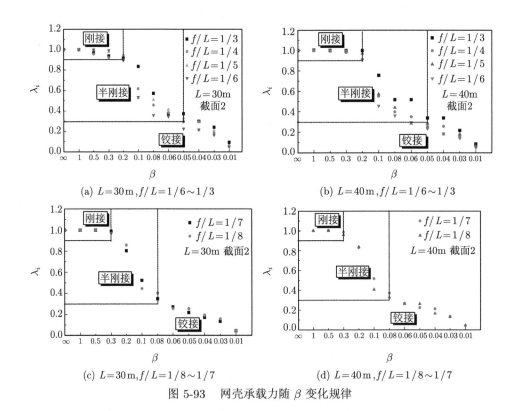

图 5-93　网壳承载力随 β 变化规律

图 5-93 中可以看到，矢跨比为 1/6~1/3 的刚接网壳在初始刚度判定系数满足刚接网壳要求的同时，其节点屈服弯矩与与其相连的杆件的屈服弯矩的比值要

大于 0.2，半刚接网壳与铰接网壳之间 β 的界限值为 0.05；矢跨比为 1/8~1/7 的刚接网壳对节点屈服弯矩的要求略有提高，要求节点屈服弯矩与和其相连的杆件的塑性屈服弯矩之比大于 0.3，半刚接网壳与铰接网壳之间 β 的界限值为 0.08。

根据表 5-27 及图 5-93，可以得出 Kiewitt8 型刚接网壳、半刚接网壳和铰接网壳对节点初始抗转动刚度及屈服弯矩的要求如表 5-29 所示。

表 5-29　Kiewitt8 型网壳判定系数 α 和 β 的界限值

网壳类型	f/L	结构刚度		
		刚接	半刚接	铰接
Kiewitt8 型	1/6~1/3	$\alpha \geqslant 0.5$ 且 $\beta \geqslant 0.2$	$0.5 > \alpha > 0.05$ 且 $\beta > 0.05$ 或 $\alpha \geqslant 0.5$ 且 $0.05 < \beta < 0.2$	$\alpha \leqslant 0.05$ 或 $\beta \leqslant 0.05$
	1/8~1/7	$\alpha \geqslant 3$ 且 $\beta \geqslant 0.3$	$3 > \alpha > 0.05$ 且 $\beta > 0.08$ 或 $\alpha \geqslant 3$ 且 $0.08 < \beta < 0.3$	$\alpha \leqslant 0.05$ 或 $\beta \leqslant 0.08$

从工程实际出发，$\beta \leqslant 0.05$ 或 0.08 的情况在工程中很少出现，因此表 5-29 的数据经过简化后通过图 5-94 表示。

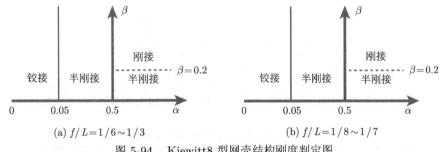

(a) $f/L=1/6\sim1/3$　　　　　　　　(b) $f/L=1/8\sim1/7$

图 5-94　Kiewitt8 型网壳结构刚度判定图

(d) 网壳结构刚度分类方法实例

通过以上分析可知，根据网壳中的节点初始刚度、屈服弯矩和网壳杆件的几何参数即可以确定网壳刚度类型，从而选择合理的设计方法。下面以碗式节点的 Kiewitt8 型网壳为例，阐述网壳结构刚度类型的判断过程并验证判定方法的可行性。对碗式节点转角–弯矩曲线的简化如图 5-95 所示，节点所对应的初始转动刚度及屈服弯矩如表 5-30 所示，不同跨度和矢跨比下 Kiewitt8 型网壳的杆件几何参数如表 5-31 所示。

将表 5-30 中的节点应用到表 5-31 中的网壳后，得到的初始刚度判定系数 α 及节点屈服弯矩判定系数 β 值如表 5-32 所示。根据表中 α 和 β 的值及表 5-29 中 Kiewitt8 型网壳不同刚度类型之间的系数界限值，可判定出网壳的刚度类型如表 5-32 中第 7 列所示。表中最后一列给出了由数值模拟分析得到的网壳稳定承载力影响因子 λ_i，此影响因子的值与前一列根据 α 和 β 所判定的网壳刚度类型一致。

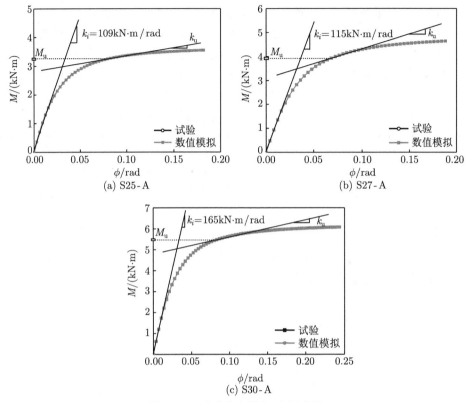

图 5-95　碗式节点转角–弯矩曲线

表 5-30　碗式节点转角–弯矩曲线参数

节点类型	节点编号	节点初始刚度 k_i/(kN·m /rad)	节点极限弯矩 M_u/(kN·m)
	S25-A	101.58	3.5
碗式节点	S27-A	137.31	4.8
	S30-A	306.78	6.0

表 5-31　网壳杆件几何参数

网壳类型	跨度	f/L	杆件截面	EI/L_0/(kN·m)	$M_{e,u}$/(kN·m)
	30 m	1/3	Φ127×3	173.4	10.8
		1/8	Φ127×3	208.6	10.8
Kiewitt8 型	40 m	1/3	Φ127×3	152.8	10.8
		1/8	Φ127×3	185.9	10.8

　　例如对于 30 m 的 Kiewitt8 型网壳，当矢跨比为 1/3 时，节点采用 S24，由表 5-29 可知，刚接网壳对初始刚度判定系数 α 和屈服弯矩判定系数 β 的要求为：$\alpha \geqslant 0.5$ 且 $\beta \geqslant 0.2$。表 5-32 中得到的 $\alpha = 0.6$ 和 $\beta = 0.22$，满足刚接网壳要求，因

此可判定：当 S24 碗式节点应用于跨度 30 m，矢跨比 1/3 的 Kiewitt8 型网壳时，该网壳为刚接网壳。而最后一列由全过程曲线分析所得到的网壳稳定承载力的影响因子 λ_i 为 0.92 也验证了此结果，由此可见前文所建立的网壳刚度分类方法是有效的。

表 5-32　网壳刚度判定方法验证

网壳类型	跨度	f/L	节点编号	α	β	网壳刚度类型	λ_i(数值模拟分析)
Kiewitt8 型	30 m	1/3	S24-A	0.6	0.22	刚接	0.92
			S27-A	0.8	0.31	刚接	0.94
			S30-A	1.8	0.39	刚接	0.95
		1/8	S24-A	0.5	0.32	半刚接	0.66
			S27-A	0.7	0.44	半刚接	0.71
			S30-A	1.5	0.56	半刚接	0.75
	40 m	1/3	S24-A	0.7	0.22	刚接	0.90
			S27-A	0.9	0.31	刚接	0.93
			S30-A	2.0	0.39	刚接	0.94
		1/8	S24-A	0.5	0.32	半刚接	0.49
			S27-A	0.7	0.44	半刚接	0.53
			S30-A	1.7	0.56	半刚接	0.57

(e) 常用网壳结构刚度分类

用同样的分析方法可以得到空间结构中其他网格形式网壳刚度分类中，初始刚度判定系数 α 和屈服弯矩判定系数 β 的界限值。例如通过对 Kiewitt6 型网壳及肋环型网壳的参数分析，得到的两种网壳刚度分类中判定系数的界限值如表 5-33 所示。

表 5-33　Kiewitt6 型网壳和肋环型网壳刚度判定系数界限值

网壳类型	f/L	判定系数 α 和 β		
		刚接	半刚接	铰接
Kiewitt6 型	1/6~1/3	$\alpha \geqslant 0.5$ 且 $\beta \geqslant 0.2$	$0.5 > \alpha > 0.05$ 或 $\alpha \geqslant 0.5$ 且 $\beta < 0.2$	$\alpha \leqslant 0.05$
	1/8~1/7	$\alpha \geqslant 3$ 且 $\beta \geqslant 0.3$	$3 > \alpha > 0.05$ 或 $\alpha \geqslant 3$ 且 $\beta < 0.3$	$\alpha \leqslant 0.05$
肋环型	1/5~1/3	$\alpha \geqslant 0.2$ 且 $\beta \geqslant 0.05$	$0.2 > \alpha > 0.05$ 或 $\alpha \geqslant 0.2$ 且 $\beta < 0.05$	$\alpha \leqslant 0.05$
	1/8~1/6	$\alpha \geqslant 0.5$ 且 $\beta \geqslant 0.3$	$0.5 > \alpha > 0.05$ 或 $\alpha \geqslant 0.5$ 且 $\beta < 0.3$	$\alpha \leqslant 0.05$

5.6.2 半刚性节点网壳稳定承载力公式

对判定为半刚接的网壳结构，可以采用前文所建立的半刚接网壳结构数值模拟方法进行分析设计，但对于一些常规网壳，如 Kiewitt 网壳，肋环双斜杆网壳，柱面网壳及椭圆抛物面网壳等，可以根据参数分析结果，总结出其稳定承载力公式以便于工程设计应用，提高此类网壳的设计效率。

(1) 半刚接 Kiewitt 网壳结构稳定承载力公式

由前文中对半钢接 Kiewitt 网壳的大规模参数分析，得到了影响半刚接 Kiewitt8 型和 Kiewitt6 型单层球面网壳的主要因素为节点刚度、跨度和矢跨比、杆件截面及荷载分布形式。考虑到这些参数的影响，并借鉴刚接网壳稳定承载力公式形式，拟合出的半刚接 Kiewitt8 型和 Kiewitt6 型网壳的承载力公式如下：

$$q_{cr} = \left[k_1 \left(\frac{10}{\theta_0} \right) + k_2 \left(\frac{10}{\theta_0} \right)^3 + k_3 \left(\frac{10}{\lambda_b} \right)^2 \right] \frac{\sqrt{BD}}{R^2} \tag{5-30}$$

其中，参数 θ_0、R 如图 5-78 所示，R 为球面的曲率半径 (m)。

$$\tan \varphi = \frac{4D/H}{(D/H)^2 - 4} \tag{5-31}$$

$$\theta_0 = \frac{\varphi}{2a} \tag{5-32}$$

由此可知 θ_0 间接地反应了跨度、矢跨比和网壳分频数 a 对网壳极限承载力的影响，如图 5-96 所示。

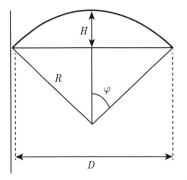
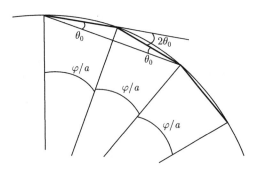

图 5-96   网壳几何参数

式 (5-30) 中 λ_b 为网壳主肋截面的长细比：

$$\lambda_b = \frac{l}{\sqrt{I/A}} \tag{5-33}$$

l，I 和 A 分别为主肋杆的长度、惯性矩和截面面积。

B 为网壳两个方向 (径向和环形) 的等效薄膜刚度的平均值 (kN/m)，D 为网壳两个方向的等效抗弯刚度的平均值 (kN·m)(如图 5-97 所示)。具体计算方法如下：

$$B_{11} = \frac{EA_1}{\Delta_1} + \frac{EA_c}{\Delta_c} \sin^4 \alpha, \quad B_{22} = \frac{EA_2}{\Delta_2} + \frac{EA_c}{\Delta_c} \cos^4 \alpha \qquad (5\text{-}34)$$

$$D_{11} = \frac{EI_1}{\Delta_1} + \frac{EI_c}{\Delta_c} \sin^4 \alpha, \quad D_{22} = \frac{EI_2}{\Delta_2} + \frac{EI_c}{\Delta_c} \cos^4 \alpha$$

$$B = \frac{B_{11} + B_{22}}{2}, \quad D = \frac{D_{11} + D_{22}}{2} \qquad (5\text{-}35)$$

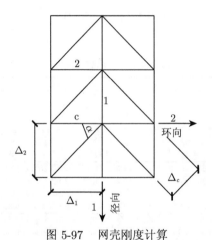

图 5-97　网壳刚度计算

k_1，k_2，k_3 为待定系数，由表 5-34 查得。表 5-35 给出了由公式得到的网壳极限承载力与数值模拟结果的对比。

表 5-34　待定系数 k 值表

变量	网壳类型							
	Kiewitt8 型				Kiewitt6 型			
f/L	1/3	1/4	1/5	1/8	1/3	1/4	1/5	1/8
k_1	1.49	2.38	3.39	2.82	1.05	1.96	2.99	3.93
k_2	−4.79	−1.41	−2.67	−2.43	−0.45	−1.40	−3.06	−3.93
k_3	−23.71	−25.18	−33.30	−13.62	−1.14	−2.21	−5.04	−1.41

从表 5-35 我们可以看出，式 (5-30) 的误差大多数都在 ±3% 附近，考虑工程实际中的网壳结构，尚应考虑荷载分布形式对半刚性节点网壳极限荷载的影响。

因此，本节给出了不对称荷载分布下的 Kiewitt 半刚接网壳极限承载力如下所示：

$$q_{\mathrm{cr}} = \gamma_q \left[k_1 \left(\frac{10}{\theta_0} \right) + k_2 \left(\frac{10}{\theta_0} \right)^3 + k_3 \left(\frac{10}{\lambda} \right)^2 \right] \frac{\sqrt{BD}}{R^2} \tag{5-36}$$

式中，γ_q 称为荷载不对称分布影响系数，根据前文参数分析结果，从安全角度考虑，并避免不必要的繁琐，给出不同的活荷载比例系数下 γ_q 值如图 5-98 所示。

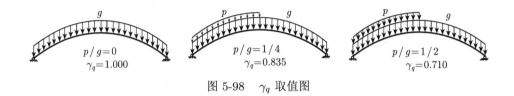

图 5-98　γ_q 取值图

表 5-35　承载力对比

网壳类型	跨度	f/L	截面												
			①			②			③			④		
			拟合 q_{cr}	q_{cr} 全过程	误差/%	拟合 q_{cr}	q_{cr} 全过程	误差/%	拟合 q_{cr}	q_{cr} 全过程	误差/%	拟合 q_{cr}	q_{cr} 全过程	误差/%
Kiewitt8 型	30 m	1/3	11.61	11.39	1.87	14.05	14.08	−0.33	15.49	15.00	3.12	19.34	19.43	−0.58
		1/4	10.33	10.06	2.71	12.24	12.37	−1.02	13.41	13.02	3.02	16.73	16.94	−1.27
		1/5	9.82	9.71	1.16	11.41	11.63	−1.92	12.29	12.02	2.22	15.09	15.36	−1.76
		1/8	4.43	4.55	−2.63	5.56	5.44	2.29	6.26	6.10	2.68	7.93	8.09	−1.95
	40 m	1/3	7.02	7.28	−3.16	8.78	9.08	−3.3	10.04	9.71	3.29	12.96	12.75	1.62
		1/4	6.60	6.99	−5.70	8.21	8.68	−5.45	9.34	9.03	3.38	12.02	11.73	2.48
		1/5	5.98	6.12	−2.38	7.31	7.75	−5.72	8.20	8.01	2.38	10.44	10.33	1.10
		1/8	2.08	2.20	−5.73	2.63	2.58	1.88	2.97	2.91	2.21	3.78	3.80	−1.52
Kiewitt6 型	30 m	1/3	8.74	9.70	−9.89	10.67	9.63		13.71	13.88	−1.21	17.55	17.62	−0.40
		1/4	8.68	9.32	−6.90	11.53	10.62	8.55	13.42	13.41	0.09	17.11	17.38	−1.56
		1/5	7.98	8.66	−7.82	10.49	9.62	9.05	12.10	11.97	1.12	15.35	15.65	−1.94
		1/8	5.32	5.62	−5.30	6.84	6.58	3.88	7.76	7.55	2.75	9.73	9.97	−2.42
	40 m	1/3	5.72	5.74	−0.41	7.62	6.96	9.53	8.98	9.12	−1.59	11.51	11.80	−2.43
		1/4	5.71	6.08	−6.15	7.62	6.94	9.76	8.91	9.18	−3.00	11.38	11.41	−0.29
		1/5	5.14	5.45	−5.77	6.81	6.13	9.28	7.91	8.07	−2.03	10.07	10.14	−0.72
		1/8	2.53	2.66	−4.92	3.27	3.13	4.42	3.73	3.65	2.07	4.69	4.79	−2.17

(2) 半刚接椭圆抛物面网壳结构稳定承载力公式

本节将根据前文中半刚接椭圆抛物面网壳大规模的参数分析结果，在刚接网壳极限承载力公式的基础上，考虑材料非线性对网壳极限承载力影响的同时，将节点的抗转动刚度对网壳稳定承载力的影响系数引入到网壳稳定承载力公式中，进而得出半刚接椭圆抛物面网壳的稳定承载力公式。

刚接椭圆抛物面网壳稳定承载力的拟合公式如下：

$$q_{\mathrm{cr}} = a\frac{\sqrt{BD}}{R_1 R_2} \tag{5-37}$$

$B(\mathrm{kN/m})$ 为网壳两个方向的等效薄膜刚度的平均值，$D(\mathrm{kN\cdot m})$ 为网壳两个方向的等效抗弯刚度的平均值，R_1、$R_2(\mathrm{m})$ 分别为椭圆抛物面网壳两个方向的曲率半径，a 为待定系数，由回归分析确定。两种网格形式网壳的 B、D 具体计算方法如式 (5-38) 和图 5-99：

$$B = \frac{B_{11} + B_{22}}{2}, \quad D = \frac{D_{11} + D_{22}}{2} \tag{5-38}$$

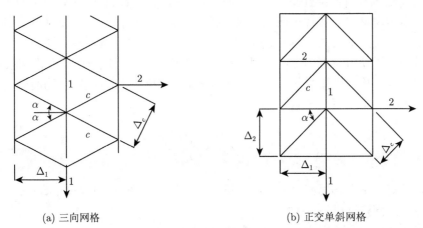

(a) 三向网格   (b) 正交单斜网格

图 5-99　网壳刚度计算

三向网格网壳刚度计算：

$$B_{11} = \frac{EA_1}{\Delta_1} + 2\frac{EA_c}{\Delta_c}\sin^4\theta, \quad B_{22} = 2\frac{EA_c}{\Delta_c}\cos^4\theta$$

$$D_{11} = \frac{EI_1}{\Delta_1} + 2\frac{EI_c}{\Delta_c}\sin^4\theta, \quad D_{22} = 2\frac{EI_c}{\Delta_c}\cos^4\theta \tag{5-39}$$

正交单斜网格网壳刚度计算：

$$B_{11} = \frac{EA_1}{\Delta_1} + \frac{EA_c}{\Delta_c}\sin^4\alpha, \quad B_{22} = \frac{EA_2}{\Delta_2} + \frac{EA_c}{\Delta_c}\cos^4\alpha$$

$$D_{11} = \frac{EI_1}{\Delta_1} + \frac{EI_c}{\Delta_c}\sin^4\alpha, \quad D_{22} = \frac{EI_2}{\Delta_2} + \frac{EI_c}{\Delta_c}\cos^4\alpha \tag{5-40}$$

通过回归分析，得到的固定铰支理想椭圆抛物面刚接网壳在非对称荷载下的极限承载力拟合公式为：

$$q_{cr} = k_0 k_q \frac{\sqrt{BD}}{R_1 R_2} \tag{5-41}$$

$$k_q = 1/[1 + 0.956(p/g) + 0.076(p/g)^2] \tag{5-42}$$

k_0 为回归系数，三向网格的椭圆抛物面网壳中 k_0=2.55，正交单斜网格中 k_0=1.78；k_q 为荷载不对称分布对网壳极限承载力的影响系数，根据实际网壳中活荷载与恒荷载的比值 p/g 确定。

通过前文对半刚性节点椭圆抛物面网壳的参数分析，对影响此类网壳稳定承载力的关键因素已有了明确的了解。对于影响网壳稳定承载力的几何及荷载因素，如跨度、矢跨比、杆件截面和荷载不对称分布等因素已在公式 (5-41) 中有所体现，为进一步考虑材料非线性对网壳极限承载力的影响，借鉴文献 [103] 中定义的"塑性折减系数法"对公式 (5-41) 进行修正。所谓"塑性折减系数法"即为先利用弹性全过程分析获得网壳的弹性极限荷载，在此基础上，添加一个塑性折减系数 c_p 来考虑网壳结构的弹塑性极限荷载。考虑材料非线性的刚性椭圆抛物面网壳的稳定承载力公式可用下式表达：

$$q_{cr} = c_p k_0 k_q \frac{\sqrt{BD}}{R_1 R_2} \tag{5-43}$$

根据对椭圆抛物面网壳的参数分析，塑性折减系数 c_p 可取如下数值：

对三向网格网壳 c_p=0.79；

对正交单斜网格网壳 c_p=0.89。

节点刚度也是影响网壳稳定承载力的一项重要因素。节点抗转动刚度的影响主要体现在节点刚度对网壳抗弯刚度的削弱上，而且削弱程度与节点初始抗转动刚度与网壳中杆件的线刚度之比密切相关。为考虑节点弯曲刚度对网格等效抗弯刚度的影响，通过引入"节点刚度折减系数" r_k 对刚接网壳的抗弯刚度进行如下修正。

三向网格网壳抗弯刚度：

$$D_{11} = r_{k1} \frac{EI_1}{\Delta_1} + 2r_{kc} \frac{EI_c}{\Delta_c} \sin^4\theta, \quad D_{22} = 2r_{kc} \frac{EI_c}{\Delta_c} \cos^4\theta \tag{5-44}$$

正交单斜网格网壳抗弯刚度：

$$D_{11} = r_{k1} \frac{EI_1}{\Delta_1} + r_{kc} \frac{EI_c}{\Delta_c} \sin^4\theta, \quad D_{22} = r_{k2} \frac{EI_2}{\Delta_2} + r_{kc} \frac{EI_c}{\Delta_c} \cos^4\theta \tag{5-45}$$

其中，r_{k1}、r_{k2} 和 r_{kc} 分别为节点在不同方向上网壳抗弯刚度的调整系数，可通过下式计算：

$$r_k = f(\alpha) = a(1 - e^{-b\alpha}) \tag{5-46}$$

通过对前文参数分析结果的回归处理，公式 (5-46) 中，a 和 b 的取值如表 5-36 所示。

表 5-36 待定系数 a 和 b 取值表

待定系数	三向网格平面尺寸		正交单斜网格平面尺寸	
	30 m×30 m	40 m×40 m	30 m×30 m	40 m×40 m
a	0.27	0.14	0.30	0.27
b	4.35	4.35	7.58	7.58

将公式的计算结果与对应的网壳全过程分析结果进行比较，如表 5-37 和表 5-38 所示。从表中可以看到，无论是在对称荷载还是在非对称荷载作用下，表中误差大多数情况都小于 10%，仅有少数数据的误差超过了 10%。总体看来，所得拟合公式与数值分析结果的吻合程度对于初步估计半刚接椭圆抛物面网壳的稳定承载力还是很有参考价值的，而且也为进一步研究半刚性节点网壳的稳定承载力提供了参考。

表 5-37 荷载对称分布时极限承载力对比

网格类型	节点刚度	杆件截面	f/L	平面尺寸 30 m×30 m			平面尺寸 40 m×40 m		
				公式	全过程	误差	公式	全过程	误差
三向网格	S24	截面1	1/6	9.22	9.36	1.5%	–	–	–
			1/7	8.21	8.61	4.7%	–	–	–
			1/8	6.38	6.77	5.7%	–	–	–
		截面2	1/6	12.96	13.03	0.5%	7.19	8.39	14.3%
			1/7	9.80	10.31	5.0%	5.41	5.76	6.1%
			1/8	7.65	7.36	−4.0%	4.21	4.23	0.4%
		截面3	1/6	15.07	14.94	−0.9%	–	–	–
			1/7	11.40	11.66	2.2%	–	–	–
			1/8	8.90	8.28	−7.5%	–	–	–
		截面4	1/6	14.98	16.73	10.5%	–	–	–
			1/7	12.94	13.44	3.7%	–	–	–
			1/8	10.10	9.52	−6.1%	–	–	–
	S27	截面2	1/6	12.48	12.97	3.8%	8.50	8.92	4.8%
			1/7	10.91	10.72	−1.8%	6.39	6.26	−2.1%
			1/8	8.52	7.72	−10.3%	4.97	4.62	−7.8%
	S30	截面2	1/6	12.80	13.07	2.1%	8.96	9.14	2.1%
			1/7	11.22	11.12	−0.9%	6.73	6.47	−4.1%
			1/8	8.76	7.96	−10.1%	5.17	4.75	−8.9%

续表

网格类型	节点刚度	杆件截面	f/L	平面尺寸					
				30 m×30 m			40 m×40 m		
				公式	全过程	误差	公式	全过程	误差
正交单斜网格	S24	截面 1	1/6	8.81	8.37	−5.2%	–	–	–
			1/7	6.76	6.75	−0.1%	–	–	–
			1/8	5.34	5.43	1.8%	–	–	–
		截面 2	1/6	11.17	11.43	2.2%	6.46	6.96	7.2%
			1/7	8.60	9.29	7.5%	4.98	4.71	−5.7%
			1/8	6.80	7.49	9.3%	3.95	3.55	−11.3%
		截面 3	1/6	14.05	14.60	3.7%	–	–	–
			1/7	10.83	11.62	6.8%	–	–	–
			1/8	8.57	8.67	1.2%	–	–	–
		截面 4	1/6	16.73	17.57	4.8%	–	–	–
			1/7	12.90	13.80	6.5%	–	–	–
			1/8	10.22	10.20	−0.2%	–	–	–
	S27	截面 2	1/6	11.85	11.42	−3.8%	6.83	7.34	6.9%
			1/7	9.11	9.03	−0.8%	5.27	5.20	−1.4%
			1/8	7.20	7.32	1.7%	4.18	4.01	−4.2%
	S30	截面 2	1/6	12.01	11.64	−3.2%	6.91	7.57	8.7%
			1/7	9.23	9.13	−1.1%	5.33	5.35	0.3%
			1/8	7.29	7.43	1.8%	4.22	4.56	7.4%

表 5-38　荷载不对称分布时极限承载力对比 (截面 2)

网格类型	节点刚度	p/g	f/L	平面尺寸					
				30 m×30 m			40 m×40 m		
				公式	全过程	误差	公式	全过程	误差
三向网格	S24	1/3	1/6	9.77	11.36	14.0%	5.42	6.42	15.6%
			1/7	7.38	7.70	4.1%	4.07	4.38	7.0%
			1/8	5.77	5.48	−5.3%	3.17	3.45	8.0%
		2/3	1/6	7.76	9.05	14.3%	4.30	5.00	14.0%
			1/7	5.86	6.14	4.5%	3.24	3.51	7.7%
			1/8	4.58	4.39	−4.2%	2.52	2.50	−0.6%
	S27	1/3	1/6	10.88	11.50	5.4%	6.40	6.74	5.0%
			1/7	8.22	8.00	−2.8%	4.81	4.68	−2.9%
			1/8	6.42	5.78	−11.0%	3.75	3.43	−9.4%
		2/3	1/6	8.64	9.26	6.7%	5.08	5.31	4.2%
			1/7	6.53	6.41	−1.9%	3.82	3.71	−3.2%
			1/8	5.10	4.60	−10.9%	2.98	2.73	−9.2%
	S30	1/3	1/6	11.19	11.46	2.4%	6.75	6.87	1.8%
			1/7	8.46	8.25	−2.5%	5.07	4.81	−5.5%
			1/8	6.60	5.93	−11.3%	3.95	3.61	−9.5%

续表

网格类型	节点刚度	p/g	f/L	平面尺寸					
				30 m×30 m			40 m×40 m		
				公式	全过程	误差	公式	全过程	误差
正交单斜网格	S30	2/3	1/6	8.89	9.29	4.3%	5.36	5.45	1.6%
			1/7	6.72	6.56	−2.4%	4.03	3.82	−5.6%
			1/8	5.24	4.69	−11.7%	3.14	2.87	−9.1%
	S24	1/3	1/6	8.33	8.13	−2.5%	5.17	4.87	5.8%
			1/7	6.40	6.54	2.0%	4.03	3.76	6.9%
			1/8	5.07	5.32	4.7%	2.60	2.97	−14.4%
		2/3	1/6	6.62	6.25	−5.9%	4.61	3.87	16.1%
			1/7	5.09	5.06	−0.5%	2.92	2.98	−2.2%
			1/8	4.02	4.06	0.9%	2.14	2.36	−10.2%
	S27	1/3	1/6	8.83	8.06	−9.6%	5.39	5.15	4.5%
			1/7	6.79	6.52	−4.1%	4.51	3.97	12.0%
			1/8	5.37	5.33	−0.7%	2.64	3.15	−19.0%
		2/3	1/6	7.02	6.19	−13.3%	4.32	4.09	5.3%
			1/7	5.39	5.00	−7.9%	3.12	3.15	−1.2%
			1/8	4.26	4.21	−1.2%	2.10	2.50	−19.0%
	S30	1/3	1/6	8.96	7.89	−13.5%	5.21	5.55	6.3%
			1/7	6.88	6.51	−5.7%	4.02	4.61	12.9%
			1/8	5.44	5.37	−1.2%	3.18	3.38	5.8%
		2/3	1/6	7.11	5.98	−19.0%	4.14	4.28	3.3%
			1/7	5.47	5.01	−9.0%	3.19	3.04	−4.9%
			1/8	4.32	4.19	−3.1%	2.53	2.57	1.7%

第 6 章 半刚性节点网壳动力性能及强震失效机理

6.1 引　言

对于刚性单层网壳在地震下的失效机理学者们开展了较为详尽的研究，得到了结构强震下两种典型的失效模式，即动力失稳与强度破坏，同时建立了网壳结构动力失效判别准则，解决了网壳结构强震失效时极限荷载的判别问题。但对于半刚性网壳在地震下的失效机理的研究仍处于起步阶段。因此，本章考虑了三向地震作用、网壳初始缺陷、材料损伤累积及节点损伤累积的影响，建立了半刚性节点单层球面网壳数值模型，基于该模型开展了半刚性单层球面网壳不同参数下时程动力响应分析，得到了半刚性单层球面网壳地震作用下 4 种典型的失效模式，提出了该结构基于特征响应的失效模式判别方法。

6.2　节点连接单元参数设置

本章采用的节点单元参数为 4.4 节得到的考虑节点强度和刚度退化的损伤模型，区别于之前研究采用的节点静力无损伤模型，此模型在节点塑性不断加深时，节点的承载力和刚度不断退化、滑移不断增加。将节点初始刚度、极限承载力、初始滑移均单独作为节点可变参数进行分析，探讨各参数对网壳地震作用下的结构响应及失效模式的影响规律。其中探讨节点初始刚度与节点承载力影响时，节点连接单元采用 C 型节点损伤模型；探讨节点初始滑移影响时，节点连接单元采用齿式节点损伤模型。

图 6-1 至图 6-3 为 3 种参数变化示意图：① 无初始滑移节点，改变节点初始刚度。以 K100 作为基础进行倍数变化，此时节点刚度与杆件线刚度之比 α_k 在 10 左右，用来模拟初始刚度较大的节点，采用 M24 螺栓的 C 型节点刚度与之接近；当节点刚度降为 K10 时，即降为 K100 的 10%，用来模拟初始刚度较小的节点，采用 M24 螺栓的螺栓球节点与之接近。图 6-1a 及图 6-1b 分别为改变节点初始刚度时，节点滞回曲线及静力曲线的变化示意图，从滞回曲线图中可以看出，随着节点初始刚度的减小，曲线愈发 "扁平"，节点耗能能力显著下降。② 无初始滑移节点，改变节点极限承载力。以 M100 作为基础进行倍数变化，采用 M24 螺栓的 C 型节点承载力与之接近；当节点承载力降为 M10 时，用来模拟承载力较小的节点，采用 M27 螺栓的螺栓球节点与之接近。从滞回曲线图 (图 6-2a) 中可以

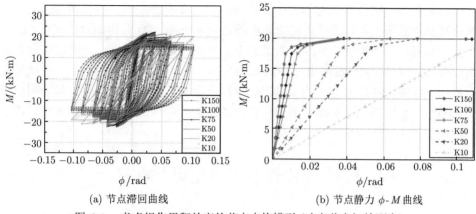

(a) 节点滞回曲线   (b) 节点静力 ϕ-M 曲线

图 6-1 考虑损伤累积效应的节点本构模型 (改变节点初始刚度)

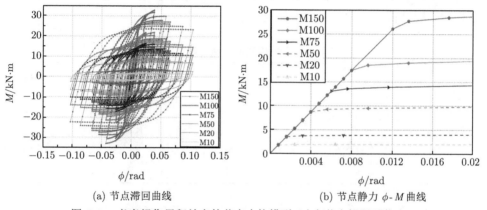

(a) 节点滞回曲线   (b) 节点静力 ϕ-M 曲线

图 6-2 考虑损伤累积效应的节点本构模型 (改变节点极限承载力)

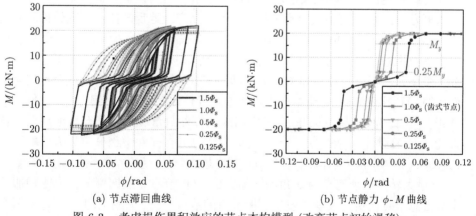

(a) 节点滞回曲线   (b) 节点静力 ϕ-M 曲线

图 6-3 考虑损伤累积效应的节点本构模型 (改变节点初始滑移)

看出，随着节点极限承载力的减小，曲线饱满程度不变，但曲线包围面积随曲线峰值减小而急剧下降，节点耗能能力也随之显著下降。③ 有初始滑移节点，改变节点初始滑移。图 6-3 中 $1.0\Phi_s$ 与齿式节点的滑移段长度相近，此时滑移段高度为弹性段的 25%（M_y 表示绕 y 轴转动的弯矩），长度为原长度 10 倍。在此基础上增加或缩短滑移段长度，当滑移段长度减小至与原弹性段相近时，其滞回曲线与无初始滑移的节点相类似；随着滑移段的增加，滞回曲线捏缩愈加严重，耗能能力显著下降 (图 6-3a)。

6.3　半刚性节点网壳动力响应

可以看出，上述 3 种节点性能参数变化均会使节点滞回曲线形式及节点耗能能力发生显著变化，下文将详细地开展 3 种节点参数对单层球面网壳结构失效模式影响规律分析，具体分析参数如表 6-1 所示。

表 6-1　考虑节点损伤的网壳数值建模参数

建模参数	参数取值
跨度/m	$40\sim80$
矢跨比	1/3, 1/4, 1/5, 1/6, 1/7
屋面荷载/(kg/m²)	60, 120, 180
节点刚度	K10 $\sim \infty$
节点承载力	M10 $\sim \infty$
初始滑移段长度	$0.125 \sim 1.5\Phi_s$
地震动	Taft

采用多重响应指标的全过程动力时程分析方法，通过提取结构宏观指标及微观指标对结构塑性发展、刚度削弱进行深入了解，这些宏观指标及微观指标[104]包括以下方面：① 网壳最大节点位移，该值可以宏观地反映整体网壳结构的刚度削弱情况，一般将网壳位移不收敛作为判断结构失效的宏观指标。② 杆件屈服比例，本节模型中杆件采用了矩形截面，因此模拟时应用了具有 16 个积分点的矩形纤维梁单元，积分点分布如图 6-4 所示。本节统计了不少于一个积分点屈服的杆件比例 (1P 比例) 及 16 个积分点均屈服的杆件比例 (16P 比例)，1P 比例 (r_1) 和 16P(r_{16}) 比例分别反映了所有发生屈服的杆件数量和发生了全截面屈服的杆件数量。③ 杆件平均塑性应变 ε_a，其值为结构所有杆件中积分点最大值的平均值，其反映了所有杆件整体屈服程度。④ 节点最大弯矩，所有节点弯矩响应最大值。⑤ 节点最大转角，所有节点转角响应最大值。⑥ 节点屈服比例 r_j，发生屈服节点个数占总节点比例，反映了发生屈服节点的数量。⑦ 节点损伤均值 $d_{j,a}$，所有节点损伤的平均值，反映了节点整体的屈服程度。

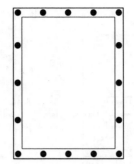

图 6-4　矩形纤维梁单元示意图

6.3.1　节点刚度的影响

网壳 D6005120 不同节点刚度下位移–荷载曲线如图 6-5 所示，星号点表示网壳临界失效点，即若继续增加地震峰值加速度，网壳位移不收敛或发生倒塌。可以看出随着节点刚度的减小，网壳极限承载力逐渐减小，且结构破坏前的最大节点位移呈减小趋势，尤其当 D6005120 的节点刚度从 K30 下降到 K10 时，网壳极限承载力和最大节点位移急剧降低，降幅分别达到 59% 及 38%。

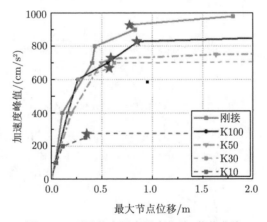

图 6-5　不同节点刚度网壳位移–荷载曲线

图 6-6 为结构杆件特征响应 r_1、r_{16} 及 ε_a 随节点刚度变化图。由图可知，在地震动加速度峰值较小时，网壳处于弹性状态，不同节点刚度下的杆件响应无明显区别；随着地震动加速度峰值的增加，节点刚度较小的网壳先达到临界失效点，其各项杆件特征响应均很小，说明网壳失效前杆件屈服数量及整体屈服程度均较小，破坏较为突然；随着节点刚度的提高，网壳结构临界失效时的杆件屈服数量及整体屈服程度均显著提高，从杆件塑性分布图 (图 6-7) 中可以更清晰地看到这种变化。

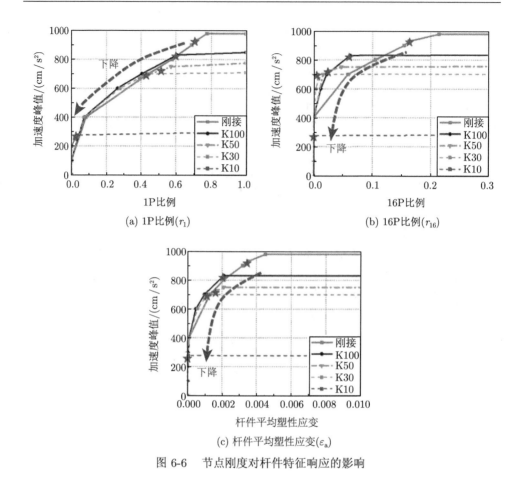

(a) 1P比例(r_1)　　　　　　　　　　(b) 16P比例(r_{16})

(c) 杆件平均塑性应变(ε_a)

图 6-6　节点刚度对杆件特征响应的影响

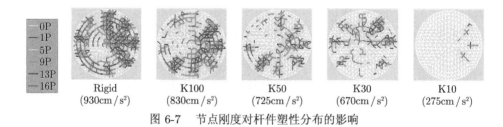

图 6-7　节点刚度对杆件塑性分布的影响

　　半刚性网壳结构除了提取网壳位移和杆件响应指标之外，仍需提取节点响应才能对网壳结构在地震荷载作用下的整体性能变化进行全面了解。图 6-8 为节点特征响应随节点刚度变化图，可以看出随着节点刚度的降低，网壳失效前节点最大弯矩、节点最大转角及节点屈服比例均减小；当节点刚度减小到一定值时 (K10)，网壳临界失效时节点屈服比例几乎为 0，但此时节点转角及弯矩响应都很显著，说明节点均处于弹性段，节点耗能极小，导致网壳结构整体承载力下降。

总的来说，节点刚度减小导致节点对杆件的约束变弱，使网壳结构抗扰动性能减弱，杆件及节点位移变化更容易，整体结构倾向于失稳破坏。

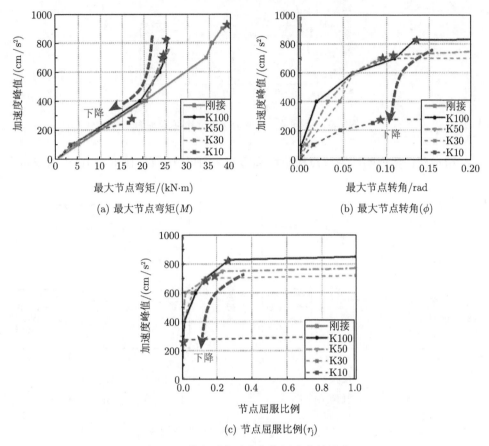

(a) 最大节点弯矩(M)

(b) 最大节点转角(ϕ)

(c) 节点屈服比例(r_j)

图 6-8　节点刚度对节点特征响应的影响

6.3.2　节点承载力的影响

本小节将节点极限承载力作为可变参数，网壳 D6005120 位移–荷载曲线如图 6-9 所示。由图可知随着节点极限承载力的减小，网壳极限承载力急剧减小，且结构破坏前的最大节点位移逐渐减小。当节点性能由刚接降为 M10 时，网壳承载力及最大节点位移下降了 65% 和 87%；而节点性能从刚接降为 K10 时，网壳承载力及最大节点位移下降了 70% 和 56%。可以看出较节点初始刚度来说，节点承载力对整体结构的动力极限荷载影响程度略小于节点刚度的影响程度，但节点承载力对网壳最大位移的影响较节点刚度更显著。

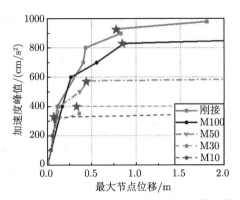

图 6-9　不同节点承载力网壳位移–荷载曲线

结合杆件特征响应随节点极限承载力变化图可以看到 (图 6-10)，在地震动峰

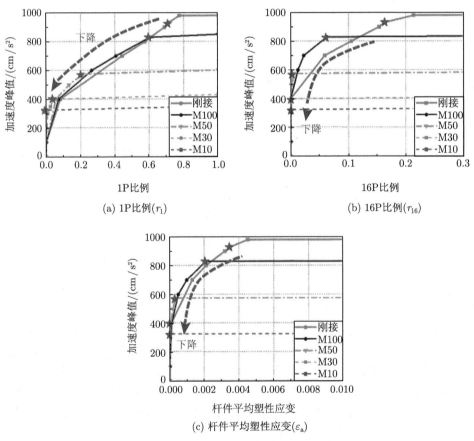

图 6-10　节点承载力对杆件特征响应的影响

值加速度较小时，网壳中杆件处于弹性状态，不同节点承载力下结构的杆件响应无明显区别；随着地震动加速度峰值的增加，节点承载力较小的网壳先达到临界失效点，此时节点承载力小于 M50 的网壳杆件屈服程度很小 (图 6-11)，与节点初始刚度 K30 以下的网壳失效模式类似同样具有突然性，但在节点特征响应上二者存在巨大差异 (图 6-12)。节点承载力 M50 以下的网壳节点转角显著、节点最大弯矩响应达到节点极限承载力且节点屈服比例均在 25% 以上，这表明节点初始刚度较小的网壳与节点极限承载力较小的网壳动力失效模式在表现上相似，本质上却是不同的。前者节点未屈服且未参与耗能，后者节点大规模屈服且发挥了节点的耗能能力，但由于节点承载力不足，在较小的地震动峰值下，节点就会发生屈服，随之产生较大的节点转角及损伤，导致整体网壳的承载力显著下降。

随着节点承载力提高，网壳临界失效时的杆件塑性程度增加，节点屈服比例下降，但由于其承载力的增大，整体来说对杆件的约束更强，使网壳整体承载力提高。

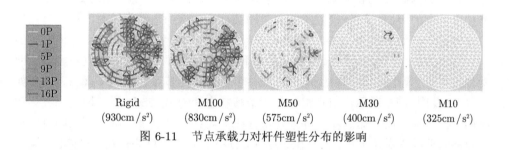

图 6-11 节点承载力对杆件塑性分布的影响

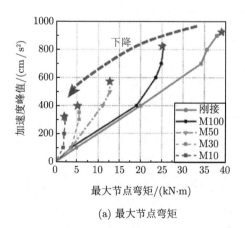

(a) 最大节点弯矩

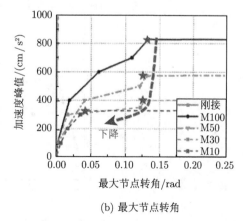

(b) 最大节点转角

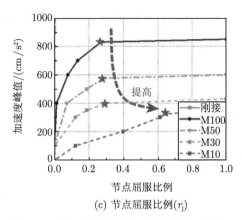

(c) 节点屈服比例(r_j)

图 6-12　节点承载力对节点特征响应的影响

6.3.3　节点初始滑移的影响

将节点初始刚度及节点承载力固定为 K100 与 M100，改变节点初始滑移段长度，网壳 D6005120 位移–荷载曲线如图 6-13 所示，可以看出随着节点初始滑移段长度的增加，网壳极限承载力急剧减小，且结构临界失效时的最大节点位移逐渐减小，滑移段为 $1.5\varPhi_s$ 的结构承载力与最大位移仅是无初始滑移结构的 24% 及 36%。由此可见，节点的初始滑移对网壳结构杆件动力响应的影响较前两种因素更为剧烈。杆件特征响应和杆件塑性分布随节点初始滑移段长度变化如图 6-14 及图 6-15 所示，节点滑移从无滑移状态变为 $0.125\varPhi_s$ 后，网壳临界失效时的 1P 比例、16P 比例及杆件平均塑性应变均会发生显著下降。其原因可以从节点滞回曲线中看出 (图 6-3)，节点初始滑移不仅会使节点的初始刚度降低，同时

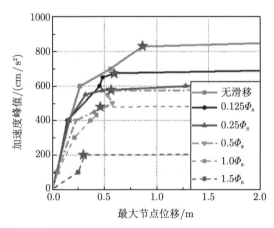

图 6-13　不同节点初始滑移段长度网壳位移–荷载曲线

滞回曲线会产生明显的捏缩效应，从这两个方面对节点性能产生了削弱，其对整体结构的影响与同时降低了节点初始刚度与承载力产生的影响类似。因此在工程应用时应尽量避免采用具有初始滑移的节点，若采用应考虑其对网壳的削弱影响。

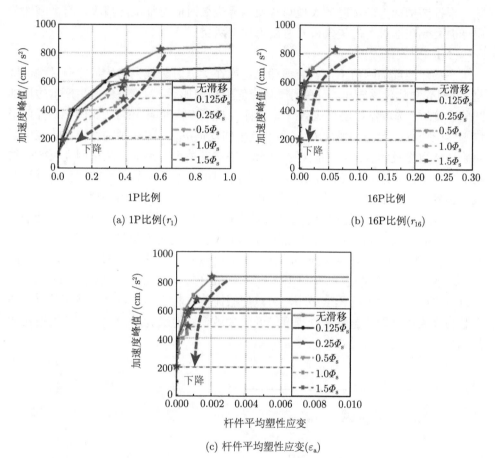

(a) 1P比例(r_1)   (b) 16P比例(r_{16})

(c) 杆件平均塑性应变(ε_a)

图 6-14 节点初始滑移段长度对杆件特征响应的影响

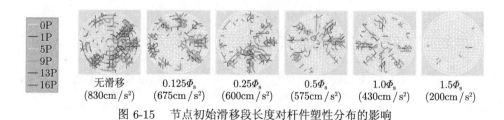

无滑移   0.125Φ_s 0.25Φ_s 0.5Φ_s 1.0Φ_s 1.5Φ_s
(830cm/s²)   (675cm/s²)   (600cm/s²)   (575cm/s²)   (430cm/s²)   (200cm/s²)

图 6-15 节点初始滑移段长度对杆件塑性分布的影响

6.4 半刚性节点网壳动力失效模式

6.4.1 典型失效模式

根据结构动力破坏时的表现形式及临界失效时的特征响应情况，将半刚性单层球面网壳在地震下的失效模式总结为如下两类：

(1) 动力失稳

在某一地震动峰值下，网壳振动稳定或在某一时刻偏离初始位置但最终保持稳定，网壳总体位移较小；而在地震动峰值稍稍增加后，网壳突然发生严重的局部凹陷而倒塌。选取结构临界失效时 4 种杆件及节点特征响应：1P 比例 r_1、杆件平均塑性应变 ε_a、节点屈服比例 r_j 和节点损伤均值 $d_{j,a}$，这 4 种构件特征响应可以明确地从数量及程度上反映出杆件及节点的塑性情况，继而反映出网壳失效时结构的整体塑性状态。以 D6005120-K10 为例，图 6-16 为结构最大节点位移时程曲线与临界失效时的杆件塑性分布图，由图可知：在地震动峰值加速度 PGA 不超过 $200\mathrm{cm/s^2}$ 时，网壳位移很小，各部件在原本位置附近振动；当 PGA 继续增加至 $275\ \mathrm{cm/s^2}$ 时，网壳部分构件偏离原本的位置但仍可保持稳定；当将 PGA 从 $275\ \mathrm{cm/s^2}$ 略微增加至 $300\ \mathrm{cm/s^2}$ 时，结构突然发生严重的局部凹陷而倒塌。网壳倒塌前，4 项特征响应 $r_1 = 3.3\%$、$\varepsilon_a = 5.6\mathrm{E}\text{-}05$、$r_j = 0.4\%$、$d_{j,a} = 7.00\times10^{-6}$，可以看出此时杆件塑性程度很小，节点屈服比例同样很小。将这种破坏具有突然性且临界失效时网壳整体塑性程度较低的失效模式定义为动力失稳，此失效模式与刚接网壳动力失效模式中的动力失稳一致。

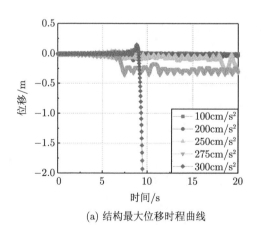

| (a) 结构最大位移时程曲线 | (b) 临界失效时的杆件塑性分布 |

图 6-16 D6005120-K10 动力失效特征

(2) 强度破坏

根据杆件及节点屈服程度可以将半刚性单层球面网壳动力失效中强度破坏细分为如下 3 种:

(a) 杆件强度破坏

随着地震动峰值的增加,网壳节点的平衡位置发生偏移,位移逐渐增大,且增长幅度明显,但可保持稳定振动状态;在地震动峰值增加至某一程度时,网壳位移不收敛或发生倒塌;网壳临界失效时,杆件发生大范围屈服,而节点整体屈服程度小。即相对于杆件来说节点性能较强,将这种破坏不具有突然性且临界失效时网壳杆件塑性程度较高而节点塑性程度低的失效模式定义为杆件强度破坏,刚接网壳动力失效模式中的强度破坏属于此类。

以采用刚接节点的 D6005120 为例,图 6-17 为结构最大节点位移时程曲线与临界失效时的杆件塑性分布图。由图可知:在地震动峰值加速度 PGA 不超过 $400\mathrm{cm/s^2}$ 时,网壳位移很小,各部件在原本位置附近振动;随着 PGA 继续增加至 $930\mathrm{cm/s^2}$ 的过程中,网壳部分构件偏离原本的位置但仍可保持稳定,网壳位移逐渐增大;当将 PGA 增加至 $950\mathrm{cm/s^2}$ 时,结构位移不收敛。网壳临界失效时,4 项特征响应 $r_1 = 71.3\%$、$\varepsilon_a = 3.5\times10^{-3}$、$r_j = 0$、$d_{j,a}=0$,可以看出此时杆件 1P 比例和杆件平均塑性应变是 D6005120-K10 的 21.6 倍和 62.5 倍,显然杆件发生了大范围屈服且塑性程度高,而节点部分未屈服,其动力失效模式是典型的杆件强度破坏。

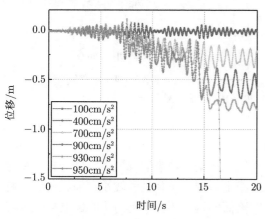 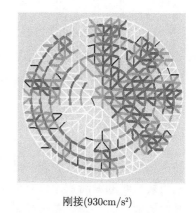

刚接($930\mathrm{cm/s^2}$)

(a) 结构最大位移时程曲线   (b) 临界失效时的杆件塑性分布

图 6-17   D6005120-刚接动力失效特征

(b) 混合强度破坏

其网壳动力失效表现与杆件强度破坏类似,随着地震动峰值的增加,网壳节点的平衡位置发生偏移，位移逐渐增大，且增长幅度明显，但可保持稳定振动状态；在地震动峰值增加至某一程度时，网壳位移不收敛或发生倒塌。与杆件强度破坏不同的是网壳临界失效时，杆件及节点均发生了大范围屈服且屈服程度高，即杆件及节点的性能相对平衡，将这种破坏不具有突然性且临界失效时网壳杆件及节点塑性程度均较高的失效模式定义为混合强度破坏。

以 D6005120-K100 为例，图 6-18 为结构最大节点位移时程曲线与临界失效时的杆件塑性分布图。由图可知：在地震动峰值加速度 PGA 不超过 400cm/s^2 时，网壳位移很小，各部件在原本位置附近振动；随着 PGA 继续增加至 830cm/s^2 的过程中，网壳部分构件偏离原本的位置但仍可保持稳定，网壳位移逐渐增大；当将 PGA 增加至 850cm/s^2 时，结构位移不收敛。网壳临界失效时，4 项特征响应 $r_1 = 60.5\%$、$\varepsilon_a = 2.1\times10^{-3}$、$r_j = 27.1\%$、$d_{j,a} = 6.00\times10^{-3}$，可以看出此时不仅杆件塑性程度较高，同时节点部分也发生了大规模的屈服与损伤，其动力失效模式是典型的混合强度破坏。

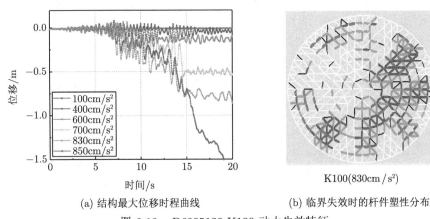

(a) 结构最大位移时程曲线　　　　　　(b) 临界失效时的杆件塑性分布

图 6-18　D6005120-K100 动力失效特征

(c) 节点域强度破坏

其网壳动力失效表现与动力失稳类似，在某一地震动峰值下，网壳振动稳定或在某一时刻偏离初始位置但最终保持稳定，网壳总体位移较小；而在地震动峰值稍稍增加后，突然发生严重的局部凹陷而倒塌。不同于动力失稳的是网壳临界失效时，节点发生了大范围屈服且屈服程度高，而杆件整体的塑性较小。即相对于杆件来说节点性能较弱，将这种破坏具有突然性且临界失效时网壳节点塑性程度较高而杆件塑性程度较低的失效模式定义为节点域强度破坏。

以 D6005120-M10 为例，图 6-19 为结构最大节点位移时程曲线与临界失效时的杆件塑性分布图，由图可知：在地震动峰值加速度 PGA 不超过 325cm/s^2 时，网壳位移很小，各部件在原本位置附近振动；当将 PGA 从 325cm/s^2 略微增加至 350cm/s^2 时，结构突然发生严重的局部凹陷而倒塌。网壳倒塌前，4 项特征响应 $r_1 = 0\%$、$\varepsilon_\text{a} = 0$、$r_\text{j} = 64.8\%$、$d_\text{j,a} = 2.04\times10^{-2}$，可以看出此时杆件均未屈服，而节点屈服比例极高且发生严重损伤，其动力失效模式是典型的节点域强度破坏。

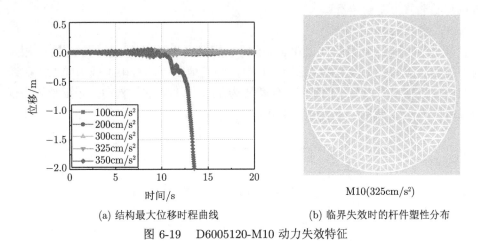

(a) 结构最大位移时程曲线　　　　(b) 临界失效时的杆件塑性分布

图 6-19　D6005120-M10 动力失效特征

综上所述，可以将单层球面网壳动力失效模式随节点性能变化绘入图 6-20 中，可以看出：若采用刚接节点或性能较强的节点时，单层球面网壳的失效模式为杆件强度破坏，此时降低节点性能，结构失效模式会向混合强度破坏转变；当继续降低节点性能时，如果减小节点初始刚度，结构失效模式趋向于转变为动力失稳，如果减小节点极限弯矩，结构失效模式趋向于转变为节点域强度破坏；而节点的初始滑移相当于同时降低了节点的初始刚度及节点的耗能能力，因此结构失效模式会向着节点域强度破坏和动力失稳之一转变。

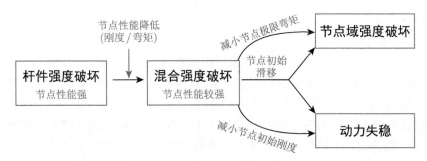

图 6-20　单层球面网壳动力失效模式随节点性能变化图

6.4.2　网壳参数的影响

前文得到了半刚性节点单层球面网壳地震下 4 种典型的失效模式,同时分析了 3 种节点参数对结构失效模式的影响规律,本小节继续探讨网壳跨度、矢跨比及屋面质量等网壳参数对半刚性节点单层球面网壳动力失效模式的影响情况。本节将网壳的节点性能参数固定,节点初始刚度为 K100、节点极限弯矩为 M100、节点初始滑移为无初始滑移。

(1) 网壳矢跨比的影响

以跨度 60m、屋面质量 120kg/m² 的单层网壳为例,统计结构的动力极限承载力随网壳矢跨比的变化绘入图 6-21 中,网壳地震下的极限承载力随网壳矢跨比的增加呈先增大后减小的趋势,矢跨比为 1/3 与 1/7 的结构动力极限承载力仅为矢跨比为 1/5 结构的 60% 和 75.6%。

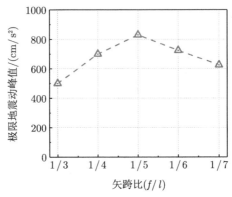

图 6-21　网壳动力极限承载力随矢跨比变化图

究其原因,首先,结构承受三向地震作用,矢跨比过小不利于抵抗竖向地震,其次,矢跨比过大不利于抵抗水平地震;其次,单层网壳结构是以“薄膜”作用为主要受力特征,即大部分荷载由网壳杆件的轴力承受,而矢跨比过高或过低,节点与杆件之间会产生相对较大的弯矩,导致节点过早屈服,从而导致结构整体动力承载力下降。

结合网壳构件特征响应变化图可以看出 (图 6-22),与结构动力极限承载力变化趋势相一致,杆件及节点的屈服数量及塑性程度均随矢跨比的增大呈先增大后减小的趋势。网壳临界破坏时,网壳矢跨比为 1/3 结构的杆件屈服比例和节点屈服比例仅为矢跨比为 1/5 结构的 27.9% 和 13.3%;而矢跨比为 1/7 结构的杆件屈服比例和节点屈服比例与矢跨比为 1/5 结构相比,前者下降了 36.5%,后者下降了 30.3%。

图 6-23 展示了网壳矢跨比对杆件塑性分布的影响,矢跨比过高或过低均会使

网壳的动力失效模式由混合强度破坏向动力失稳转变。由此可见，单层球面网壳动力性能对壳体形状较为敏感，选择适合的矢跨比可以大幅提高网壳动力极限承载力。

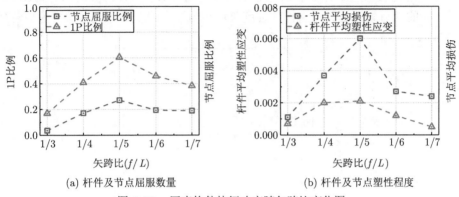

(a) 杆件及节点屈服数量   (b) 杆件及节点塑性程度

图 6-22 网壳构件特征响应随矢跨比变化图

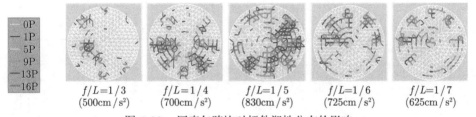

图 6-23 网壳矢跨比对杆件塑性分布的影响

(2) 网壳屋面质量的影响

以跨度 60m、矢跨比 1/5 的单层网壳为例，网壳动力极限承载力及临界失效时的构件特征响应随屋面质量变化趋势如图 6-24 及图 6-25 所示。可以看出屋面质量对结构动力极限承载力及动力响应影响十分显著，当屋面质量由 60kg/m^2 增加至 180kg/m^2 时，网壳动力极限承载力下降近 80%，承载力的下降幅度要远超屋面质量的增幅。而且屋面质量增加后，杆件及节点的塑性程度明显下降，屋面质量 180kg/m^2 的网壳临界失效时杆件及节点的屈服比例仅为屋面质量 60kg/m^2 的 60.4% 及 37.2%。结合杆件塑性分布图 (图 6-26) 可知，网壳的动力失效模式由混合强度破坏向动力失稳转变。

(3) 网壳跨度的影响

跨度对网壳动力性能的影响同样显著，以屋面质量 120kg/m^2、矢跨比 1/5 的单层网壳为例，不同跨度下网壳动力极限承载力及临界失效时的构件特征响应如图 6-27 及图 6-28 所示。其中网壳动力极限承载力与杆件塑性程度变化较为一致，均随网壳跨度的增加而减小，80m 跨度较 40m 跨度的网壳其动力极限承载力和杆件屈服比例下降了 72.1% 和 73.4%；而节点的塑性程度呈先增大后减小的趋势，这是由于对于 40m 跨度的网壳来说，本节采用的节点性能较强，导致网壳失效时节点的塑性程度较低。结合杆件塑性分布图（图 6-29）可知，随着网壳跨度的增大，网壳的动力失效模式先由杆件强度破坏转为混合强度破坏再向动力失稳转变。

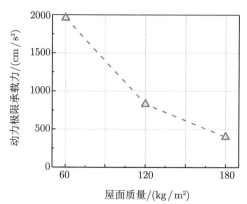

图 6-24　网壳动力极限承载力随屋面质量变化图

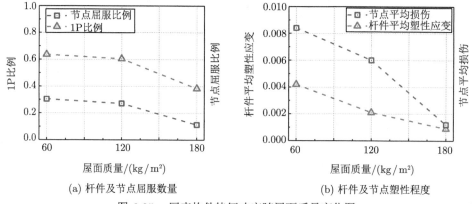

(a) 杆件及节点屈服数量　　　　　　　(b) 杆件及节点塑性程度

图 6-25　网壳构件特征响应随屋面质量变化图

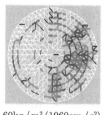
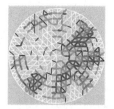
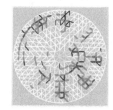

$60kg/m^2$ (1960cm/s²)　　　$120kg/m^2$ (830cm/s²)　　　$180kg/m^2$ (400cm/s²)

图 6-26　网壳屋面质量对杆件塑性分布的影响

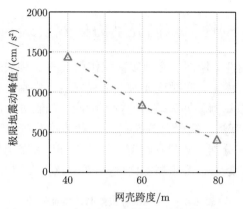

图 6-27 网壳动力极限承载力随跨度变化图

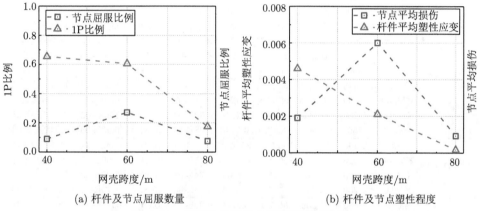

(a) 杆件及节点屈服数量　　　　　　　(b) 杆件及节点塑性程度

图 6-28 网壳构件特征响应随跨度变化图

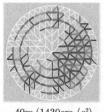
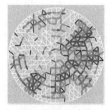
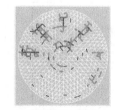

40m (1430cm/s²)　　　60m (830cm/s²)　　　80m (400cm/s²)

图 6-29 网壳跨度对杆件塑性分布的影响

6.5　半刚性节点网壳动力失效模式判别方法

前文总结了半刚性单层网壳在地震荷载作用下的 4 种失效模式，本节将基于杆件特征响应及节点特征响应对这 4 种失效模式进行判别。通过大量参数分析得到了 172 个不同参数算例临界失效时的特征响应，如表 6-2 所示，限于篇幅仅列举了跨度为 60m 的算例。选用上节提到的 4 种典型响应作为结构失效模式判别的依据，这 4 种响应分别从数量和程度上反映了杆件和节点的塑性，即 1P 比例 r_1、杆件平均塑性应变 ε_a、节点屈服比例 r_j 及节点损伤均值 $d_{j,a}$。

表 6-2　结构临界失效时的特征响应

网壳	节点性能	PGA/ (cm/s²)	最大节点位移/m	r_1	r_{16}	ε_a	r_j	$d_{j,a}$	失效模式
D6003120	KM100	500	0.8115	16.90%	0.60%	7.00E-04	3.60%	1.10E-03	动力失稳
D6004120	刚接	750	0.6426	49.50%	8.50%	4.00E-03	0.00%	0.00E+00	杆件强度破坏
	KM400	750	0.6165	51.12%	8.50%	2.90E-03	0.00%	0.00E+00	杆件强度破坏
	KM200	750	0.8932	49.87%	8.87%	3.40E-03	0.00%	0.00E+00	杆件强度破坏
	KM100	735	0.8886	50.75%	6.12%	2.60E-03	22.13%	5.10E-03	混合强度破坏
	KM75	530	0.5846	25.62%	1.50%	8.93E-04	14.00%	2.10E-03	动力失稳
	KM50	300	0.3607	4.13%	0.25%	1.02E-04	3.75%	6.36E-04	动力失稳
D6004120J2	刚接	1 485	0.5369	64.25%	25.25%	1.13E-02	0.00%	0.00E+00	杆件强度破坏
	KM200	1 400	1.0568	59.50%	16.63%	1.21E-02	16.88%	6.40E-03	混合强度破坏
	KM100	1 200	0.9744	46.88%	9.25%	4.90E-03	27.50%	1.40E-02	混合强度破坏
	KM50	780	0.3858	8.13%	0.37%	2.98E-04	16.31%	6.90E-03	节点域强度破坏
D6004120J3	刚接	2 200	0.342	68.50%	26.62%	1.33E-02	0.00%	0.00E+00	杆件强度破坏
	KM200	2 000	1.3312	59.00%	22.50%	1.05E-02	21.38%	1.09E-02	混合强度破坏
	KM100	1 450	0.4279	23.00%	3.88%	7.74E-04	20.69%	5.90E-03	节点域强度破坏
	KM50	1 200	0.4489	7.75%	0.37%	9.15E-05	25.87%	7.70E-03	节点域强度破坏
D6005060	刚接	2 050	1.356	66.50%	18.63%	6.20E-03	0.00%	0.00E+00	杆件强度破坏
	KM200	2 000	1.289	63.25%	17.75%	5.40E-03	2.75%	1.50E-04	杆件强度破坏
	KM100	1 960	1.243	63.60%	13.10%	4.20E-03	30.40%	8.40E-03	混合强度破坏
	KM75	1 655	0.8677	42.37%	4.50%	1.20E-03	27.63%	1.17E-02	节点域强度破坏
	KM50	1 450	0.8107	26.00%	1.13%	6.43E-04	34.38%	1.58E-02	节点域强度破坏
D6005060J2	刚接	3 328	0.5082	68.00%	23.38%	1.67E-02	0.00%	0.00E+00	杆件强度破坏
	KM200	3 325	0.6601	69.87%	21.88%	1.30E-02	20.50%	8.80E-03	混合强度破坏
	KM100	3 100	0.7513	54.37%	15.38%	5.20E-03	49.75%	2.88E-02	混合强度破坏
	KM50	2 250	1.1008	20.88%	2.00%	7.49E-04	58.13%	4.25E-02	节点域强度破坏
D6005060J3	刚接	4 840	1.2397	84.63%	41.25%	2.60E-02	0.00%	0.00E+00	杆件强度破坏
	KM200	4 050	0.5211	67.63%	25.50%	1.67E-02	28.19%	1.52E-02	混合强度破坏
	KM100	3 700	1.523	46.75%	15.50%	3.10E-03	61.94%	4.73E-02	混合强度破坏
	KM50	2 800	1.3734	23.50%	4.25%	8.32E-04	69.19%	6.70E-02	节点域强度破坏
D6005120	刚接	930	0.7881	71.30%	16.30%	3.50E-03	0.00%	0.00E+00	杆件强度破坏
	KM200	880	0.864	71.75%	15.88%	3.20E-03	4.50%	6.75E-05	杆件强度破坏
	KM100	830	0.8632	60.50%	6.30%	2.10E-03	27.10%	6.00E-03	混合强度破坏
	KM75	630	0.4008	33.37%	0.45%	7.89E-04	17.62%	3.10E-03	节点域强度破坏

续表

网壳	节点性能	PGA/ (cm/s^2)	最大节点 位移/m	r_1	r_{16}	ε_a	r_j	$d_{j,a}$	失效模式
	KM50	570	0.5058	20.12%	0.37%	3.46E-04	26.50%	7.00E-03	节点域强度破坏
	KM30	275	0.0973	0.50%	0.00%	5.58E-06	19.75%	4.60E-03	节点域强度破坏
	KM10	200	0.2888	0.25%	0.00%	6.47E-06	19.63%	3.30E-03	节点域强度破坏
	M50	575	0.464	21.25%	0.50%	3.00E-04	28.40%	7.50E-03	节点域强度破坏
	M30	400	0.3393	4.25%	0.00%	4.21E-05	24.75%	5.30E-03	节点域强度破坏
	M10	325	0.0934	0.00%	0.00%	0.00E+00	64.80%	2.04E-02	节点域强度破坏
	K50	725	0.6528	52.00%	2.62%	1.70E-03	19.38%	2.70E-03	混合强度破坏
D6005120	K30	670	0.5833	39.20%	0.88%	1.00E-03	12.00%	8.00E-04	动力失稳
	K10	275	0.3607	3.25%	0.00%	5.61E-05	0.40%	7.00E-06	动力失稳
	S150	200	0.31	3.63%	0.00%	5.26E-05	3.20%	4.00E-04	动力失稳
	S100	430	0.4238	33.50%	0.50%	6.00E-04	14.90%	1.70E-03	动力失稳
	S50	575	0.5849	38.37%	0.63%	8.00E-04	22.60%	3.60E-03	节点域强度破坏
	S25	600	0.8856	43.50%	1.00%	1.30E-03	24.30%	5.00E-03	混合强度破坏
	S13	675	0.6063	44.30%	1.75%	1.40E-03	28.60%	6.60E-03	混合强度破坏
	刚接	1 740	0.6955	73.75%	29.00%	7.80E-03	0.00%	0.00E+00	杆件强度破坏
	KM400	1 700	1.0261	71.25%	28.50%	6.90E-03	1.13%	2.02E-05	杆件强度破坏
D6005120J2	KM200	1 500	1.12	62.00%	17.50%	3.40E-03	20.69%	6.30E-03	混合强度破坏
	KM150	1 480	0.8732	60.88%	13.75%	2.50E-03	32.56%	1.41E-02	混合强度破坏
	KM100	1 185	0.6946	39.50%	6.50%	1.30E-03	38.12%	1.58E-02	节点域强度破坏
	KM75	1 000	0.7011	23.25%	1.38%	5.57E-04	37.31%	1.63E-02	节点域强度破坏
	KM50	850	0.6428	11.25%	0.37%	2.14E-04	39.12%	1.71E-02	节点域强度破坏
	刚接	2 250	0.6934	77.38%	29.63%	1.02E-02	0.00%	0.00E+00	杆件强度破坏
	KM400	2 180	1.0833	69.00%	26.50%	1.06E-02	4.69%	5.91E-04	杆件强度破坏
D6005120J3	KM200	2 100	1.1304	62.75%	23.00%	1.29E-02	18.21%	8.70E-03	混合强度破坏
	KM150	2 050	1.0725	57.13%	21.75%	4.00E-03	49.69%	2.06E-02	混合强度破坏
	KM100	1 560	0.8504	33.88%	6.00%	1.10E-03	48.81%	2.36E-02	节点域强度破坏
	KM75	1 400	0.7944	19.37%	2.38%	3.98E-04	51.19%	2.44E-02	节点域强度破坏
	KM50	1 130	0.4784	7.13%	0.37%	1.01E-04	43.75%	2.19E-02	节点域强度破坏
	刚接	425	0.3844	35.62%	3.62%	8.56E-04	0.00%	0.00E+00	动力失稳
	KM200	400	0.3547	40.25%	3.25%	9.63E-04	0.50%	3.58E-06	动力失稳
D6005180	KM100	400	0.4736	38.37%	2.13%	7.03E-04	11.31%	1.20E-03	动力失稳
	KM75	325	0.4127	21.00%	0.13%	2.60E-04	2.60E-04	1.50E-03	动力失稳
	KM50	225	0.1518	3.25%	0.00%	2.67E-05	4.69%	5.56E-04	动力失稳
	刚接	970	0.6939	67.37%	20.50%	3.20E-03	0.00%	0.00E+00	杆件强度破坏
D6005180J2	KM200	950	0.638	64.38%	17.75%	3.00E-03	22.56%	4.40E-03	混合强度破坏
	KM100	750	0.7108	38.25%	4.13%	9.73E-04	38.69%	1.36E-02	节点域强度破坏
	KM50	450	0.4168	5.50%	0.00%	5.68E-05	26.81%	6.70E-03	节点域强度破坏
	刚接	1 300	1.1223	72.75%	31.75%	8.70E-03	0.00%	0.00E+00	杆件强度破坏
D6005180J3	KM200	1 200	0.6784	59.75%	20.37%	3.00E-03	36.06%	1.30E-02	混合强度破坏
	KM100	750	1.1819	26.37%	5.00%	6.36E-04	40.38%	1.52E-02	节点域强度破坏
	KM50	450	0.4378	3.13%	0.00%	3.21E-05	29.50%	9.40E-03	节点域强度破坏
	刚接	850	0.7348	52.50%	9.63%	1.70E-03	0.00%	0.00E+00	杆件强度破坏
D6006120	KM400	770	0.5196	54.63%	7.75%	1.40E-03	0.00%	0.00E+00	杆件强度破坏
	KM200	770	0.5128	58.25%	9.25%	1.60E-03	0.94%	1.10E-05	杆件强度破坏
	KM100	725	0.5463	46.00%	4.10%	1.40E-03	19.30%	2.70E-03	混合强度破坏

续表

网壳	节点性能	PGA/ (cm/s²)	最大节点位移/m	r_1	r_{16}	ε_a	r_j	$d_{j,a}$	失效模式
D6006120	KM75	600	0.4488	33.88%	1.25%	4.39E-04	23.19%	3.50E-03	节点域强度破坏
	KM50	475	0.4583	11.00%	0.37%	1.22E-04	22.81%	4.80E-03	节点域强度破坏
D6006120J2	刚接	1 500	0.7333	71.00%	21.63%	3.30E-03	0.00%	0.00E+00	杆件强度破坏
	KM200	1 400	0.9707	66.87%	18.88%	2.30E-03	24.88%	4.10E-03	混合强度破坏
	KM100	1 100	1.0123	45.00%	4.75%	1.00E-03	45.52%	1.52E-02	混合强度破坏
	KM50	700	0.8257	6.88%	0.25%	1.26E-04	42.56%	1.51E-02	节点域强度破坏
D6006120J3	刚接	2 188	0.726	83.88%	29.88%	9.20E-03	0.00%	0.00E+00	杆件强度破坏
	KM200	1 950	0.7916	70.25%	23.00%	3.20E-03	40.75%	1.20E-02	混合强度破坏
	KM100	1 600	1.0715	36.88%	8.38%	8.60E-04	65.44%	2.97E-02	节点域强度破坏
	KM50	1 300	0.9127	7.63%	0.63%	1.13E-04	63.62%	3.18E-02	节点域强度破坏
D6007120	KM100	625	0.6249	38.44%	2.50%	5.00E-04	18.90%	2.40E-03	节点域强度破坏

　　图 6-30 为将杆件特征响应及节点特征响应作为横纵坐标的结构失效模式分布图，图 6-30a 以 1P 比例 43%，杆件平均塑性应变 0.0013 为界限，失效模式为动力失稳和节点域强度破坏的算例分布在区域 A，而失效模式为杆件强度破坏和混合强度破坏的算例分布在区域 B；图 6-30b 以节点屈服比例 16%，节点损伤均值 0.0022 为界限，失效模式为动力失稳和杆件强度破坏的算例分布在区域 C，而失效模式为混合强度破坏和节点域强度破坏的算例分布在区域 D。根据表 6-3 即可对半刚性的单层球面网壳动力失效模式进行判别。例如：算例的杆件特征响应位于区域 A，节点特征响应位于区域 C，表示其失效前杆件及节点的特征响应均偏小，则判定其失效模式为动力失稳；若其杆件特征响应位于区域 A 而节点特征响应位于区域 D，表示其失效前杆件响应小而节点响应大，则其失效模式为节点域强度破坏，以此可推其他两种失效模式。可以看出采用该方法统计的 95 个

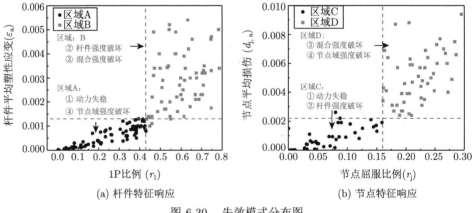

(a) 杆件特征响应　　　　　　　　　　　(b) 节点特征响应

图 6-30　失效模式分布图

算例中仅有 3 个算例位于各区域外，且均在边界线附近，说明了本节提出的半刚性单层球面网壳失效模式判别方法的有效性。

6.6 基于节点性能的网壳动力失效模式控制方法

通过前文的研究，将半刚性单层球面网壳结构的失效模式分为 4 种，在实际工程中我们期望的结构破坏是具有较好延性有一定预兆的杆件强度破坏及混合强度破坏，要避免出现节点域强度破坏及动力失稳这两种"脆性破坏"。因此本节提出了一种基于节点性能的网壳失效模式控制方法，可以通过调整节点性能实现在一定程度上将半刚性单层球面网壳的动力失效模式控制在杆件强度破坏及混合强度破坏。

从表 6-3 中可以看出区分半刚性单层球面网壳结构"延性破坏"(失效模式②③)与"脆性破坏"(失效模式①④)的重要指标就是杆件平均塑性应变，其界限值即为 $\varepsilon_{a,b} = 0.0013$；同时观察图 6-30 也可以看出，随着节点性能的下降，结构的动力失效模式也由"延性破坏"向"脆性破坏"转变。因此节点在刚接与铰接之间应该存在一个界限值，当节点刚度及承载力大于此值时，网壳结构偏延性破坏，而小于此值时偏脆性破坏。将与这节点性能有关的界限值分别定义为网壳刚度比估计值 $\alpha_{k,e}$ 和节点极限弯矩估计值 $M_{u,e}$，可以想到这两个与节点性能有关的界限值与杆件平均塑性应变界限值 $\varepsilon_{a,b}$ 之间存在一定的关联。所以本节通过对前文算例的结果分析，提出了基于节点性能的半刚性单层球面网壳动力失效模式控制方法 (图 6-31)，其中包含网壳建模参数标准化方法、半刚性单层网壳结构损伤因子修正方法、全过程动力时程分析方法及结构动力失效模式控制指标计算方法。具体实施方法如图 6-32 所示：① 收集网壳结构设计参数，将其参数标准化，其中刚度比、矢跨比及屋面质量分别设置为 100、1/5 及 120kg/m²；② 通过损伤因子法与全过程动力时程分析方法得到该网壳极限荷载所对应的杆件平均塑性应变 ε_a；③ 若 $\varepsilon_a \leqslant \varepsilon_{a,b}$，则结构的失效模式为节点域强度破坏或动力失稳，此时通过调节节点性能已不能使网壳的动力失效模式转变为混合强度破坏和杆件强度破坏，需采取增大杆件截面等其他措施；若 $\varepsilon_a > \varepsilon_{a,b}$，则由公式 (6-1) 及式 (6-2) 计算网壳刚度比估计值 $\alpha_{k,e}$ 和节点极限弯矩估计值 $M_{u,e}$，此时进行网壳设计时应保证采用节点的刚度及承载力满足 $\alpha_k > \alpha_{k,e}$ 和 $M_u > M_{u,e}$，使网壳结构的动力失效模式偏"延性破坏"。

$$\alpha_{k,e} = F_1\left(l, \frac{\varepsilon_a}{\varepsilon_{a,b}}, w, \frac{f}{L}\right) \tag{6-1}$$

$$M_{u,e} = F_2\left(l, \frac{\varepsilon_a}{\varepsilon_{a,b}}, w, \frac{f}{L}\right) \tag{6-2}$$

表 6-3　　不同失效模式结构特征响应分布

节点特征响应 ＼ 杆件特征响应	区域 A $r_1 < 43\%$; $\varepsilon_a < 0.0013$	区域 B $r_1 \geqslant 43\%$; $\varepsilon_a \geqslant 0.0013$
区域 C $r_j < 16\%$; $d_{j,a} < 0.0022$	① 动力失稳	② 杆件强度破坏
区域 D $r_j \geqslant 16\%$; $d_{j,a} \geqslant 0.0022$	④ 节点域强度破坏	③ 混合强度破坏

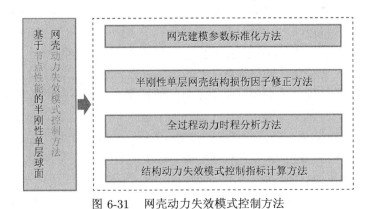

图 6-31　　网壳动力失效模式控制方法

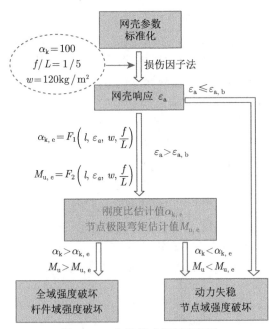

图 6-32　　失效模式控制流程图

上述计算方法存在两个关键问题：① 如何准确地得到半刚性单层球面网壳杆件强度破坏及混合强度破坏的失效极限荷载及其对应的杆件塑性应变；② 刚度比估计值 $\alpha_{k,e}$ 和节点极限弯矩估计值 $M_{u,e}$ 的具体计算公式 (6-1) 及式 (6-2) 如何确定。下面两小节将分别对这两个关键问题展开研究。

6.6.1 半刚性节点网壳损伤因子修正方法

动力失效模式为动力失稳和节点域强度破坏的半刚性单层球面网壳结构的动力极限荷载确定较容易，为位移–荷载曲线刚度突变点所对应的动力荷载；而对于由材料过度塑性发展导致的杆件强度破坏和混合强度破坏的结构来说，因位移–荷载曲线没有明显的突变点，其动力极限荷载较难确定。对于节点采用刚接的单层球面网壳，学者们采用网壳损伤因子 D_s 表征网壳的损伤程度，它与材料损伤因子的意义近似，当 $D_s = 0$ 时表征结构对应无损状态，$D_s = 1$ 时表征结构在动力荷载下由于结构内部的过度损伤而失效。其表达式如公式 (6-3) 所示，为网壳各项特征响应的组合多项式，其中网壳响应包括结构极限状态的位移 d_m、结构出现塑性时的位移 d_e、1P 比例 r_1、16P 比例 r_{16}、结构极限状态的杆件平均塑性应变 ε_a，及网壳自身参数如网壳跨度 L、矢跨比 f/L 及钢材的极限拉应变 ε_u，同时还有常系数 $a \sim e$。

$$D_s = a \sqrt{\frac{f}{L}\left[b \cdot \left(\frac{d_m - d_e}{L}\right)^2 + c \cdot r_1^2 + d \cdot r_{16}^2 + e \cdot \left(\frac{\varepsilon_a}{\varepsilon_u}\right)^2 \right]} \qquad (6-3)$$

本节参考刚性网壳损伤因子提出了适用于半刚性单层球面网壳的损伤因子，可以用来表示半刚性单层球面网壳整体损伤程度，也可用来求出结构动力极限荷载，该损伤因子具体表达式如下：

$$D_s = a \sqrt{\frac{f}{L}\left[b \cdot \left(\frac{d_m - d_e}{L}\right)^2 + c \cdot r_1^2 + d \cdot r_{16}^2 + e \cdot \left(\frac{\varepsilon_a}{\varepsilon_u}\right)^2 + f \cdot r_j^2 + g \cdot \left(\frac{d_{j,a}}{0.05}\right)^2 \right]}$$
$$(6-4)$$

其中不仅包含刚性网壳的相应指标外，还包含反映节点塑性程度的节点屈服比例 r_j 及节点损伤均值 $d_{j,a}$，根据算例 D6005120 不同节点性能下的临界失效时的特征响应确定常系数，得到公式如下：

$$D_s = 1.3 \sqrt{500\left[\left(\frac{d_m - d_e}{L}\right)^2 + 0.5r_1^2 + 0.5r_{16}^2 + \left(\frac{\varepsilon_a}{\varepsilon_u}\right)^2 + r_j^2 + \left(\frac{d_{j,a}}{0.05}\right)^2 \right]} \quad (6-5)$$

但节点性能的加入会导致网壳损伤因子对网壳矢跨比、屋面质量及杆件截面等参数更敏感，因此公式需对这些参数作相应的增加及修正，其中包括矢跨比影响系数 c_{fl}、屋面质量影响系数 c_w 和杆件截面影响系数 δ_{b}，最终将各特征响应进行相加、相乘、以指数形式组合、以对数形式组合及平方和开平方等组合的方式得到半刚性单层球面网壳的损伤因子。下面将分别确定各参数对结构损伤因子的影响规律及影响系数计算公式。

(1) 矢跨比的影响

提取前文参数分析中矢跨比为 1/7~1/3 且动力失效模式为杆件强度破坏和混合强度破坏的算例，将其各项特征响应应用公式 (6-5) 进行计算，得到结果如图 6-33 所示。统计各矢跨比下结构损伤因子的均值，即图 6-33 中红色星号点连线。由图可知随着矢跨比的增加，结构损伤因子呈先增大后减小的趋势。采用公式 (6-5) 计算矢跨比过高或过低的网壳损伤因子时，会使计算结果偏低，高估了结构的承载能力，因此采用矢跨比影响系数 c_{fl} 进行修正，其值可由公式 (6-6) 计算。

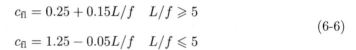

$$c_{\mathrm{fl}} = 0.25 + 0.15 L/f \quad L/f \geqslant 5$$
$$c_{\mathrm{fl}} = 1.25 - 0.05 L/f \quad L/f \leqslant 5 \tag{6-6}$$

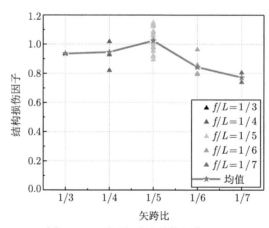

图 6-33　不同矢跨比结构损伤因子

(2) 屋面质量的影响

屋面质量为 60~180kg/m^2 且动力失效模式为杆件强度破坏和混合强度破坏的结构损伤因子如图 6-34 所示。由图可知随着屋面质量的增加，结构损伤因子逐渐减小。采用公式 (6-5) 计算较大屋面质量网壳的损伤因子时，会使计算结果偏低，高估了结构的承载能力，因此采用屋面质量影响系数 c_w 进行修正，其值可由公式 (6-7) 计算。

$$c_w = \sqrt{\frac{w}{60}} \quad 60\text{kg/m}^2 \leqslant w \leqslant 240\text{kg/m}^2 \tag{6-7}$$

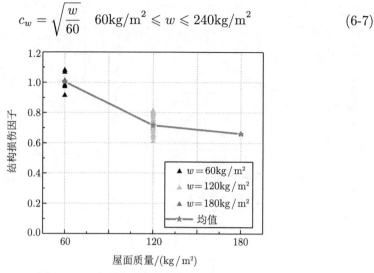

图 6-34 不同屋面质量结构损伤因子

(3) 杆件截面的影响

不同杆件截面算例 (J1~J3) 的损伤因子在考虑了矢跨比影响系数 c_fl 和屋面质量影响系数 c_w 之后的计算值如图 6-35 所示。由于算例较多，直接将各参数网壳在不同节点性能下的损伤因子平均值绘入本图中，图中虚线为当前参数下结构失效模式为动力失稳或节点域强度破坏的算例。由图可知：① 随着杆件截面的增大，结构损伤因子逐渐增大，采用公式 (6-5) 计算较大杆件截面网壳的损伤因子达到 1.0 时，结构还没有达到临界失效状态，低估了结构的承载能力；② 跨度越小的网壳，其结构损伤因子越大，且受杆件截面的影响程度越大；③ 杆件截面增大并不会放大或缩小矢跨比及屋面质量对损伤因子的影响。综上采用杆件截面影响系数 δ_b 对计算结果进行折减，计算公式如式 (6-8) 所示，其中 β_b 为杆件截面系数，其值为杆件线刚度 K_m 与最小杆件线刚度 $K_{\text{m,min}}$ 之比：

$$\delta_\text{b} = [1 + 1.05^{(100-L)/50}]^{\beta_\text{b}} \quad L \leqslant 100\text{m} \tag{6-8}$$

最终得到半刚性节点单层球面网壳结构损伤因子如下所示：

$$D_\text{s} = 1.3 \frac{c_\text{fl} c_w}{\delta_\text{b}} \sqrt{500 \left[\left(\frac{d_\text{m} - d_\text{e}}{L}\right)^2 + 0.5 r_1^2 + 0.5 r_{16}^2 + \left(\frac{\varepsilon_\text{a}}{\varepsilon_\text{u}}\right)^2 + r_\text{j}^2 + \left(\frac{d_{\text{j,a}}}{0.05}\right)^2 \right]}$$
$$\tag{6-9}$$

将刚性网壳损伤因子计算公式得到的结果与本节提出的半刚性单层网壳损伤因子计算结果精度对比，如图 6-36 所示，可以看出公式 (6-3) 使某些算例由于忽

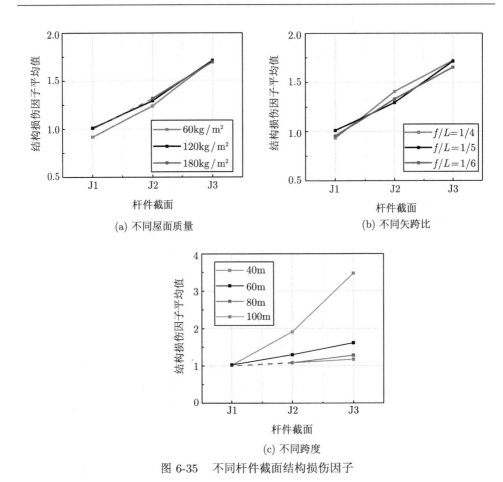

(a) 不同屋面质量　　　　　　　　　　　　　(b) 不同矢跨比

(c) 不同跨度

图 6-35　不同杆件截面结构损伤因子

(a) 公式(6-3)计算结果　　　　　　　　　(b) 公式(6-9)计算结果

图 6-36　结构损伤因子 D_s 拟合精度对比

略了节点性能分项而导致计算值偏小，会高估网壳的承载能力；同时节点性能的引入会使损伤因子对屋面质量、杆件截面、矢跨比等参数更敏感，导致结果偏高或偏低 (图 6-35a)；而本节提出的半刚性节点单层球面网壳结构损伤因子其均值为 1.005，误差在 15％以内且标准差为 0.007，可见本节提出的损伤模型公式的拟合精度是比较好的。

6.6.2 失效模式控制指标计算方法

本节对不同节点性能网壳结构进行大规模参数分析，其中节点性能参数变化以采用 M24 螺栓的 C 型节点性能为基准进行同比例增幅或折减。提取各参数结构不同节点性能下的动力失效模式，将杆件强度破坏与混合强度破坏两种延性破坏和节点域强度破坏与动力失稳两种脆性破坏之间的分界线对应的刚度比，即网壳刚度比估计值 $\alpha_{k,e}$ 列入表 6-4 至表 6-6 中。

表 6-4 不同跨度刚度比估计值

跨度	杆件截面		
	J1	J2	J3
$L = 40\text{m}$	14.00	6.25	3.05
$L = 60\text{m}$	15.30	7.67	4.13
$L = 80\text{m}$	—	15.75	7.92

表 6-5 不同屋面质量刚度比估计值

层面质量	杆件截面		
	J1	J2	J3
60kg/m^2	10.20	5.11	2.75
120kg/m^2	15.30	7.67	4.13
180kg/m^2	—	10.22	5.50

表 6-6 不同矢跨比刚度比估计值

失跨比	杆件截面		
	J1	J2	J3
$f/L = 1/4$	15.30	7.67	4.13
$f/L = 1/5$	15.30	7.67	4.13
$f/L = 1/6$	15.30	7.67	4.13

可以看出：① 杆件截面对刚度比估计值的影响较大，随着杆件截面的增大，刚度比估计值显著降低；② 随着网壳跨度及屋面质量的增大，刚度比估计值显著增大，说明跨度更大及屋面质量更大的网壳需要更强的节点性能才能使结构动力失效模式保持在延性破坏范围；③ 当矢跨比 1/6~1/4 之间变化时，刚度比估计值基本不变。结合结构极限荷载对应的杆件平均塑性应变 ε_a，刚度比估计值计算

公式 $\alpha_{k,e}$ 如公式 (6-10) 所示，其中 ξ_w 与 ξ_l 为分别为屋面质量与跨度对网壳刚度比估计值的计算影响系数，$\alpha_{k,sta}$ 为标准化网壳刚度比，其值为 100。

$$\alpha_{k,e} = 0.9 \cdot \frac{\xi_w}{\xi_l} \frac{\varepsilon_{a,b}}{\varepsilon_a} \cdot \alpha_{k,sta} \tag{6-10}$$

$$\xi_w = \frac{w + 60}{120} \tag{6-11}$$

$$\xi_l = \left(\frac{L}{L_i}\right)^{1.63} \tag{6-12}$$

节点极限弯矩估计值 $M_{u,e}$ 可根据得到的刚度比估计值 $\alpha_{k,e}$ 计算：

$$M_{u,e} = \frac{\alpha_{k,e} K_b}{K_{j,C}} M_{u,C} \tag{6-13}$$

其中，$K_{j,C}$ 和 $M_{u,C}$ 为 M24 螺栓 C 型节点初始刚度和节点极限弯矩，$K_{j,C} = 2000\text{kN·m/rad}$，$M_{u,C} = 27\text{kN·m}$；$K_b$ 为杆件线刚度。

将由公式 (6-10) 及式 (6-13) 计算得到的结果与表 6-4 至表 6-6 数值模拟统计结果进行对比，二者误差如图 6-37 所示，可以看出计算误差均在 10% 以内，证明本节提出的计算公式精度较好。

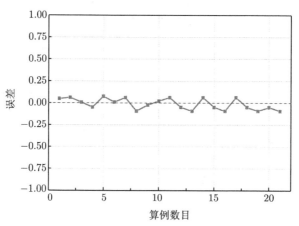

图 6-37　$\alpha_{k,e}$ 与 $M_{u,e}$ 拟合精度对比

第 7 章　半刚性节点网壳抗震设计方法

7.1　引　言

目前关于半刚性节点单层网壳抗震性能方面的研究大多集中于节点刚度对杆件内力的影响，而基于上文的研究，可以看出节点作为网壳重要组成部分，其对网壳动力性能的影响不容忽视，节点在地震荷载下的响应同样是需要被着重关注的方面。因此本章建立了不同节点刚度及不同跨度、矢跨比、屋面质量网壳参数的半刚性节点网壳有限元模型，分析了各参数对网壳位移、节点转角、节点弯矩和杆件内力等结构响应的影响规律，提出了节点与杆件的设计参数，为半刚性节点单层网壳抗震设计提供了依据。

7.2　半刚性节点网壳抗震分析模型

本章基于 ABAQUS 软件建立了 Kiewitt 8 型半刚性节点单层球面网壳有限元模型，节点处单元设置如图 7-1 所示，其中节点域设为刚性，节点域长度为 0.1m，与杆件之间采用 connector 单元连接，通过设置 connector 连接单元的弹性、塑性、损伤等参数来模拟节点刚度、承载力、滑移等关键参数。本研究中采用的杆件为矩形截面，需在每个杆端分别建立局部坐标系，同时 connector 连接单元也需分别设置平面内 (x 轴)、平面外 (y 轴) 及自身扭转轴 (z 轴) 3 个方向的参数，其数值由第二章节点静力性能分析所得，各轴刚度以 C 型节点三轴刚度为基准，连接单元刚度变化将以此为基础进行同比例调幅。

为方便叙述将不同参数网壳进行编号，其命名规则如下：以 D6003120 为例，D 表示单层球面网壳结构，60 表示跨度为 60m，03 表示矢跨比为 1/3，120 表示屋面质量采用 120kg/m^2。本模型同时考虑了三向地震作用、材料损伤累积及初始缺陷的影响，其中杆件材料属性采用了基于 Xue-Wierzbicki 损伤准则的钢材本构模型[105]，可以有效地考虑钢材的损伤累积效应；初始缺陷模式采用结构第一阶屈曲模态，其大小为跨度的 1/300。网壳其他建模参数如表 7-1 所示，其中 $K_{m,min}$ 为满足静力设计截面最小刚度；节点刚度变化通过改变节点刚度与杆件线刚度 K_m 之比 α_k (下文简称为刚度比) 实现，在以往的研究中此刚度比小于 0.05 一般可认为是铰接；节点承载力设为无穷大，以提取在不同刚度下结构的最大节点弯矩响应，以确定节点弯矩设计参数；边界条件为三向不动铰支座。节点及杆件均是单层网壳关键受力部件，因此本章提出的半刚性节点单层球面网壳抗震设计方法包括节点刚度设计方法、节点承载力设计方法及杆件设计方法，关键设计参数分别为界限刚度比、节点界限屈服弯矩及地震内力系数。下文将分别确定节点及杆件的设计参数，如图 7-2 所示。

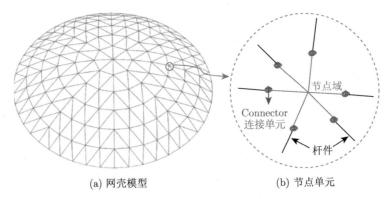

(a) 网壳模型　　　　　　　　　　　(b) 节点单元

图 7-1　节点单元设置

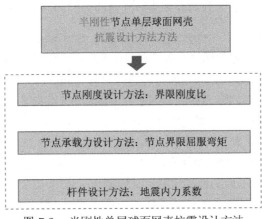

图 7-2　半刚性单层球面网壳抗震设计方法

表 7-1　网壳数值建模参数

建模参数	参数取值	建模参数	参数取值
跨度	$40\sim90\mathrm{m}$	节点刚度	$0.07\sim150$ (刚度比 α_{k})
矢跨比	$1/7\sim1/3$	节点承载力	∞
屋面荷载	60，120，$180(\mathrm{kg/m^2})$	地震动	Taft，El-Centro 等 15 条
杆件截面	$1.0\sim10K_{\mathrm{m,min}}$	边界条件	铰接

7.3 地震内力系数影响因素及计算公式

对于网壳结构杆件设计，《网壳结构技术规程》给出了一种基于地震内力系数的验算方法，该方法首先需要求出结构在重力荷载作用下的杆件静内力，结构杆件动内力即可通过杆静内力与地震内力系数之积得到，是一种简便实用的地震内力验算方法，深受工程设计人员青睐。网壳结构地震内力系数 ξ_e 的定义法有两种 [106]，分别采用公式 (7-1) 及式 (7-2) 计算：

$$\xi_e = \left| \frac{N_E}{N_S} \right| \tag{7-1}$$

$$\xi_e = \left| \frac{(\sigma_E + \sigma_{SV})^{max}}{\sigma_{SV}^{max}} \right| \tag{7-2}$$

式 (7-1) 中采用了结构地震作用下的杆件最大轴力与静力作用下杆件最大轴力之比计算地震内力系数，该方法仅考虑了杆件中的轴力而忽略了杆件中弯矩的影响，适用于可以将节点简化为铰接的结构；而本节中节点是具有一定转动刚度的半刚性节点，杆件中由弯矩产生的弯曲应力不容忽视，因此采用了式 (7-2) 对地震内力系数 ξ_e 进行计算，式中 $(\sigma_c + \sigma_{SV})^{max}$ 为地震和重力荷载共同作用下杆件的最大内力，σ_{SV}^{max} 为重力荷载作用下杆件的最大静内力。

对于拥有大量杆件的网壳结构来说，在工程设计时，若将地震内力系数 ξ_e 对应到每一根杆件，则会失去简便设计的实际意义。因此，如何准确而实用地对地震内力系数进行统计需要仔细斟酌。通常统计单层球面网壳地震内力系数有 3 种方法 [107,108]：① 统计所有杆件应力最大值，将最大应力杆件选为控制杆件，其地震作用下动应力与重力作用下的静应力比值即为地震内力系数；② 将网壳结构划分为若干区域，统计每个区域杆件应力，将各个区域最大应力杆件选为控制杆件，其地震作用下动应力与重力作用下的静应力比值即为各区域地震内力系数；③ 依据杆件种类分类，将网壳结构分为主肋杆、环杆和斜杆，分别统计 3 类杆件应力最大值，将 3 类最大应力杆件选为控制杆件，其地震作用下动应力与重力作用下的静应力比值即为主肋杆、环杆及斜杆地震内力系数。方法①由于所有杆件均取一个地震内力系数，对于某些应力较小的杆件来说过于保守，造成材料浪费；方法②虽然避免了对地震内力系数选取的过分保守，但是操作不够方便，不利于推广。本节最终采用方法③对单层球面网壳地震内力系数进行统计，分析网壳跨度、矢跨比及屋面质量对结构地震内力系数的影响规律。同时在统计过程中剔除了在重力荷载作用下应力较小的杆件，即在重力荷载作用下应力小于最大杆件静应力20%的杆件将不予统计，这些杆件在网壳结构的抗震设计中不起控制作用，这样可以消除计算地震内力系数时由于分母过小而引起的结果失真。

选用表 7-3 中 Taft，Imperial Valley，Morgan Hill 等 7 条地震动，分析时按照八度常遇地震的加速度峰值进行调幅，加速度峰值取 0.07g，图 7-3～ 图 7-5 分别为不同网壳跨度、矢跨比及屋面质量对地震作用下结构中最大杆件应力的影响。可以看出不同参数下结构中最大杆件应力随刚度比的变化规律较为类似，主肋杆及斜杆最大应力均随刚度比的提高而降低，但降低幅度很小；而刚度比对环杆应力的影响无明显规律。网壳跨度、矢跨比及屋面质量会对网壳最大杆件应力具有显著影响，网壳跨度越大、屋面质量越大、矢跨比越小，最大杆件应力越大。

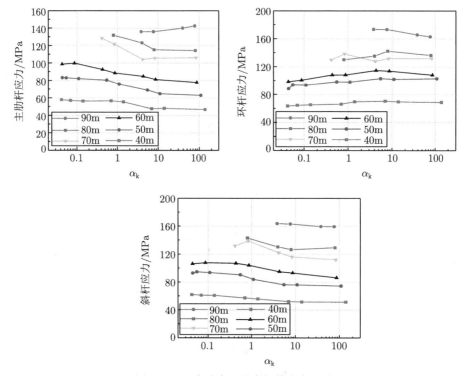

图 7-3　网壳跨度对最大杆件应力影响

将得到的结构各类杆件在地震作用下的应力与重力荷载作用下的应力之比，即结构的地震内力系数列入图 7-6～ 图 7-8 中。由图可知，与杆件应力变化类似的是主肋杆及斜杆地震内力系数均随刚度比的提高而降低，且随着网壳跨度、矢跨比及屋面质量的增大，主肋杆地震内力系数逐渐增加。但与杆件应力变化不同的是，环杆与斜杆地震内力系数与网壳跨度、矢跨比及屋面质量之间并不具明显规律，反而会出现某些网壳跨度与屋面质量更大、矢跨比更小的网壳的地震内力系数更小的现象，这是由于这类网壳在重力荷载下杆件应力本身就很显著，导致计算地震内力系数时分子的增幅没有分母的增幅大，造成地震内力系数减小的情况。

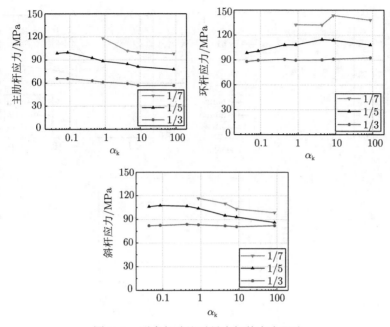

图 7-4 网壳矢跨比对最大杆件应力影响

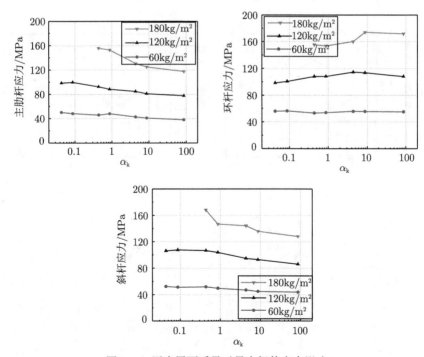

图 7-5 网壳屋面质量对最大杆件应力影响

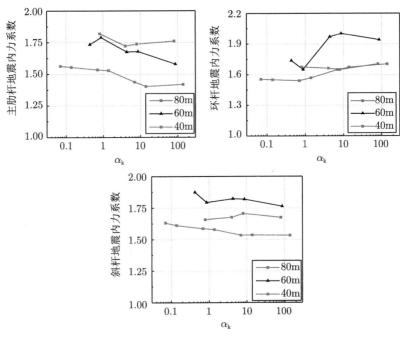

图 7-6　网壳跨度对地震内力系数影响

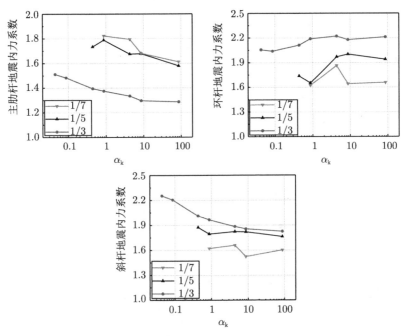

图 7-7　网壳矢跨比对地震内力系数影响

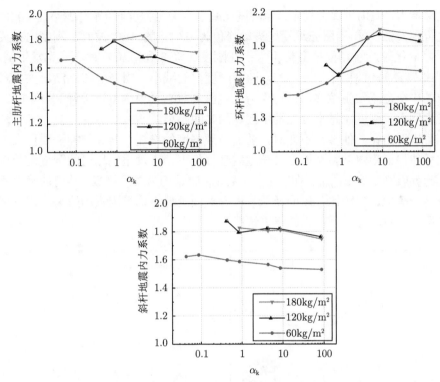

图 7-8 网壳屋面质量对地震内力系数影响

为了方便工程应用，将不同参数下的半刚性单层球面网壳各类杆件地震内力系数列入表 7-2 方便查阅。

表 7-2 半刚性单层球面网壳地震内力系数

跨度/m	矢跨比	屋面质量/(kg/m²)	主肋杆	环杆	斜杆
40	1/5	120	1.56	1.70	1.63
	1/3	120	1.51	2.22	2.25
60	1/5	60	1.66	1.75	1.63
		120	1.79	2.00	1.87
		180	1.83	2.05	1.83
80	1/7	120	1.82	1.87	1.66
	1/5	120	1.82	1.70	1.71

7.4 界限刚度比影响因素及计算方法

图 7-9 为算例 D6005180 在不同刚度比下的位移时程曲线，由图可知：① 仅在重力荷载作用下，刚度比较大的网壳位移基本呈线性；随着刚度比减小，网壳位

移逐渐增大，但仍可保持稳定；当刚度比减小到一定程度时 (本算例 $\alpha_k = 0.044$)，网壳位移发散。② 当网壳承受地震动峰值为 0.07g 的 Taft 波时，刚度比在某一范围内变化时，网壳位移变化不大；在刚度比降低到 0.087 时，网壳发生倒塌。③ 当地震动峰值增加至 0.4g 时，随着刚度比的减小，网壳位移逐渐增大，网壳节点的平衡位置发生偏移，但可保持稳定振动状态；当刚度比下降到 4.4 时，网壳发生倒塌，刚度比越小网壳发生倒塌的时间越早。

可以看出在其他参数不变时，随着荷载强度的增加，网壳结构需要更大的刚度比才能保证稳定。将结构在某一地震动峰值下，不发生倒塌时的刚度比最小值定义为界限刚度比 $\alpha_{k,min}$，即当 $\alpha_k < \alpha_{k,min}$ 时结构易发生倒塌，其值的确定还需考虑网壳跨度、矢跨比、屋面质量、杆件截面及地震动等因素的影响。接下来分别介绍各参数对界限刚度比的影响情况。

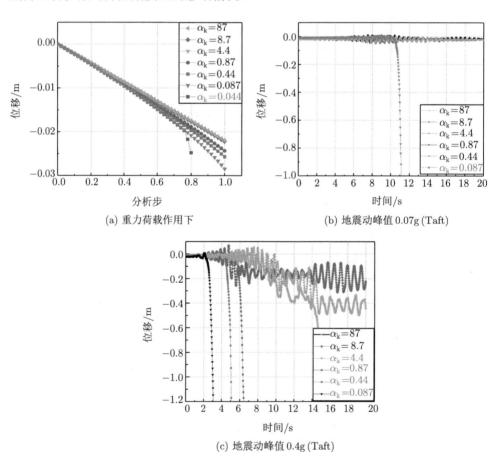

(a) 重力荷载作用下

(b) 地震动峰值 0.07g (Taft)

(c) 地震动峰值 0.4g (Taft)

图 7-9　算例 D6005180 在不同刚度比下的位移时程曲线

7.4.1 网壳跨度的影响

限于篇幅, 选取矢跨比 1/5、屋面质量 120kg/m² 的算例, 将跨度为 40~90m 的网壳随刚度比变化的最大位移绘入图 7-10 中, 由图可知: ① 随着网壳跨度的增大, 同一刚度比下, 网壳最大位移响应呈增大趋势; ② 刚度比对同一跨度的网壳位移影响不大, 不具明显规律; ③ 每条曲线最左侧点的横坐标即为网壳界限刚度比 $\alpha_{k,min}$, 若刚度比小于此值, 网壳位移不收敛或发生倒塌, 可以看出随着网壳跨度的增大, 网壳界限刚度比逐渐增大; ④ 随着地震动峰值增大, 网壳节点最大位移响应增大, 界限刚度比增大。当网壳跨度及地震动峰值均较小时, 网壳界限刚度比为 0.05 左右, 出于安全考虑, 将 0.05 作为界限刚度比的最小值。

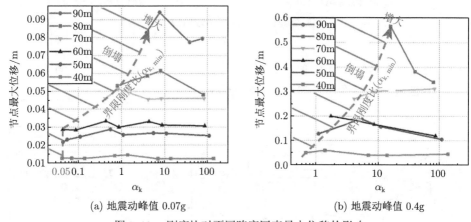

(a) 地震动峰值 0.07g (b) 地震动峰值 0.4g

图 7-10 刚度比对不同跨度网壳最大位移的影响

7.4.2 网壳矢跨比的影响

以跨度 60m、屋面质量 120kg/m² 的单层网壳为例, 刚度比对矢跨比为 1/7~1/3 的网壳最大位移响应的影响如图 7-11 所示: ① 随着网壳矢跨比的增大, 同一刚度比下, 网壳最大位移响应呈减小趋势; ② 在地震动峰值较小时 (0.07g), 刚度比对同一矢跨比的网壳位移影响不大, 而在较大的地震动峰值下 (0.4g), 刚度比对网壳位移的影响程度增大, 刚度比越大网壳位移响应越小; ③ 随着网壳矢跨比的减小, 网壳界限刚度比逐渐增大。

7.4.3 网壳屋面质量的影响

选取矢跨比 1/5、跨度 60m 的算例, 将刚度比对屋面质量 60kg/m²、120kg/m² 和 180kg/m² 的网壳最大位移响应的影响绘入图 7-12 中, 由图可知: ① 随着网壳屋面质量的增大, 同一刚度比下, 网壳最大位移响应逐渐增大; ② 在地震动峰值加速度较小时 (PGA = 0.07g), 刚度比对同一屋面质量的网壳位移影响不大; 而

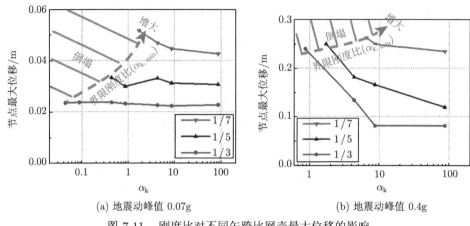

(a) 地震动峰值 0.07g　　　　　　(b) 地震动峰值 0.4g

图 7-11　　刚度比对不同矢跨比网壳最大位移的影响

在较大的地震动峰值加速度下 (PGA = 0.4g)，网壳位移随刚度比的增大而略微减小；③ 随着网壳屋面质量的增大，网壳界限刚度比逐渐增大。

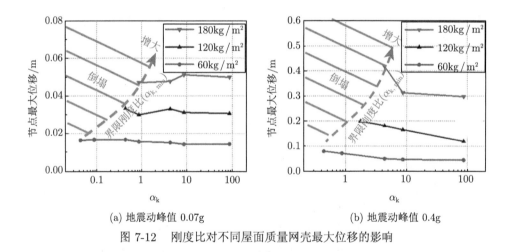

(a) 地震动峰值 0.07g　　　　　　(b) 地震动峰值 0.4g

图 7-12　　刚度比对不同屋面质量网壳最大位移的影响

综合来看，刚度比对不同参数网壳最大位移响应的影响不大，而网壳的界限刚度比受网壳跨度、矢跨比、屋面质量及地震动峰值的影响显著，跨度越大、矢跨比越小和屋面质量越大的网壳往往需要更大的刚度比才能在相同的地震荷载下保持稳定。

将上节中不同参数网壳界限刚度比的变化绘入图 7-13 中，可以更清晰地看出，刚度比随网壳跨度增大、屋面质量增大、矢跨比减小而增大；且当其中一种网壳参数变的不利时，网壳界限刚度比会对其他两种参数更敏感。例如：跨度为

60m 的网壳，当矢跨比从 1/3 降为 1/7、屋面质量从 120kg/m² 增加到 240kg/m² 时，网壳界限刚度比分别增幅 40 倍、3 倍；而跨度为 80m 的网壳在矢跨比与屋面质量改变时，网壳界限刚度比则分别增幅了 50 倍、3.33 倍。

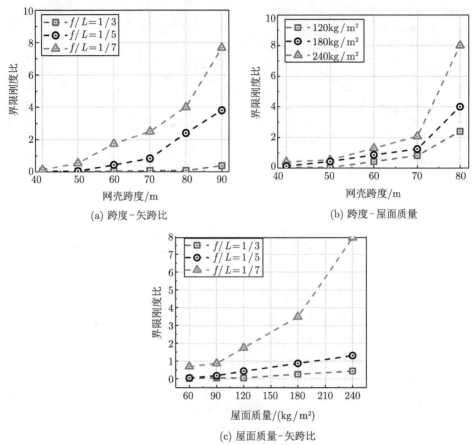

(a) 跨度-矢跨比   (b) 跨度-屋面质量

(c) 屋面质量-矢跨比

图 7-13 不同网壳参数下界限刚度比变化图

7.4.4 杆件截面的影响

将网壳满足静力设计的最小杆件截面线刚度用 $K_{m,min}$ 表示，本小节采用 4 种杆件截面进行分析，截面编号为 J1、J2、J3 和 J4 的杆件线刚度分别为 $K_{m,min}$、$2K_{m,min}$、$4K_{m,min}$ 和 $10K_{m,min}$。杆件截面对不同参数网壳界限刚度比的影响如图 7-14 所示，增大杆件截面，网壳界限刚度比减小；而且对跨度、屋面质量越大、矢跨比越小的网壳，界限刚度比受杆件截面影响越大。以矢跨比 1/5、屋面质量 120kg/m² 的网壳为例，80m 跨度的网壳杆件截面从 J4 降低到 J1 时，刚度比需提高 123.5 倍才能保持稳定，而 40m 刚度比只需提高 13.2 倍即可满足要求，这也表明了对于这类网壳，增大杆件截面比增加节点刚度更有效。我们采用杆件截面折减系数 r_b 对界限刚度比进行折减，其值用式 (7-3) 计算。

$$r_b = 0.75/\beta_b^2 + 0.25 \tag{7-3}$$

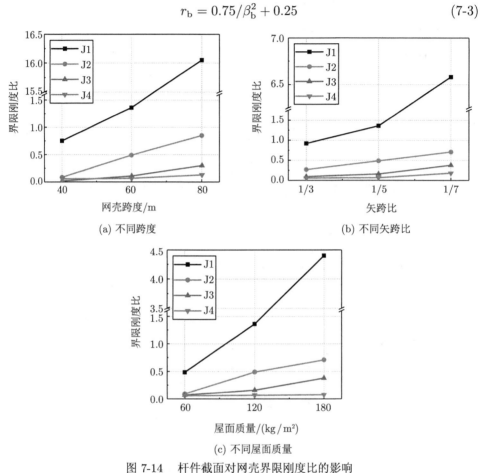

图 7-14   杆件截面对网壳界限刚度比的影响

7.4.5 地震动的影响

选取 15 条不同地震动对网壳 D6005120 进行分析，选取原则如下：① 震级在 5.8~7.8 之间；② 震中距 10~60km；③ 震源深度小于 20km；④ 断层类型包括走向断层和逆冲断层；⑤ 场地条件为岩石或硬场地土；⑥ 每条地震记录须包含 3 个方向分量。选取的地震动名称及参数如表 7-3 所示。地震动对网壳界限刚度比的影响如图 7-15 所示，可以看到地震动对网壳界限刚度比有一定程度影响，但不如杆件截面影响显著，用地震动修正系数 r_e 进行修正，其值用公式 (7-4)计算。

$$r_{\rm e} = \frac{{\rm Max}(\alpha_{\rm k,min})}{{\rm Ave}(\alpha_{\rm k,min})} \qquad\qquad (7\text{-}4)$$

其中：${\rm Max}(\alpha_{\rm k,min})$——所有地震动下界限刚度比的最大值；

　　　${\rm Ave}(\alpha_{\rm k,min})$——所有地震动下界限刚度比的平均值。

表 7-3　地震动参数

编号	地震动名称	震级	发生年份
1	Loma Prieta	6.93	1989
2	Parkfield	6.19	1966
3	Imperial Valley	6.53	1979
4	Victoria, Mexico	6.33	1980
5	Coalinga	6.36	1983
6	Morgan Hill	6.19	1984
7	N. Palm Springs	6.06	1986
8	Superstition Hills	6.54	1987
9	Cape Mendocino	7.01	1992
10	Landers	7.28	1992
11	Northridge	6.69	1994
12	Kobe, Japan	6.90	1995
13	Kocaeli, Turkey	7.51	1999
14	Hector Mine	7.13	1999
15	Taft	7.52	1952

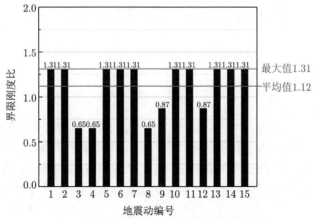

图 7-15　地震动对网壳界限刚度比的影响

7.4.6　界限刚度比计算公式

根据网壳界限刚度比与网壳跨度、矢跨比、屋面质量等参数的关系 (图 7-10~图 7-12)，采用幂函数式 (7-5) 对界限刚度比进行计算，曲线形式如图 7-16 所示。

$$\alpha_{\rm k,min} = \frac{L_\Delta}{S_w \mu_{\rm fl}} \frac{1}{[1 - (L_\Delta/L_{\rm u,\Delta})^{n_{\rm s}}]^{1/n_{\rm s}}} \tag{7-5}$$

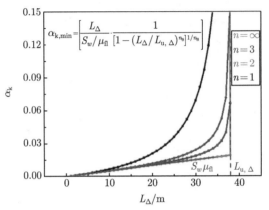

图 7-16　界限刚度比拟合曲线示意图

曲线公式需确定 3 种主要参数，横坐标最大值、初始斜率及形状系数。其中横坐标 L_Δ 及横坐标最大值 $L_{\rm u,\Delta}$ 由网壳跨度决定，其值主要受网壳屋面质量 w 控制，由式 (7-6) 与式 (7-7) 计算：

$$L_\Delta = L - L_{\rm i} \quad 30{\rm m} \leqslant L \leqslant 100{\rm m} \tag{7-6}$$

$$\begin{aligned} {\rm PGA} = 0.07g: \quad & L_{\rm u,\Delta} = 180 - \frac{w}{3} - L_{\rm i} \\ {\rm PGA} = 0.4g: \quad & L_{\rm u,\Delta} = 135 - \frac{w}{3} - L_{\rm i} \end{aligned} \tag{7-7}$$

其中 $L_{\rm i}$ 为网壳跨度最小值，其值定为 $L_{\rm i} = 30{\rm m}$，即当网壳跨度 L 小于 30m 时按 $L_{\rm i}$ 计算。曲线的初始斜率及形状系数则与网壳屋面质量及矢跨比相关，屋面质量相关系数 S_w、矢跨比相关系数 $\mu_{\rm fl}$ 及形状系数 $n_{\rm s}$ 分别由式 (7-8)~ 式 (7-10) 计算，其中 f/L 为网壳矢跨比。

$$S_w = 240 \cdot \frac{120}{w} \quad \left(60{\rm kg/m^2} \leqslant w \leqslant 240{\rm kg/m^2}\right) \tag{7-8}$$

$$\mu_{\mathrm{fl}} = 0.075\frac{L}{f} + 0.675 \quad \left(\frac{1}{7} \leqslant \frac{f}{L} \leqslant \frac{1}{3}\right) \tag{7-9}$$

$$n_{\mathrm{s}} = \left(1.02 - \frac{w}{7200}\right)\left(0.05\frac{L}{f} + 0.75\right) \tag{7-10}$$

最后，引入前文所得的杆件截面折减系数 r_{b} 及地震动修正系数 r_{e}，并偏于安全考虑添加刚度比最小值 0.05，得到界限刚度比的计算公式如下：

$$\alpha_{\mathrm{k,min}} = r_{\mathrm{b}}r_{\mathrm{e}}\frac{L_{\Delta}}{S_w\mu_{\mathrm{fl}}}\frac{1}{[1 - (L_{\Delta}/L_{\mathrm{u},\Delta})^{n_{\mathrm{s}}}]^{1/n_{\mathrm{s}}}} + 0.05 \tag{7-11}$$

由公式 (7-11) 所得网壳界限刚度比与数值模拟结果对比如图 7-17 及图 7-18 所示，可以看出理论公式计算精度良好，可以较为准确地拟合出网壳界限刚度比。

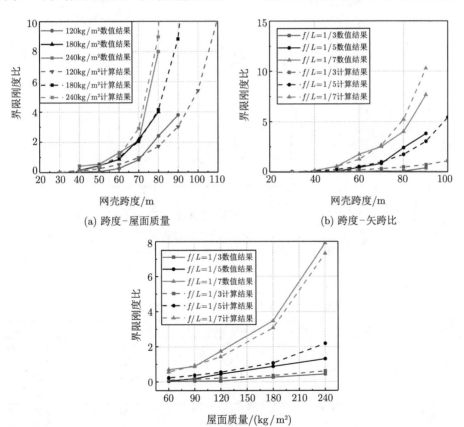

(a) 跨度–屋面质量　　　　　　(b) 跨度–矢跨比

(c) 屋面质量–矢跨比

图 7-17　PGA = 0.07g 网壳界限刚度比验证

为了方便工程应用可以将其值列入表 7-4 方便查阅 (以 60m 网壳为例), 其中地震动峰值加速度 0.4g 下的界限刚度比为设计建议取值, 设计中刚度比应大于此值。

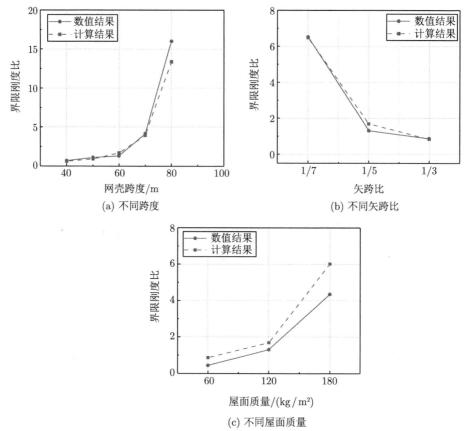

图 7-18　PGA = 0.4g 网壳界限刚度比验证

表 7-4　界限刚度比设计建议值 (60m)

跨度/m	杆件截面	矢跨比	屋面质量/(kg/m²)	PGA = 0.07g	PGA = 0.4g
60	J1	1/3	60	0.21	1.01
			90	0.27	1.10
			120	0.34	1.23
			180	0.52	1.94
		1/5	60	0.38	1.30
			90	0.54	1.65
			120	0.75	2.26
			180	1.36	7.37

续表

跨度/m	杆件截面	矢跨比	屋面质量/(kg/m²)	PGA = 0.07g	PGA = 0.4g
60		1/7	60	0.80	2.23
			90	1.29	3.58
			120	1.92	6.18
			180	4.06	37.60
	J2	1/3	60	0.12	0.47
			90	0.15	0.51
			120	0.18	0.57
			180	0.25	0.88
		1/5	60	0.19	0.60
			90	0.26	0.75
			120	0.36	1.02
			180	0.62	3.25
		1/7	60	0.38	1.00
			90	0.59	1.60
			120	0.87	2.73
			180	1.81	16.48
	J3	1/3	60	0.10	0.33
			90	0.12	0.36
			120	0.14	0.40
			180	0.19	0.61
		1/5	60	0.15	0.42
			90	0.20	0.53
			120	0.26	0.71
			180	0.44	2.22
		1/7	60	0.27	0.70
			90	0.42	1.10
			120	0.61	1.87
			180	1.24	11.20

7.5 节点界限屈服弯矩影响因素及计算方法

得到设计时采用的节点刚度后，还需要确定节点弯矩设计参数。图 7-19 和图 7-20 为不同参数网壳节点最大弯矩响应随刚度比变化图，由图可知：① 随着网壳跨度、屋面质量的增加及矢跨比的减小，网壳中节点最大弯矩响应增大；② 在地震动峰值加速度较小时 (PGA = 0.07g)，随着节点刚度增大，网壳中节点最大弯矩响应增大；③ 在地震动峰值加速度较大时 (PGA = 0.4g)，因杆件发生屈服会出现局部节点位移过大，导致节点弯矩响应突增，此时节点刚度对网壳中节点弯矩响应的影响不具明显规律。提取每条曲线峰值点，其纵坐标记为节点界限屈服弯矩 M_j，将此值作为网壳节点弯矩抗震设计参数，出于安全考虑设计中采用的节

点屈服弯矩应大于 M_j。

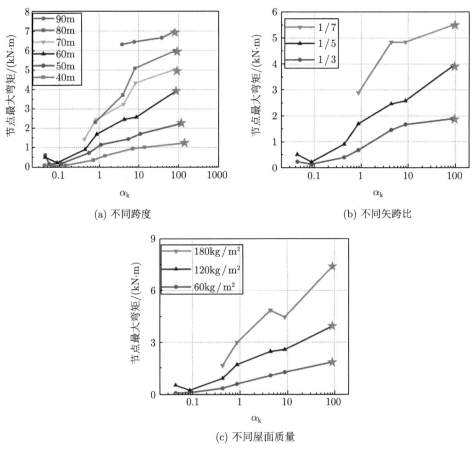

(a) 不同跨度

(b) 不同矢跨比

(c) 不同屋面质量

图 7-19　PGA = 0.07g 节点最大弯矩变化

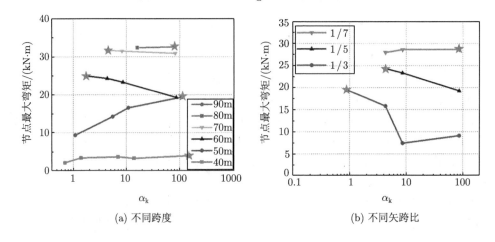

(a) 不同跨度

(b) 不同矢跨比

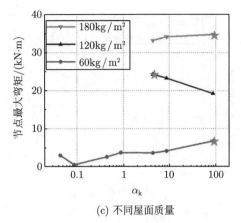

(c) 不同屋面质量

图 7-20　PGA = 0.4g 节点最大弯矩变化

将网壳的节点界限屈服弯矩 M_j 随网壳跨度、矢跨比、屋面质量等参数的变化绘入图 7-21 中，可以更清晰地看出，网壳节点界限屈服弯矩随跨度增大、屋面质量增大、矢跨比减小而增大，且地震动峰值加速度越大，节点界限屈服弯矩越大。图中星号点为网壳跨度为 90m、PGA = 0.4g 的算例，在当前参数下，不论如何增加节点刚度及屈服弯矩，网壳均会发生倒塌，此时需采取增加杆件截面、改变网壳矢跨比等其他措施才可使结构在地震作用下保持稳定。

根据网壳跨度、矢跨比、屋面质量对节点界限屈服弯矩的影响规律，地震动峰值加速度 PGA = 0.07g 及 0.4g 时的 M_j 采用式 (7-12) 及式 (7-13) 计算。

$$PGA = 0.07g, M_j = (0.15L - 4.5)\left(0.2\frac{L}{f}\right)(0.01w - 0.2) \qquad (7-12)$$

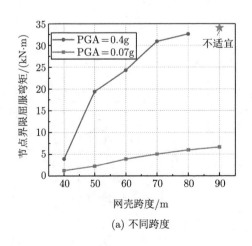

(a) 不同跨度

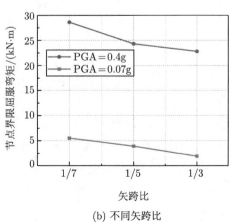

(b) 不同矢跨比

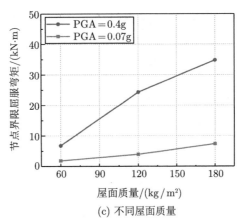

(c) 不同屋面质量

图 7-21　不同网壳参数下节点界限屈服弯矩变化图

PGA = 0.4g,

$$M_{j} = \left[33 - 0.015\left(L - 80\right)^{2}\right] \cdot \left(0.04\frac{L}{f} + 0.8\right)\left(0.01w - 0.2\right) \tag{7-13}$$

由上述公式所得网壳节点界限屈服弯矩与数值模拟结果对比如图 7-22 所示，可以看出理论公式计算精度良好，可以较为准确地拟合出网壳节点界限屈服弯矩。为了方便工程应用可以将其值列入表 7-5 方便查阅，其中地震动峰值加速度 0.4g 下的节点界限屈服弯矩为设计建议取值，设计中网壳节点屈服弯矩应大于此值。

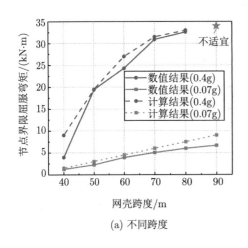

(a) 不同跨度

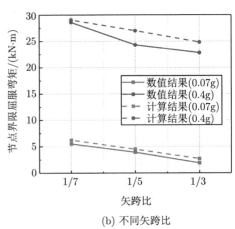

(b) 不同矢跨比

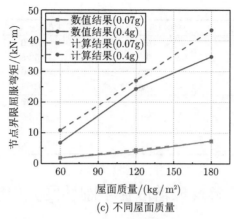

(c) 不同屋面质量

图 7-22　网壳节点界限屈服弯矩验证

表 7-5　节点界限屈服弯矩设计建议值

跨度/m	矢跨比	屋面质量/(kg/m^2)	PGA = 0.07g	PGA = 0.4g
40	1/3	60	0.36	3.31
		90	0.63	5.80
		120	0.90	8.28
		180	1.44	13.25
	1/5	60	0.60	3.60
		90	1.05	6.30
		120	1.50	9.00
		180	2.40	14.40
	1/7	60	0.84	3.89
		90	1.47	6.80
		120	2.10	9.72
		180	3.36	15.55
60	1/3	60	1.08	9.94
		90	1.89	17.39
		120	2.70	24.84
		180	4.32	39.74
	1/5	60	1.80	10.80
		90	3.15	18.90
		120	4.50	27.00
		180	7.20	43.20
	1/7	60	2.52	11.66
		90	4.41	20.41
		120	6.30	29.16
		180	10.08	46.66
80	1/3	60	1.80	12.14
		90	3.15	21.25
		120	4.50	30.36
		180	7.20	48.58

续表

跨度/m	矢跨比	屋面质量/(kg/m²)	PGA = 0.07g	PGA = 0.4g
80	1/5	60	3.00	13.20
		90	5.25	23.10
		120	7.50	33.00
		180	12.00	52.80
	1/7	60	4.20	14.26
		90	7.35	24.95
		120	10.50	35.64
		180	16.80	57.02

7.6   振型分解反应谱法在半刚性网壳中适用性评估

振型分解反应谱法是在振型分解法的基础上，结合应用单自由度体系的反应谱理论得到确定地震作用下结构反应最大值的抗震设计方法[109]，其原理清晰，简单实用，广受工程设计人员青睐。网壳结构地震响应复杂，时程分析法计算比较准确，但计算量较大，因此就网壳结构是否可以采用振型分解反应谱法，学者们也做了相应的探讨，结果表明对于刚接单层球面网壳来说，振型分解反应谱计算结果与时程分析方法虽有一定差异，但还是可以采用振型分解反应谱法对结构进行初步地震响应分析[110]。

本节关于半刚性单层球面网壳是否也可以采用振型分解反应谱法对其进行抗震分析进行了讨论。对算例 D6005120 分别采用时程分析法 (时程法) 和振型分解反应谱法 (反应谱法) 进行地震响应分析，地震波选用表 7-3 中 Taft, Imperial Valley, Morgan Hill 等 7 条地震波，加速度峰值 0.07g。将两种方法计算所得网壳节点位移、杆件内力、节点弯矩及节点转角等地震响应随刚度比变化绘入图 7-23 中，由图可知对于网壳位移及杆件内力两种方法计算值差异较小，而在计算节点弯矩及

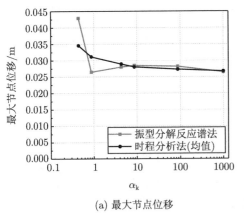

(a) 最大节点位移

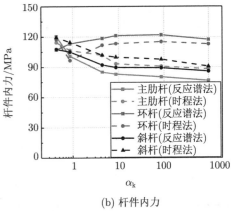

(b) 杆件内力

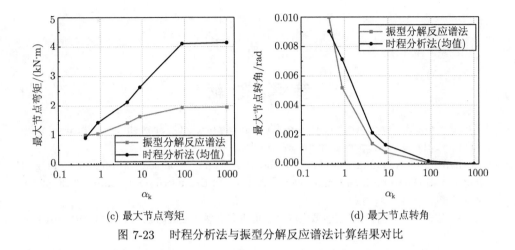

(c) 最大节点弯矩   (d) 最大节点转角

图 7-23   时程分析法与振型分解反应谱法计算结果对比

节点转角时，振型分解反应谱法的计算值明显小于时程分析法，尤其对于刚度比较大的结构这种差异尤为明显。从结果差异统计图 (图 7-24) 可以看出，网壳位移及杆件内力的差异基本在 20% 以下，只有在节点刚度较小时网壳位移才略超过 20%，而节点弯矩及转角最大差异达 50%。因此在网壳设计时，杆件设计可采用振型分解反应谱法，但确定节点设计参数时，此方法误差较大，可采用本节提出的界限刚度比及节点界限屈服弯矩进行设计。

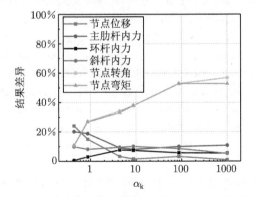

图 7-24   时程分析法与振型分解反应谱法结果差异

参 考 文 献

[1] Makowski Z S. Space structures of today and tomorrow[C]//Nooshin H. Third international conference on space structures. London. 1984.

[2] Richardson J N, Adriaenssens S, Coelho R F, et al. Coupled form-finding and grid optimization approach for single layer grid shells[J]. Engineering Structures, 2013, 52(9): 230-239.

[3] 范峰, 马会环, 马越洋. 半刚性节点网壳结构研究进展及关键问题 [J]. 工程力学, 2019, 7: 1-7.

[4] 刘锡良. 国内外空间结构节点综述 [C]//第九届空间结构学术会议论文集. 北京: 地震出版社, 2000: 10-18.

[5] 韩庆华, 潘延东, 刘锡良. 焊接空心球节点的拉压极限承载力分析 [J]. 土木工程学报, 2003, 36(10): 1-6.

[6] 薛素铎, 王宁, 李雄彦. 单层网壳考虑节点刚度影响的抗震精细化研究 [J]. 建筑钢结构进展, 2013, 15(6): 12-19.

[7] 李国强, 沈祖炎. 半刚性连接钢框架弹塑性地震反应分析 [J]. 同济大学学报 (自然科学版), 1992, 20(02): 123-128.

[8] 佚名. 半刚性联结钢框架的振动和振型分析 [J]. 世界地震工程, 1995(01): 83.

[9] Nethercot D A. Unifed classifcation system for beam-to-column connections[J]. Journal of Constructional Steel Research, 1998, 45(1): 39-65.

[10] Hasan R, Kishi N, Chen W F. A new nonlinear connection classification system[J]. Journal of Constructional Steel Research, 1998, 47(1-2): 119-140.

[11] Concepción D, Pascual M, Victoria M, et al. Review on the modelling of joint behaviour in steel frames[J]. Journal of Constructional Steel Research, 2011, 67(5): 741-758.

[12] Jacobsen E, Tremblay R. Shake-table testing and numerical modelling of inelastic seismic response of semi-rigid cold-formed rack moment frames[J]. Thin-Walled Structures, 2017, 119: 190-210.

[13] Gutierrez R, Loureiro A, Reinosa J M, et al. Numerical study of purlin joints with sleeve connections[J]. Thin-Walled Structures, 2015, 94: 214-224.

[14] Zhao Z H, Liu H Q, Liang B. Novel numerical method for the analysis of semi-rigid jointed lattice shell structures considering plasticity[J]. Advances in Engineering Software, 2017, 114: 208-214.

[15] 谢志荣. 卷边槽钢檩条的自攻螺钉连接节点静力性能研究 [D]. 哈尔滨: 哈尔滨工业大学, 2008.

[16] Kanyilmaz A, Castiglioni C A, Brambilla G, et al. Experimental assessment of the seismic behavior of unbraced steel storage pallet racks[J]. Thin-Walled Structures, 2016,

108: 391-405.

[17] Wang J F, Wang J X, Wang H T. Seismic behavior of blind bolted CFST frames with semi-rigid connections[J]. Structures, 2017, 9: 91-104.

[18] Guo H C, Li Y L, Liang G, et al. Experimental study of cross stiffened steel plate shear wall with semi-rigid connected frame[J]. Journal of Constructional Steel Research, 2017, 135: 69-82.

[19] Bucmys Z, Daniunas A, Jaspart J P, et al. A component method for cold-formed steel beam-to-column bolted gusset plate joints[J]. Thin-Walled Structures, 2018, 123: 520-527.

[20] Thai H T, Kim S E. Second-order distributed plasticity analysis of steel frames with semi-rigid connections[J]. Thin-Walled Structures, 2015, 94: 120-128.

[21] Thai H T, Uy B, Kang W H, et al. System reliability evaluation of steel frames with semi-rigid connections[J]. Journal of Constructional Steel Research, 2016, 121: 29-39.

[22] See T. Large displacement elastic buckling space structures[D]. Cambridge: University of Cambridge, 1983.

[23] Fathelbab F A. The effect of joints on the stability of shallow single layer lattice domes[D]. Cambridge: University of Cambridge, 1987.

[24] Fan F, Ma H H, Chen G B, et al. Experimental study of semi-rigid joint systems subjected to bending with and without axial force[J]. Journal of Constructional Steel Research, 2012, 68(1): 126-137.

[25] 范峰, 马会环, 沈世钊. 半刚性螺栓球节点受力性能理论与试验研究 [J]. 工程力学, 2009, 26(12): 92-99.

[26] Chenaghlou M R, Nooshin H. Axial force-bending moment interaction in a jointing system Part I: Experimental study[J]. Journal of Constructional Steel Research, 2015, 113:261-276.

[27] Chenaghlou M R, Nooshin H. Axial force-bending moment interaction in a jointing system: Part II: Analytical study[J]. Journal of Constructional Steel Research, 2015, 113:277-285.

[28] El-sheikh A I. The effect of composite action on the behaviour of space structures[D]. Cambridge: University of Cambridge, 1991.

[29] Lee S L, See T, Swaddiwudhipong S, et al. Development and testing of a universal space frame connector[J]. International Journal of Space Structures, 1990, 5(2): 130-138.

[30] Swaddiwudhipong S, Koh C G, Lee S L. Development and experimental investigation of a space frame connector[J]. International Journal of Space Structures, 1994, 9(2): 99-106.

[31] Ueki T, Matsushita F, Shibata R, et al. Design procedure for large single-layer latticed domes[C]// Proceedings of the Fourth International Conference of Space Structures, University of Surry, UK, 1993: 237-246.

[32] Shibata R, Kato S, Yamada S, et al. Experimental study on the ultimate strength of single-layer reticular domes[C]//Proceedings of the Fourth International Conference of

Space Structures, University of Surry, UK, 1993: 387-395.

[33] López A. Theoretical and experimental analysis of tubular single-layer domes (in Spanish)[D]. Pamplona: Public University of Navarra, 2003.

[34] López A, Puente I, Serna M A. Numerical model and experimental tests on single-layer latticed domes with semi-rigid joints[J]. Computers & Structures, 2007, 85(7-8): 360-374.

[35] Ma H H, Fan F, Chen G B, et al. Numerical analyses of semi-rigid joints subjected to bending with and without axial force[J]. Journal of Constructional Steel Research, 2013, 90: 13-28.

[36] 单晨. 毂形节点承载力分析及其对单层球面网壳整体稳定性影响 [D]. 天津: 天津大学, 2010.

[37] Ma H H, Wang W, Zhang Z H, et al. Research on the static and hysteretic behavior of a new semi-rigid joint (BCP joint) for single-layer reticulated structures[J]. Journal of the International Association for Shell and Spatial Structures, 2017, 58(2): 159-172.

[38] Ma H H, Ma Y Y, Yu Z W, et al. Experimental and numerical research on gear-bolt joint for free-form grid spatial structures[J]. Engineering Structures, 2017, 148: 522-540.

[39] Ma H H, Ren S, Fan F. Parametric study and analytical characterization of the bolt–column (BC) joint for single-layer reticulated structures[J]. Engineering Structures, 2016, 123: 108-123.

[40] Ma H H, Ren S, Fan F. Experimental and numerical research on a new semi-rigid joint for single-layer reticulated structures[J]. Engineering Structures, 2016, 126: 725-738.

[41] Feng R Q, Wang X, Chen Y, et al. Static performance of double-ring joints for freeform single-layer grid shells subjected to a bending moment and shear force[J]. Thin-Walled Structures, 2018, 131: 135-150.

[42] 张竟乐, 赵金城, 许洪明. 单层网壳板式节点的刚度分析 [J]. 工业建筑, 2005, 35(4): 88-90.

[43] Guo X N, Xiong Z, Luo Y F, et al. Experimental investigation on the semi-rigid behaviour of aluminium alloy gusset joints[J]. Thin-Walled Structures, 2015, 87: 30-40.

[44] 马会环, 余凌伟, 王伟, 等. 铝合金半刚性椭圆抛物面网壳静力稳定性分析 [J]. 工程力学, 2017, 34(11): 158-166.

[45] 孙小鸾, 瞿以恒, 刘伟庆, 等. K6 型单层球面木网壳稳定承载力非线性分析 [J]. 土木工程学报, 2020, 53(02): 62-71.

[46] 孙小鸾, 陆伟东, 刘伟庆, 等. 木网壳结构半刚性装配式植筋节点受力性能研究 [J]. 建筑结构学报, 2017, 38(02): 20-27.

[47] 周华樟, 祝恩淳, 刘志周. 胶合木网壳半刚性节点受力性能试验研究 [J]. 建筑结构学报, 2015, 36(03): 106-111.

[48] Zhou T, Jia Y, Xu M, et al. Experimental study on the seismic performance of L-shaped column composed of concrete-filled steel tubes frame structures[J]. Journal of Constructional Steel Research, 2015, 114: 77-88.

[49] Zhao B D, Fang C, Wang W, et al. Seismic performance of CHS X-connections under out-of-plane bending[J]. Journal of Constructional Steel Research, 2019, 158: 591-603.

[50] Jovanovic D, Arkovi D, Vukobratovic V, et al. Hysteresis model for beam-to-column

connections of steel storage racks[J]. Thin-Walled Structures, 2019, 142(1): 189-204.

[51] Xu T F, Zheng D, Yang C, et al. Seismic performance evaluation of damage tolerant steel frame with composite steel-UHPC joint[J]. Journal of Constructional Steel Research, 2018, 148: 457-468.

[52] Liu X C, Chen G P, Xu L, et al. Seismic performance of blind-bolted joints for square steel tube columns under bending-shear[J]. Journal of Constructional Steel Research, 2021, 176: 106395.

[53] Zhang G W, Fan Q Q, Lu Z, et al. Experimental and numerical study on the seismic performance of rocking steel frames with different joints under earthquake excitation[J]. Engineering Structures, 2020, 220: 110974.

[54] Li J L, Wang W, Li P Y. Development, testing and performance evaluation of steel beam-through framed connections with curved knee braces for improving seismic performance[J]. Journal of Constructional Steel Research, 2021, 179: 106552.

[55] 马越洋. 新型齿式半刚性节点静动力性能研究 [D]. 哈尔滨: 哈尔滨工业大学, 2016.

[56] 任姗. 新型半刚性 C 型节点静动力性能研究 [D]. 哈尔滨: 哈尔滨工业大学, 2016.

[57] Fujimoto M, Saka T, Imai K, et al. Experimental and numerical analysis of the buckling of a single-layer latticed dome[M]. London: Thomas Telford Ltd, 1993.

[58] López A, Puente I, Serna M A. Direct evaluation of the buckling loads of semi-rigidly jointed single-layer latticed domes under symmetric loading[J]. Engineering Sturctures, 2007, 29(1): 101-109.

[59] Kato S, Mutoh I, Shomura M. Collapse of semi-rigidly jointed reticulated domes with initial geometric imperfections[J]. Journal of Constructional Steel Research, 1998, 48(2-3): 145-168.

[60] 罗永峰, 沈祖炎. 网壳结构节点体对其承载性能的影响 [J]. 同济大学学报 (自然科学版), 1995, 23(1): 21-25.

[61] 王星, 董石麟. 考虑节点刚度的网壳杆件切线刚度矩阵 [J]. 工程力学, 1999, 16(4): 24-32.

[62] 徐菁, 杨松森, 容健. 节点刚度对凯威特型单层球面网壳内力的影响 [J]. 钢结构, 2005, 20(4): 15-17.

[63] 范峰, 曹正罡, 崔美艳. 半刚性节点单层球面网壳的弹塑性稳定性分析 [J]. 哈尔滨工业大学学报, 2009, 41(4): 1-6.

[64] 范峰, 马会环, 沈世钊. 半刚性型螺栓球节点单层 K8 型网壳弹塑性稳定分析 [J]. 土木工程学报, 2009, 42(2): 45-52.

[65] 马会环, 范峰, 曹正罡, 等. 半刚性螺栓球节点单层球面网壳受力性能研究 [J]. 工程力学, 2009, 26(11): 73-79.

[66] 范峰, 马会环, 曹正罡. 半刚性螺栓球节点空间网壳结构受力性能研究 [J]. 建筑钢结构进展, 2011, 13(6): 1-8.

[67] Ma H H, Fan F, Wen P, et al. Experimental and numerical studies on a single-layer cylindrical reticulated shell with semi-rigid joints[J]. Thin-Walled Structures, 2015, 86: 1-9.

[68] 曹正罡, 范峰, 马会环, 等. 螺栓球节点试验及在单层网壳结构中的应用性 [J]. 哈尔滨工业大学学报, 2010, 42(4): 525-530.

[69] Ma H H, Fan F, Zhong J, et al. Stability analysis of single-layer elliptical paraboloid latticed shells with semi-rigid joints[J]. Thin-Walled Structures, 2013, 72: 128-138.

[70] 范峰, 马会环, 张洋, 等. 碗式半刚性节点网壳弹塑性稳定分析 [J]. 哈尔滨工业大学学报, 2010, 42(10): 1513-1518.

[71] Gidófalvy K, Katula L, Ma H H. Free-form grid shell structures on rectangular plan with semi-rigid socket joints[J]. Journal of the International Association for Shell and Spatial Structures, 2016, 57(4): 295-306.

[72] Ma H H, Issa A M, Fan F, et al. Numerical study and design method of a single-layer spherical reticulated dome with hollow ball-tube bolted joints[J]. Journal of the International Association for Shell and Spatial Structures, 2017, 58(2): 137-144.

[73] Gidófalvy K, Ma H H, Katula L T. Numerical modelling of a novel joint system for grid shells with T cross-sections[J]. Periodica Polytechnica Civil Engineering, 2017, 61(4): 958-971.

[74] 郭小农, 朱劭骏, 熊哲, 等. K6 型铝合金板式节点网壳稳定承载力设计方法 [J]. 建筑结构学报, 2017, 38(7): 16-24.

[75] 熊哲, 郭小农, 蒋首超, 等. 铝合金板式节点网壳稳定承载力试验研究 [J]. 建筑结构学报, 2017, 38(7): 9-15.

[76] 马会环, 余凌伟, 王伟, 等. 铝合金半刚性椭圆抛物面网壳静力稳定性分析 [J]. 工程力学, 2017, 34(11): 158-166.

[77] Liu H B, Ding Y Z, Chen Z H. Static stability behavior of aluminum alloy single-layer spherical latticed shell structure with Temcor joints[J]. Thin-Walled Structures, 2017, 120: 355-365.

[78] 孙小鸾, 刘伟庆, 陆伟东, 等. 单层 K6 型球面胶合木网壳结构受力性能试验研究 [J]. 建筑结构学报, 2017, 38(9): 121-130.

[79] 周金将, 何敏娟, 苏炳正. 单层木网壳半刚性节点刚度试验研究 [J]. 结构工程师, 2017, 33(5): 147-153.

[80] 郭海山, 沈世钊. 单层网壳结构动力稳定性分析方法 [J]. 建筑结构学报, 2003, 24(3): 1-9.

[81] 沈世钊, 支旭东. 球面网壳结构在强震下的失效机理 [J]. 土木工程学报, 2005, 38(1): 11-20.

[82] 支旭东, 范峰, 沈世钊. 凯威特型单层球面网壳在强震下的失效研究 [J]. 工程力学, 2008, 25(9): 7-12.

[83] Nie G B, zhang C X, Zhi X D, et al. Damage quantifcation and damage limit state criteria and vulnerability analysis for single-layer reticulated shell[J]. Thin-Walled Structures, 2017, 120: 378-385.

[84] 廖俊, 张毅刚, 吴金志. 半刚性连接网壳动力弹塑性分析 [J]. 钢结构, 2010, 25(9): 11-14.

[85] 范峰, 旺敏玲, 曹正罡, 等. 半刚性节点单层球面网壳抗震性能 [J]. 哈尔滨工业大学学报, 2009, 41(10): 14-19.

[86] 范峰, 旺敏玲, 曹正罡, 等. 半刚性节点单层球面网壳结构的抗震性能及其设计方法 [J]. 土

木工程学报, 2010, 43(4): 8-15.

[87] 李利民, 袁行飞. 节点刚度对单层网壳动力性能的影响 [J]. 空间结构, 2011, 17(3): 92-96.

[88] Xue S D, Wang N, Li X Y. Study on shell element modeling of single-layer cylindrical reticulated shell[J]. Journal of the International Association for Shell and Spatial Structures, 2013, 54(175): 57-66.

[89] 薛素铎, 王宁, 李雄彦. 节点刚度对单层柱面网壳动力稳定性的影响 [J]. 地震工程与工程振动, 2014, 34(2): 27-33.

[90] 薛素铎, 王宁, 李雄彦. 单层网壳考虑节点刚度影响的抗震精细化研究 [J]. 建筑钢结构进展, 2013, 15(6): 12-19.

[91] Ma H H, Shan Z W, Fan F. Dynamic behaviour and seismic design method of a single-layer reticulated shell with semi-rigid joints[J]. Thin-Walled Structures, 2017, 119: 544-557.

[92] European Committee for Standardization. Eurocode 3: design of steel structures. Part 1-5: Plated structural elements (EN 1993-1-5:2006). CEN; GB/T 50102-2014[S].2006.

[93] 邓华, 陈伟刚, 白光波, 等. 铝合金板件环槽铆钉搭接连接受剪性能试验研究 [J]. 建筑结构学报, 2016, 37(1): 143-149.

[94] 李录贤, 王铁军. 扩展有限元法 (XFEM) 及其应用 [J]. 力学进展, 2005, 35(1): 5-20.

[95] 苏毅. 扩展有限元法及其应用中的若干问题研究 [D]. 西安: 西北工业大学, 2016.

[96] 方修君, 金峰. 基于 ABAQUS 平台的扩展有限元法 [J]. 工程力学, 2007(7):6-10.

[97] Melenk J M, Babuška I. The partition of unity finite element method: Basic theory and applications[J]. Computer Methods in Applied Mechanics and Engineering, 1996, 139(1-4): 289-314.

[98] Belytschko T, Black T. Elastic crack growth in finite elements with minimal remeshing[J]. International Journal for Numerical Methods in Engineering, 1999, 45: 601-620.

[99] Moës N, Dolbow J, Belytschko T. A finite element method for crack growth without remeshing[J]. International Journal for Numerical Methods in Engineering, 1999, 46: 131-150.

[100] Dolbow J, Moës N, Belytschko T. Modeling fracture in Mindlin-Reissner plates with the extended finite element method[J]. International Journal of Solids and Structures, 2000, 37(48-50):7161-7183.

[101] 中国电力企业联合会. 工业循环水冷却设计规范: GB/T 50102—2014[S]. 北京: 中国计划出版社, 2014.

[102] Carrera E. A study on arc-length-type methods and their operation failures illustrated by a simple model[J]. Computers & Structures, 1994, 50(2): 217-229.

[103] Fujimoto M, Saka T, Imai K and Morita T. Experimental and numerical analysis of the buckling of a single-layer latticed dome [C]// Space Structures 4 (eds. G.A.R. Parke, C.M. Howard), Thomas Telford Publishing. London, 1993: 396-405.

[104] 范峰, 支旭东, 沈世钊. 网壳结构强震失效机理 [M]. 北京: 科学出版社, 2014.

[105] 李文信. 基于 Xue-Wierzbicki 损伤准则的钢材本构及网壳结构损伤累积效应研究 [D]. 哈

尔滨: 哈尔滨工业大学, 2016.

[106] 刑佶慧. 网壳结构抗震性能研究 [D]. 哈尔滨: 哈尔滨工业大学. 2004.

[107] 旺敏玲. 半刚性节点单层球面网壳抗震性能研究 [D]. 哈尔滨: 哈尔滨工业大学, 2008.

[108] 李丽. 弦支穹顶结构的抗震性能研究 [D]. 哈尔滨: 哈尔滨工业大学. 2007.

[109] 尹越, 黄鑫, 隋天震. 大跨空间结构振型分解反应谱法抗震设计研究 [C]//第六届全国现代结构工程学术研讨会论文集. 2006.

[110] 范峰, 沈世钊. 网壳结构的反应谱法抗震性能分析 [C]//全国空间结构学术会议. 2000.

附　　录

附录 1　主肋地震内力系数一

跨度	地震动	截面	矢跨比	屋面质量/ (kg/m²)	节点刚度			
					0.05	0.1	0.2	0.4
40m	Artificial	1	1/3	60	0.153	0.154	0.156	0.152
				120	0.193	0.206	0.207	0.190
				180	0.196	0.186	0.192	0.200
			1/5	60	0.276	0.259	0.240	0.187
				120	0.267	0.283	0.282	0.183
				180	0.299	0.283	0.247	0.214
			1/7	60	0.226	0.211	0.164	0.130
				120	0.267	0.222	0.213	0.183
				180	0.270	0.259	0.274	0.195
		2	1/3	60	0.169	0.169	0.164	0.147
				120	0.210	0.219	0.220	0.168
				180	0.195	0.201	0.201	0.184
			1/5	60	0.287	0.251	0.266	0.204
				120	0.296	0.269	0.265	0.199
				180	0.307	0.305	0.276	0.225
			1/7	60	0.219	0.211	0.157	0.148
				120	0.270	0.237	0.205	0.163
				180	0.300	0.264	0.236	0.194
	El centro	1	1/3	60	0.267	0.244	0.201	0.179
				120	0.241	0.238	0.230	0.228
				180	0.304	0.293	0.298	0.256
			1/5	60	0.501	0.501	0.449	0.338
				120	0.536	0.407	0.379	0.270
				180	0.390	0.404	0.387	0.330
			1/7	60	0.346	0.335	0.292	0.206
				120	0.344	0.267	0.246	0.220
				180	0.249	0.204	0.230	0.145
		2	1/3	60	0.209	0.198	0.193	0.178
				120	0.270	0.240	0.227	0.201
				180	0.258	0.259	0.255	0.227
			1/5	60	0.558	0.472	0.376	0.355
				120	0.414	0.370	0.366	0.289
				180	0.382	0.393	0.368	0.299
			1/7	60	0.352	0.295	0.240	0.228
				120	0.331	0.293	0.238	0.225

续表

跨度	地震动	截面	矢跨比	屋面质量/(kg/m²)	节点刚度			
					0.05	0.1	0.2	0.4
40m	El centro	2	1/7	180	0.290	0.239	0.229	0.162
	Tar	1	1/3	60	0.188	0.186	0.187	0.166
				120	0.263	0.250	0.226	0.206
				180	0.573	0.565	0.564	0.597
			1/5	60	0.279	0.255	0.242	0.213
				120	0.339	0.323	0.331	0.233
				180	0.403	0.352	0.322	0.313
			1/7	60	0.267	0.267	0.237	0.202
				120	0.304	0.282	0.257	0.261
				180	0.370	0.334	0.287	0.239
		2	1/3	60	0.194	0.182	0.168	0.148
				120	0.208	0.211	0.186	0.167
				180	0.251	0.255	0.264	0.226
			1/5	60	0.272	0.262	0.215	0.202
				120	0.343	0.318	0.292	0.252
				180	0.370	0.385	0.354	0.278
			1/7	60	0.264	0.240	0.233	0.210
				120	0.351	0.286	0.296	0.218
				180	0.322	0.311	0.298	0.247

附录 2　主肋地震内力系数二

跨度	地震动	截面	矢跨比	屋面质量/(kg/m²)	节点刚度			
					0.6	0.8	1.0	2.0
40m	Artificial	1	1/3	60	0.142	0.136	0.132	0.127
				120	0.158	0.146	0.142	0.133
				180	0.192	0.182	0.175	0.171
			1/5	60	0.164	0.145	0.132	0.137
				120	0.183	0.163	0.158	0.143
				180	0.206	0.184	0.170	0.162
			1/7	60	0.125	0.119	0.113	0.117
				120	0.174	0.163	0.157	0.131
				180	0.158	0.159	0.166	0.173
		2	1/3	60	0.137	0.132	0.130	0.126
				120	0.161	0.156	0.150	0.139
				180	0.177	0.176	0.175	0.159
			1/5	60	0.164	0.147	0.137	0.141
				120	0.174	0.159	0.152	0.159
				180	0.205	0.182	0.174	0.164
			1/7	60	0.139	0.135	0.112	0.121
				120	0.157	0.165	0.159	0.156
				180	0.175	0.175	0.187	0.196

续表

跨度	地震动	截面	矢跨比	屋面质量/ (kg/m²)	节点刚度			
					0.6	0.8	1.0	2.0
40m	El centro	1	1/3	60	0.171	0.166	0.163	0.155
				120	0.202	0.182	0.171	0.169
				180	0.232	0.233	0.219	0.172
			1/5	60	0.304	0.305	0.293	0.277
				120	0.252	0.255	0.211	0.195
				180	0.295	0.283	0.280	0.248
			1/7	60	0.204	0.169	0.193	0.170
				120	0.216	0.200	0.178	0.209
				180	0.130	0.137	0.119	0.119
		2	1/3	60	0.169	0.164	0.159	0.138
				120	0.206	0.218	0.215	0.181
				180	0.227	0.206	0.194	0.176
			1/5	60	0.313	0.298	0.286	0.269
				120	0.286	0.261	0.250	0.226
				180	0.301	0.287	0.262	0.237
			1/7	60	0.193	0.194	0.186	0.214
				120	0.223	0.184	0.187	0.212
				180	0.125	0.121	0.124	0.148
	Tar	1	1/3	60	0.153	0.151	0.146	0.127
				120	0.177	0.168	0.160	0.142
				180	0.568	0.530	0.480	0.498
			1/5	60	0.187	0.181	0.162	0.158
				120	0.224	0.232	0.215	0.181
				180	0.286	0.255	0.235	0.230
			1/7	60	0.198	0.176	0.192	0.204
				120	0.210	0.207	0.183	0.181
				180	0.214	0.220	0.197	0.212
		2	1/3	60	0.138	0.132	0.126	0.105
				120	0.154	0.148	0.148	0.128
				180	0.207	0.195	0.183	0.183
			1/5	60	0.189	0.171	0.156	0.145
				120	0.214	0.198	0.194	0.178
				180	0.238	0.221	0.212	0.175
			1/7	60	0.192	0.205	0.200	0.195
				120	0.221	0.240	0.241	0.182
				180	0.198	0.226	0.220	0.258

附录 3　斜杆地震内力系数一

跨度	地震动	截面	矢跨比	屋面质量/ （kg/m²）	节点刚度			
					0.05	0.1	0.2	0.4
40m	Artificial	1	1/3	60	0.798	0.792	0.783	0.772
				120	0.675	0.672	0.669	0.648
				180	0.796	0.782	0.772	0.767
			1/5	60	0.527	0.515	0.528	0.504
				120	0.570	0.638	0.517	0.405
				180	0.590	0.543	0.494	0.472
			1/7	60	0.380	0.382	0.327	0.296
				120	0.522	0.447	0.406	0.350
				180	0.699	0.599	0.429	0.339
		2	1/3	60	0.758	0.753	0.746	0.738
				120	0.744	0.740	0.731	0.702
				180	0.898	0.889	0.872	0.890
			1/5	60	0.527	0.539	0.547	0.490
				120	0.588	0.535	0.445	0.386
				180	0.620	0.574	0.544	0.447
			1/7	60	0.409	0.359	0.331	0.270
				120	0.480	0.458	0.388	0.336
				180	0.687	0.510	0.455	0.363
	El centro	1	1/3	60	1.232	1.229	1.224	1.230
				120	0.820	0.824	0.759	0.698
				180	1.010	0.998	0.982	0.963
			1/5	60	1.030	0.978	0.860	0.809
				120	0.872	0.815	0.614	0.491
				180	0.731	0.672	0.654	0.636
			1/7	60	0.703	0.614	0.482	0.381
				120	0.560	0.467	0.461	0.403
				180	0.446	0.379	0.319	0.262
		2	1/3	60	1.283	1.255	1.224	1.170
				120	0.924	0.854	0.836	0.882
				180	1.013	1.000	0.991	0.975
			1/5	60	1.080	0.960	0.892	0.881
				120	0.782	0.699	0.588	0.571
				180	0.735	0.672	0.659	0.604
			1/7	60	0.640	0.478	0.444	0.412
				120	0.521	0.470	0.424	0.392
				180	0.391	0.397	0.309	0.286
	Tar	1	1/3	60	0.706	0.710	0.724	0.717
				120	0.969	0.946	0.897	0.843
				180	0.985	0.983	0.932	0.868
			1/5	60	0.536	0.480	0.463	0.413
				120	0.704	0.670	0.635	0.544
				180	0.727	0.795	0.638	0.562

续表

跨度	地震动	截面	矢跨比	屋面质量/(kg/m²)	节点刚度			
					0.05	0.1	0.2	0.4
40m	Tar	1	1/7	60	0.491	0.441	0.390	0.361
				120	0.628	0.587	0.443	0.359
				180	0.555	0.574	0.462	0.371
		2	1/3	60	0.788	0.800	0.805	0.810
				120	0.889	0.868	0.801	0.758
				180	0.867	0.823	0.772	0.755
			1/5	60	0.537	0.525	0.441	0.419
				120	0.645	0.641	0.585	0.535
				180	0.724	0.751	0.709	0.535
			1/7	60	0.523	0.423	0.424	0.424
				120	0.674	0.589	0.453	0.379
				180	0.532	0.508	0.438	0.382

附录 4　斜杆地震内力系数二

跨度	地震动	截面	矢跨比	屋面质量/(kg/m²)	节点刚度			
					0.6	0.8	1.0	2.0
40m	Artificial	1	1/3	60	0.769	0.768	0.767	0.757
				120	0.613	0.602	0.597	0.578
				180	0.770	0.770	0.755	0.745
			1/5	60	0.478	0.469	0.465	0.473
				120	0.380	0.391	0.399	0.385
				180	0.460	0.472	0.468	0.439
			1/7	60	0.276	0.273	0.285	0.266
				120	0.315	0.315	0.318	0.318
				180	0.352	0.354	0.357	0.349
		2	1/3	60	0.733	0.726	0.720	0.704
				120	0.671	0.658	0.653	0.652
				180	0.887	0.858	0.854	0.831
			1/5	60	0.470	0.459	0.463	0.461
				120	0.401	0.396	0.394	0.379
				180	0.459	0.486	0.514	0.463
			1/7	60	0.278	0.275	0.256	0.264
				120	0.335	0.310	0.287	0.297
				180	0.381	0.381	0.392	0.357
	El centro	1	1/3	60	1.242	1.247	1.246	1.216
				120	0.678	0.696	0.709	0.713
				180	0.957	0.957	0.954	0.932
			1/5	60	0.765	0.756	0.734	0.725
				120	0.525	0.544	0.486	0.469
				180	0.616	0.600	0.598	0.592
			1/7	60	0.376	0.392	0.362	0.373
				120	0.380	0.364	0.363	0.366

跨度	地震动	截面	矢跨比	屋面质量/(kg/m²)	节点刚度			
					0.6	0.8	1.0	2.0
40m	El centro	1	1/7	180	0.256	0.254	0.245	0.233
		2	1/3	60	1.149	1.124	1.115	1.071
				120	0.887	0.875	0.835	0.793
				180	0.943	0.932	0.929	0.918
			1/5	60	0.846	0.793	0.781	0.740
				120	0.571	0.559	0.541	0.565
				180	0.614	0.603	0.585	0.573
			1/7	60	0.443	0.426	0.416	0.411
				120	0.352	0.350	0.357	0.331
				180	0.273	0.271	0.270	0.232
	Tar	1	1/3	60	0.706	0.703	0.703	0.703
				120	0.847	0.850	0.848	0.828
				180	0.862	0.852	0.852	0.853
			1/5	60	0.399	0.396	0.388	0.362
				120	0.541	0.536	0.533	0.496
				180	0.579	0.555	0.547	0.547
			1/7	60	0.351	0.362	0.353	0.351
				120	0.360	0.336	0.336	0.315
				180	0.338	0.357	0.370	0.374
		2	1/3	60	0.807	0.801	0.797	0.781
				120	0.755	0.741	0.729	0.697
				180	0.746	0.740	0.741	0.710
			1/5	60	0.427	0.413	0.412	0.415
				120	0.513	0.506	0.514	0.480
				180	0.528	0.496	0.494	0.452
			1/7	60	0.424	0.414	0.400	0.395
				120	0.372	0.341	0.323	0.319
				180	0.386	0.366	0.360	0.378

附录 5　环杆地震内力系数一

跨度	地震动	截面	矢跨比	屋面质量/(kg/m²)	节点刚度			
					0.05	0.1	0.2	0.4
40m	Artificial	1	1/3	60	0.585	0.588	0.580	0.565
				120	0.467	0.473	0.461	0.461
				180	0.457	0.479	0.514	0.561
			1/5	60	0.464	0.496	0.475	0.482
				120	0.493	0.539	0.556	0.565
				180	0.428	0.485	0.493	0.458
			1/7	60	0.309	0.386	0.380	0.378
				120	0.386	0.340	0.414	0.436
				180	0.345	0.410	0.472	0.471

跨度	地震动	截面	矢跨比	屋面质量/(kg/m²)	节点刚度			
					0.05	0.1	0.2	0.4
40m	Artificial	2	1/3	60	0.511	0.516	0.513	0.504
				120	0.402	0.386	0.386	0.402
				180	0.670	0.695	0.727	0.752
			1/5	60	0.487	0.500	0.478	0.482
				120	0.442	0.483	0.502	0.513
				180	0.411	0.443	0.497	0.550
			1/7	60	0.331	0.375	0.372	0.361
				120	0.331	0.338	0.452	0.426
				180	0.427	0.459	0.430	0.479
	El centro	1	1/3	60	0.960	0.945	0.927	0.930
				120	0.527	0.535	0.559	0.609
				180	0.649	0.654	0.652	0.655
			1/5	60	0.656	0.708	0.815	0.963
				120	0.594	0.721	0.735	0.822
				180	0.589	0.649	0.690	0.744
			1/7	60	0.555	0.565	0.696	0.570
				120	0.326	0.444	0.557	0.489
				180	0.233	0.267	0.367	0.385
		2	1/3	60	0.906	0.898	0.908	0.934
				120	0.777	0.756	0.744	0.782
				180	0.773	0.776	0.825	0.848
			1/5	60	0.674	0.804	0.829	0.887
				120	0.522	0.580	0.660	0.853
				180	0.569	0.606	0.696	0.728
			1/7	60	0.582	0.564	0.677	0.557
				120	0.339	0.466	0.547	0.508
				180	0.253	0.307	0.402	0.429
	Tar	1	1/3	60	0.464	0.461	0.465	0.461
				120	0.638	0.627	0.638	0.644
				180	0.675	0.625	0.645	0.654
			1/5	60	0.498	0.527	0.531	0.530
				120	0.580	0.614	0.647	0.675
				180	0.509	0.604	0.596	0.727
			1/7	60	0.393	0.425	0.422	0.465
				120	0.390	0.421	0.499	0.599
				180	0.389	0.425	0.506	0.410
		2	1/3	60	0.525	0.528	0.531	0.523
				120	0.539	0.545	0.552	0.559
				180	0.545	0.574	0.582	0.605
			1/5	60	0.443	0.502	0.503	0.498
				120	0.527	0.568	0.636	0.637
				180	0.551	0.538	0.624	0.713

续表

跨度	地震动	截面	矢跨比	屋面质量/ (kg/m²)	节点刚度			
					0.05	0.1	0.2	0.4
40m	Tor	2	1/7	60	0.395	0.455	0.469	0.580
				120	0.405	0.486	0.565	0.522
				180	0.366	0.423	0.515	0.446

附录 6　环杆地震内力系数二

跨度	地震动	截面	矢跨比	屋面质量/ (kg/m²)	节点刚度			
					0.6	0.8	1.0	2.0
40m	Artificial	1	1/3	60	0.557	0.551	0.548	0.544
				120	0.467	0.479	0.483	0.508
				180	0.589	0.599	0.601	0.610
			1/5	60	0.489	0.486	0.484	0.480
				120	0.539	0.532	0.551	0.511
				180	0.479	0.498	0.537	0.543
			1/7	60	0.399	0.381	0.377	0.356
				120	0.406	0.386	0.420	0.403
				180	0.455	0.494	0.501	0.436
		2	1/3	60	0.497	0.494	0.494	0.507
				120	0.424	0.414	0.422	0.429
				180	0.776	0.786	0.803	0.813
			1/5	60	0.492	0.508	0.519	0.492
				120	0.501	0.512	0.527	0.465
				180	0.538	0.624	0.658	0.644
			1/7	60	0.370	0.374	0.353	0.364
				120	0.399	0.416	0.451	0.383
				180	0.523	0.500	0.485	0.526
	El centro	1	1/3	60	0.939	0.950	0.958	0.957
				120	0.653	0.682	0.697	0.707
				180	0.671	0.690	0.706	0.724
			1/5	60	0.929	0.899	0.887	0.874
				120	0.717	0.684	0.697	0.624
				180	0.760	0.772	0.775	0.753
			1/7	60	0.570	0.587	0.575	0.560
				120	0.481	0.515	0.537	0.479
				180	0.349	0.357	0.356	0.359
		2	1/3	60	0.954	0.962	0.963	0.950
				120	0.822	0.811	0.783	0.852
				180	0.869	0.898	0.911	0.903
			1/5	60	0.930	0.937	0.927	0.861
				120	0.724	0.764	0.764	0.754
				180	0.719	0.717	0.720	0.691

续表

跨度	地震动	截面	矢跨比	屋面质量/ (kg/m^2)	节点刚度			
					0.6	0.8	1.0	2.0
40m	El centro	2	1/7	60	0.671	0.657	0.616	0.641
				120	0.489	0.500	0.516	0.468
				180	0.392	0.374	0.403	0.414
	Tar	1	1/3	60	0.469	0.473	0.478	0.489
				120	0.621	0.631	0.630	0.617
				180	0.668	0.660	0.635	0.596
			1/5	60	0.535	0.538	0.512	0.464
				120	0.660	0.650	0.637	0.636
				180	0.685	0.695	0.703	0.676
			1/7	60	0.451	0.469	0.461	0.466
				120	0.561	0.533	0.543	0.551
				180	0.422	0.489	0.428	0.465
		2	1/3	60	0.525	0.530	0.531	0.523
				120	0.544	0.534	0.536	0.540
				180	0.616	0.609	0.617	0.664
			1/5	60	0.524	0.509	0.513	0.517
				120	0.686	0.624	0.639	0.642
				180	0.629	0.659	0.661	0.705
			1/7	60	0.549	0.529	0.520	0.543
				120	0.533	0.539	0.547	0.522
				180	0.502	0.515	0.577	0.525